U0234896

FIRE EXTINGUISHING MECHANISM AND ENGINEERING PRACTICE OF WATER MIST WITH POTASSIUM SALT ADDITIVES

含钾盐添加剂细水雾的灭火原理与工程实例

张天巍　杜志明　著

北京理工大学出版社
BEIJING INSTITUTE OF TECHNOLOGY PRESS

内容简介

本书系统地介绍了含钾盐添加剂细水雾灭火技术的定义、适用场合、钾盐添加剂的种类和作用、灭火有效性实验方法、灭火的化学热力学与动力学原理等内容，并结合典型的B类火和F类火的燃烧和冷却特点，对含钾盐添加剂细水雾实际工程应用的可行性进行了分析。

本书既有理论的总结、探索和创新，又有对实践的指导，具有很强的可操作性，可作为高等院校安全科学与工程、消防工程等相关专业课和选修课的教材，也可作为应急管理部综合性消防救援队伍的培训教材。

图书在版编目（CIP）数据

含钾盐添加剂细水雾的灭火原理与工程实例 / 张天巍，杜志明著. —北京：北京理工大学出版社，2019.7

ISBN 978-7-5682-7320-6

Ⅰ. ①含…　Ⅱ. ①张…　②杜…　Ⅲ. ①钾盐-添加剂-水雾-灭火-研究　Ⅳ. ①TU998.1

中国版本图书馆CIP数据核字（2019）第153485号

出版发行 / 北京理工大学出版社有限责任公司
社　　址 / 北京市海淀区中关村南大街5号
邮　　编 / 100081
电　　话 / (010)68914775(总编室)
　　　　　(010)82562903(教材售后服务热线)
　　　　　(010)68948351(其他图书服务热线)
网　　址 / http://www.bitpress.com.cn
经　　销 / 全国各地新华书店
印　　刷 / 三河市华骏印务包装有限公司
开　　本 / 710毫米×1000毫米　1/16
印　　张 / 15.75
彩　　插 / 4
字　　数 / 258千字
版　　次 / 2019年7月第1版　2019年7月第1次印刷
定　　价 / 72.00元

责任编辑 / 王玲玲
文案编辑 / 王玲玲
责任校对 / 周瑞红
责任印制 / 李志强

前　言

在各种灾害中，火灾是最常见和最普遍的威胁公众安全和社会发展的主要灾害之一。火灾不但会对人们的生命、财产造成重大威胁，而且会对自然环境造成严重的破坏。因此，如何灭火成为伴随人类用火历史不断发展的一个重要课题。

细水雾灭火技术因具有无环境污染、耗水量低、灭火迅速、适用多种类型火灾、对受灾物品破坏小等特点，被视为哈龙灭火技术的主要替代品。在高技术领域与重大工业危险源的特殊火灾领域获得了广泛的应用，并展现出了良好的发展潜力。然而，水灭火仍属于物理作用范畴，效能低于哈龙灭火剂和其他化学灭火剂。含添加剂细水雾除了通过水对燃料表面冷却、火焰气相冷却和稀释氧气浓度等作用机制来抑制熄灭火灾外，还可以通过捕捉燃料燃烧过程中产生的自由基、中断燃烧过程中的链式反应，或是在火焰温度下分解产生惰性物质通过冷却和窒息作用达到灭火目的。含添加剂细水雾的物理和化学机理在灭火过程中发挥的协同作用使水的整体灭火效能得到显著提高。

我国于2013年颁布了《细水雾灭火系统技术规范》(GB 50898—2013)作为细水雾灭火系统设计的一般性原则和统一标准，标志着细水雾灭火技术已经有成熟的实施标准。然而，含添加剂细水雾由于其对存储设备的腐蚀性、溶质的溶解性及保质期等问题，并没有进入大规模的实际应用阶段，虽然添加剂能够明显地提高细水雾灭火性能，但是由于添加剂的灭火机理和一些应用方面的问题还没有得到解决，并且细水雾及含添加剂细水雾的最小灭火浓度对消防设计和科学研究都是非常重要的参数，但实际规范中均未涉及，使得在实际应用中对细水雾或含添加剂细水雾灭火系统的评价还没有统一的标准，这些都限制了含添加剂细水雾系统的推广应用。

本书的撰写可适应现代社会的实际需要，解决含添加剂细水雾在灭火有效性评价、灭火原理及工程设计中的有关问题，满足综合性消防救援队伍更新知识、运用新技术的需要，满足高等院校教学、科研发展的需要，有助于提高从业人员运用科学技术手段提高抗御火灾的基本能力，同时可填补我国在含添加剂细水雾灭火技术专业丛书出版方面存在的空白。

本书主要介绍了含钾盐添加剂细水雾的定义、添加剂的种类和作用、灭火有效性评价实验及建模方法、添加剂化学灭火的热力学和动力学原理等内容，设计更加贴近实际工程的全尺寸灭火实验方案，探讨含添加剂细水雾实际应用的可行性。本书在编写过程中注意吸收国内外灭火剂方面的先进技术和有益经验，突出实用性和可操作性，力求系统地介绍内容，深入浅出，循序渐进。

本书在撰写过程中得到了中国人民警察大学、北京理工大学爆炸科学与技术国家重点实验室、北京市天安门地区消防支队和湖南安全技术职业学院等单位专家的大力支持。在此，谨向帮助和支持本书撰写工作的领导、专家及所有同志深表谢意。由于笔者水平有限，书中难免存在不足之处，恳请读者和同行批评指正。

本书共分7章，第1章由杜志明完成，其余章节由张天巍完成。本书第2~7章的内容得到了中国人民警察大学刘皓博士和梁强博士、北京理工大学爆炸科学与技术国家重点实验室韩志跃博士、北京市天安门地区消防支队防火监督处监督指导科马冀昆及湖南安全技术职业学院刘玲博士等单位专家的大力支持。在此，谨向帮助和支持本书撰写工作的领导、专家及所有同志深表谢意。由于笔者水平有限，书中难免存在不足之处，恳请读者和同行批评指正。

本书可供从事灭火剂研究的工程技术人员，国家综合性消防救援队伍指挥员、消防员，企、事业单位消防管理干部使用，也可作为高等院校消防工程、安全科学与工程、化学工程等专业的教学参考书。

最后，感谢北京理工大学研究生院为本书出版创造了一个宝贵的机会。感谢北京理工大学优秀博士学位论文出版项目基金资助。感谢中国人民警察大学的成员在作者从事研究和撰写本书过程中给予的关心和支持。感谢国家自然科学基金委员会和河北省自然科学基金委员会，本书的相关研究得到国家自然科学基金项目（No.51804314）和河北省自然科学基金项目（No.E2018507020）等项目的资助，在此表示衷心感谢。

张天巍　杜志明

E-mail：zhangtianwei_119@outlook.com

中国人民警察大学

北京理工大学爆炸科学与技术国家重点实验室

主要符号说明

符号	物理意义	单位
α	对流换热系数	$W \cdot m^{-2} \cdot ℃^{-1}$
β	升温速率	$℃ \cdot min^{-1}$
ε	辐射热系数	—
λ	波长	m
μ_g	空气运动黏度	$m^2 \cdot s^{-1}$
ρ_l	液体密度	$kg \cdot m^{-3}$
ρ_g	空气密度	$kg \cdot m^{-3}$
σ	表面张力	$N \cdot m^{-1}$
ω	反应速率	—
A_k	指前因子	s^{-1}
c_p	定压比热容	$J \cdot g^{-1} \cdot K^{-1}$
D	粒径	μm
E_k	活化能	$kJ \cdot mol^{-1}$
ΔG^θ	吉布斯自由能	kJ
$\Delta H'$	焓变	$J \cdot K^{-1} \cdot mol^{-1}$
K_p	化学平衡常数	—
L_v	蒸发潜热	$kJ \cdot kg^{-1}$
M	物质的量	mol
P	压力	Pa
Q	燃烧热	J
R	通用气体常数	$J \cdot mol^{-1} \cdot K^{-1}$
S	面积	m^2
ΔS_T^θ	标准反应熵差	—
T	温度	K
u	空气流速	$m \cdot s^{-1}$
V	体积	m^3

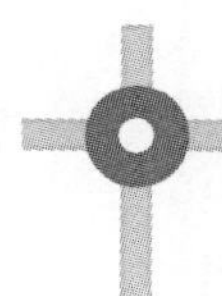

主要缩略词表

缩略词	英文全称	中文全称
AFFF	Aqueous Film Forming Foam	水成膜泡沫
CFD	Computational Fluid Dynamics	计算流体力学
DPM	Discrete Phase Model	离散相模型
DSC	Differential Scanning Calorimetry	差示扫描量热法
DTA	Differential Thermal Analysis	差热分析法
GWP	Global Warming Potential	全球变暖浅势
LA	Local Application	局部
MEC	Minimum Extinguishing Concentration	最小灭火浓度
ODP	Ozone Depression Potential	臭氧消耗潜值
PSR	Perfectly Stirred Reactor	完全混合反应器
SEM	Scanning Electron Microscope	扫描电子显微镜
TCA	Total Compartment Application	全覆盖
TGA	Thermogravimetric	热重法
XRD	X-ray Diffraction	X射线衍射
ZA	Zoned Application	区域

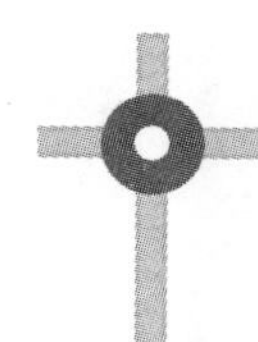

目 录

第1章

绪　论

1.1　细水雾灭火技术简介和研究现状

在各种灾害中，火灾是最经常和最普遍的威胁公众安全和社会发展的主要灾害之一。火灾不但会对人们的生命、财产造成重大威胁，同样会对自然环境造成严重的破坏。因此，如何灭火成为伴随人类用火历史不断发展的一个重要课题。

传统的灭火方法中具有代表性的物理类灭火剂有惰性气体及水喷淋等，化学类的如含添加剂细水雾、F-500及哈龙灭火剂等，其中以哈龙系列的灭火剂应用最为广泛。这些灭火剂虽然都可以扑灭火灾，但同时也存在着灭火剂用量大、水泽危害和破坏环境等一系列问题。

哈龙灭火剂是一种卤代烷灭火剂，自1947年美国Purdne基金会对哈龙灭火剂进行研究后，确认哈龙1301和1211灭火剂具有灭火效率高、储存性好、毒性低、不污染受灾物品等优点，是一种较为理想的灭火剂，使得哈龙灭火剂迅速在各种场合得到广泛应用。20世纪80年代开始，哈龙灭火剂在我国广泛应用于仓库、实验室及交通运输等行业。

然而，1974年美国加利福尼亚大学的Rowland教授和Molina博士提出卤代烷化合物是造成臭氧空洞的重要原因后，全球发起了取消消耗臭氧层物质（ODS）的倡议，我国于1989年加入了《关于保护臭氧层的维也纳公约》，1991年加入了《关于消耗臭氧层物质的蒙特利尔议定书》。根据逐步淘汰臭氧层消耗物的计划，我国消防行业于2010年开始全面停止使用哈龙灭火剂。另外，国际海事组织（IMO）于1997年发布一项规定，要求海上行驶的商用船只全部需要对现有的船用水喷淋灭火系统进行改造。这两项规定的出台无疑成了寻找一种清洁型灭火剂，从而全面取代哈龙灭火剂的推手。

清洁型灭火剂主要有以下几个特点：

（1）不会破坏臭氧层，ODP≤0.05，不产生温室气体，GWP≤0.1；

（2）对人体无毒害副作用，可用于有人的场所；

（3）灭火效率高，灭火浓度低；

（4）喷射后不会产生大量残留物，不产生二次污染和破坏；

（5）储存稳定性良好，适于长期储存；

（6）成本低，适合广泛使用。

为满足上述需求，当前各国研究人员已经研究开发了细水雾、惰性气体、干粉、洁净气体和气溶胶等灭火技术，各自的特点见表1.1。

表1.1　几种哈龙及其替代灭火剂特点

性质	哈龙（1301，1211）	洁净气体（FM200）	惰性气体	细水雾	气溶胶	干粉
臭氧层破坏作用	强烈破坏	部分破坏	无	无	无	无
自身毒性	较小	有	有	无	较小	部分有
分解物毒性	较小	有	无分解	无分解	较小	较小
火场能见度	影响较小	影响较小	影响较大	影响较小	影响较大	影响较大
灭火效能	很高	低于哈龙	低于哈龙	较高	较高	较高
储存稳定性	较好	一般	较好	较好	一般	较好
灭火剂成本	一般	高	高	廉价	高	高

1.1.1　细水雾灭火技术简介

细水雾灭火系统因具有无环境污染（ODP = 0，GWP = 0）、耗水量低、灭火迅速、适用多种类型火灾、对受灾物品破坏小等特点，被视为哈龙灭火剂的主要替代品。在高技术领域与重大工业危险源的特殊火灾领域，例如计算机机房、电气化控制室、航空与航天机舱、船舶舱室内火灾及大规模工业厂房火灾等，细水雾灭火系统获得了广泛的应用，并展现出了良好的发展潜力。

细水雾的灭火机理主要包括以下几个方面：

（1）冷却燃料表面：细水雾通过降低燃料表面的热解速率，降低向火焰反应区的燃料供给来降低火焰热释放速率和火焰对燃料表面的热反馈。

（2）气相冷却火焰：细水雾液滴的热容和蒸发潜热作用可以吸收一部分燃烧产生的热量，使得火焰区内部的能量不足以维持燃烧过程的化学反应而使火焰熄灭。

（3）稀释氧浓度：细水雾液滴在冷化过程中除吸收大量的热之外，体积会迅速膨胀1 700多倍，临近火焰反应区会聚集大量水蒸气，稀释燃烧区的氧气浓度，降低燃料的燃烧速率。

其他的机理还包括衰减热辐射，通过降低可燃物对燃料表面的辐射热反馈，降低燃料燃烧速率来达到抑制燃烧的作用。另外，高压细水雾对火焰产生强烈的拉伸作用，使火焰结构变得不稳定而易于熄灭。

细水雾具有较好灭火效果的潜能主要是由于其具有较高的蒸发潜热值，如图1.1所示。

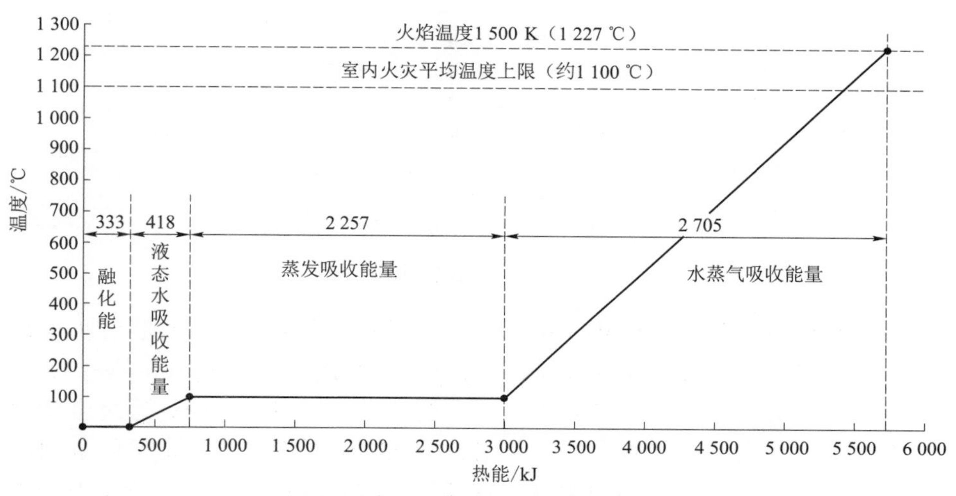

图1.1 水的相变能量

由图1.1可知，使1 L水的温度由0 ℃上升到100 ℃所需的能量是418 kJ，而之后需要吸收2 257 kJ的能量才能使水由液态变为气态，在此相变过程中，温度维持100 ℃不变。然而，蒸发只发生在液体表面，因此，从理论上来说，提高水的灭火效率最简单的方法是增加每单位体积水的表面积。而细水雾相对于传统水喷淋和室内消火栓的优势是增加了水的蒸发面，加快了水转化成水蒸气的速率。

图1.2为液滴尺寸的图谱。该图谱将液滴粒径限定在0.1 ~ 10 000 μm，这个区间的平均值（Average）范围是100 ~ 1 000 μm，为最适宜灭火的液滴粒径区间。小于平均值的部分按液滴粒径由粗到细分别为细液滴级别（Fine）（10 ~ 100 μm）、灰尘级别（Dust）（1 ~ 10 μm）和胶体级别（Colloid）（0.1 ~ 1 μm）；大于平均值的部分为粗液滴级别（Coarse）（1 000 ~ 10 000 μm）。图1.2中虽然将不同尺寸的液滴粒径进行划分，但细水雾（mist）和水喷淋（spray）的临界点还不是十分明显。

NFPA 750标准对细水雾的定义为：在最小设计工作压力下、距喷嘴1 m处的平面上，测得水雾最粗部分的液滴有99%的体积直径不大于1 000 μm，即滴粒径 D_{v99}<1 000 μm的水雾均为细水雾范畴。而传统水喷淋灭火系统产

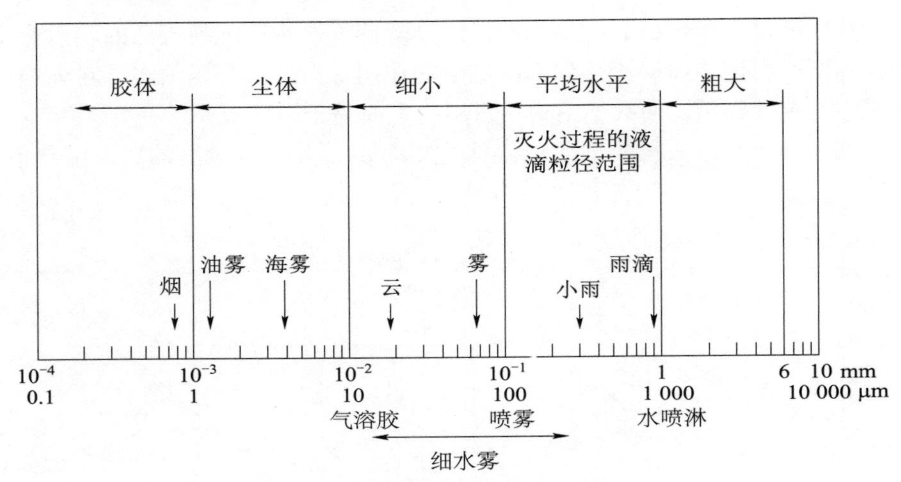

图1.2 液滴尺寸图谱

生的水雾粒径一般D_{v99}>5 000 μm。Back在研究中表明，细水雾能够灭火是依靠较小粒径的液滴（<500 μm），而粒径更小的液滴（约100 μm）由于具有较小的终端速度，可以向气体灭火剂一样悬浮在空气中，通过全淹没的方式来消除火灾。同时也可以看出，NFPA750对细水雾的定义的范围过于宽泛，由此带来的弊端就是，一些传统的水喷淋灭火系统厂商稍加修改水喷淋的粒径标准，就可以使其达到细水雾的级别并从中获利。因此，有研究人员对NFPA750的细水雾定义进行了细化：平均粒径在80～200 μm，且D_{v99}≤500 μm的液滴称为细水雾，大大缩小了细水雾的粒径范围，有效防止了一些水喷淋厂商的“偷梁换柱”。

Mawhinney和Solomon提出了一种基于体积累积分数的细水雾粒径分级方法，如图1.3所示。

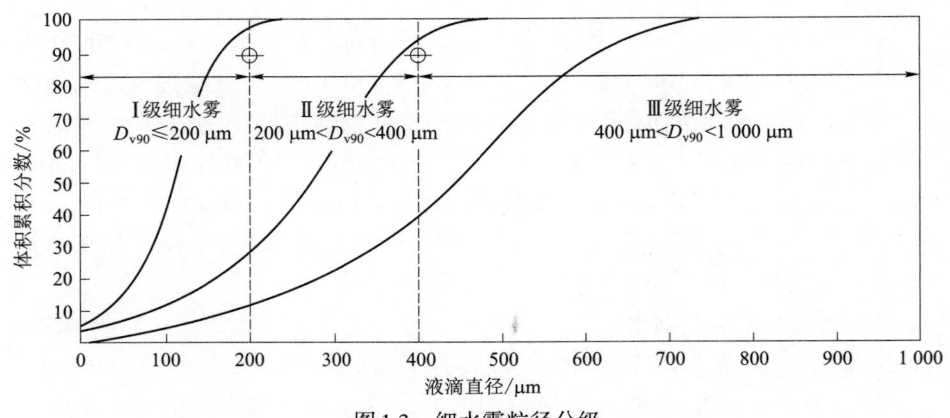

图1.3 细水雾粒径分级

第Ⅰ级细水雾，$D_{v90}\leq 200\ \mu m$，即90%的水微粒直径小于200 μm，是最细的细水雾，一般来说，需要很高的压强才能产生且流量较小。

第Ⅱ级细水雾，$200\ \mu m\leq D_{v90}\leq 400\ \mu m$，即90%的水微粒直径大于200 μm而小于400 μm，相对于第Ⅰ级细水雾来说，第Ⅱ级细水雾所需压强较低且流量较大。

第Ⅲ级细水雾，$400\ \mu m\leq D_{v90}\leq 1\ 000\ \mu m$，即90%的水微粒直径大于400 μm而小于1 000 μm，这种细水雾所需压强最小，且流量最大，可由中压冲击式喷嘴产生。

按这种分级方法，较“细”的细水雾液滴全部都可以在火灾环境中快速蒸发，发挥气相冷却火焰、稀释氧浓度等主要的灭火机理。在实践中，Ⅰ级和Ⅱ级细水雾适用于扑灭池火或喷射火，对避免燃料的飞溅也有一定的效果。而Ⅲ级细水雾对A类火效果明显，如对于可以接受水泽污染的场所，也可以选择Ⅲ级细水雾扑灭该类场所发生的火灾。

综上所述，细水雾在灭火过程中会降低火焰的化学反应速率和传播速率，有利于控制火灾的发展，直至灭火。但是，细水雾灭火仍属于物理灭火，灭火效能低于哈龙灭火剂和其他化学灭火剂，在一些特殊的火灾场景下，其应用也存在一定的局限性：

（1）当火灾位于障碍物以下或被物体遮挡时，雾滴难以像气相灭火剂那样具有较好的分散性而直接进入火焰区发挥吸热作用，只能间接通过稀释深位火附近的氧浓度来达到灭火的目的。并且稀释氧浓度的作用易受到气流扰动、火灾所处环境等诸多因素的影响，因此，稀释氧浓度的作用通常只能是抑制火焰，难以有效地将火灾扑灭。

（2）在通风良好的火灾环境下，雾滴易受到气流扰动的影响，直径小于100 μm的液滴很容易在气流的带动下带偏离火焰区。另外，在此环境下，氧气能够得到及时补充，细水雾稀释氧浓度的作用微乎其微。因此，在通风良好的环境下，细水雾的灭火效能大幅下降。

（3）纯水的渗透性能与润湿性能较为一般，在普通流量下，其难以扑灭固体可燃物深位火灾的不足会直接导致可燃物的复燃。

（4）纯水细水雾在低于0 ℃的情况下会结冰，限制了细水雾在低温环境下的应用。

因此，如何提高细水雾的灭火效率，弥补上述不足逐渐成为各国研究的焦点。其中选择性地向水中添加某些有机化合物或无机化合物以改进水的应用性能，成为国际火灾科学的前沿研究热点之一。另外，细水雾灭火机理复杂，其灭火性能受到包括细水雾的粒径大小、雾锥角、雾动量、雾通量、入射方向、火源位置、规模和遮挡程度、空间通风情况等较多因素控制。因此，对于消防工程应用上的细水雾灭火系统，仅从总结灭火实验并在分析数据的基础上理解其灭火原理和过程。虽然有研究人员采用火灾动力学和火灾物理化学的方法分析细水雾的灭火机理和过程，但并未形成以工程的基本原理为基础的一般设计方法，应用性的灭火实验成了使系统达到防火目标的唯一手段。96版的NFPA750是世界上第一个细水雾灭火系统的性能化设计安装规范，其内容规定“应执行实验方案，以验证系统和组件的工作范围、安装参数”。NFPA750的出现进一步推动了细水雾灭火的深入研究，也标志着细水雾的应用进入了一个崭新的阶段。我国于2002年首先在浙江推出了浙江省工程建设标准《细水雾灭火系统设计、施工及验收规范》（DB33/1010—2002），2003—2006年，北京（DBJ 01/74—2003）、安徽（DB012/T1234—2004）、湖北（DB/J42-282—2004）、江苏（DGJ32/J09—2005）、广东（DBJ/T15-41—2005）、河南（DBJ41/T074—2006）、四川（DB51/T592—2006）、山西（DB/J04-247—2006）等地先后出台了工程建设标准《细水雾灭火系统设计、施工及验收规范》，并且在辽宁省于2003年出台《中、低压单流体细水雾灭火系统设计、施工及验收规程》（DB21/1235—2003）后，由河南海力特机电制造有限公司主编的《高压细水雾消火栓系统设计、施工及验收规范》也于2016年8月19日顺利通过评审，标志着我国在细水雾灭火系统的应用上进入了高速发展的阶段。而这些标准中无一例外地规定了细水雾的设计参数应根据“模拟应用现场单元保护对象的系统灭火性能实验”。然而，如果对于每个建筑的每种细水雾灭火系统的设计方案都进行实验室的全尺寸实验，将耗费过多的人力、物力和财力，也不利于细水雾灭火技术的推广和应用。因此，通过设计实验室小规模灭火实验，使其相比实际的火灾场景具有过余的安全余量，使实验结果适用于一般细水雾灭火系统的安装场合，并发展合理可靠的数值模拟方法，以减少对实验的依赖是推广细水雾灭火技术应用的另一个关键问题。

另外，我国于2013年颁布了《细水雾灭火系统技术规范》（GB 50898—2013）作为细水雾灭火系统设计的一般性原则和统一标准，标志着细水雾灭火技术已经有成熟的实施标准。然而，含添加剂细水雾由于其对存储设备的腐蚀性、溶质的溶解性及保质期等问题，并没有进入大规模的实际应用阶段，虽然添加剂能够明显地提高细水雾灭火性能，但是由于添加剂的灭火机理和一些应用方面的问题还没有得到解决，并且细水雾及含添加剂细水雾的最小灭火浓度对消防设计和科学研究都是非常重要的参数，但实际规范中均未涉及，使得在实际应用中对细水雾或含添加剂细水雾灭火系统的评价还没有统一的标准，这些都限制了含添加剂细水雾系统的推广应用。

1.1.2 细水雾灭火技术研究现状

细水雾的研究始于20世纪50年代中期，Braidech（1955）描述了细水雾抑制熄灭固体和液体火灾的基本原则。随后，Rashbash（1957，1960）提出了熄灭液体燃料火灾的两个基本机理，即火焰气相冷却和燃料表面冷却。在细水雾的作用下，火焰气相冷却的速度非常快，而冷却燃料表面则需要细水雾能够穿透火焰到达燃料表面。Mcgee（1975）和Tamanini（1976）对细水雾抑制熄灭固体燃料火灾进行了研究，这些研究主要集中在细水雾与固体燃料表面火的相互作用，并提出了若要熄灭固体燃料深位火，需要提高细水雾的灭火效率。而此时，作为细水雾灭火的主要机理，却鲜有理论研究和实验数据深入研究细水雾的气相冷却作用。最早进行细水雾与火焰相互作用机理研究的是Seshadri（1978），实验燃料为庚烷和甲醇，氧化剂为氮气、氧气和细水雾的混合物。通过对撞火焰燃烧器进行实验，依据火焰熄灭时临界氧浓度和火焰拉伸率的函数关系，推导出该燃烧系统的一阶动力学参数，提出了细水雾灭火的热机理。然而，随着哈龙系列灭火剂的广泛应用，关于细水雾的研究在20世纪80年代几乎停滞，取而代之的是哈龙系列灭火剂的“蓬勃发展”，直到1987年蒙特利尔条约签订后，细水雾作为最有力的哈龙替代品又重新回到人们的视野当中。McCaffrey（1989）对细水雾作为抑制熄灭射流扩散火焰的灭火实验数据和文献进行了回顾和整理，设计了由H_2作为火源和动力源的小型气动雾化喷嘴细水雾灭火实验，在20世纪90年代已广泛应用于高动量射流扩散火焰条件下细水雾对火焰的影响。通过在火焰底部通入的空气中加入细水雾，使火焰“抬离”正常燃烧的位置，以此来降低火焰峰值温度和辐射水平来抑制甚至熄灭火焰。在火焰临近“吹熄”时，可以明显观察到火焰位置的改变。其研究成果可以作为一般结论推广到很多的细水雾与碳氢燃料相互作用的研究中。Mawhinney（1994）通过对垂直向下喷射的细水雾与柴油火相互作用过程中热释放速率的测定，发现在柴油火初期加入细水雾时，火焰的热释放速率有较大幅度的提升，认为此时在细水雾的作用下，火焰卷吸了更多的空气，造成燃烧强化。随后，改变细水雾的喷射方式，即由火焰下方喷射时，火焰变大且不稳定，认为此时细水雾的作用是扰动周围气流，使柴油挥发的速率变快而强化燃烧。Mawhinney的研究表明，在火灾初期，细水雾的存在会起到火焰强化的作用，并且细水雾的不同入射方式对其灭火效能具有较大的影响。随后，Atreya（1994）、Kim（1997）、Chang（2007）和Richard（2013）等人的研究中，均观察到了这种火焰强化现象：Atreya认为强化现象的产生是由于煤油燃烧过程中产生的炭黑颗粒与水蒸气发生的化学反应。而Kim的研究表明，并非任何时候都能发生火焰强化，而是存在一条临界曲线，将整个空间划分为灭火区域和强化区域。Chang从实验中得出的结论是，若细水雾仅从一个角度射入火焰时，火焰只发生偏转，并不发生强化。Richard认为发生火焰强化的原因为燃料油品的飞溅、蒸汽爆炸和沸腾。Shilling（1996）首次通过杯式燃烧器（Cup-burner）方法，测试了粒径为8.2 μm的细水雾抑制熄灭庚烷火的最小灭火浓度为174 g · m^{-3}，灭火效率低于模拟结论的149 g · m^{-3}的原因是，在数值模拟时，将细水雾液滴的输运方式等同于空气，但实验中却是完全不同的情况。Shilling的研究拉开了应用小型气相灭火装置进行细水雾灭火最小浓度测试的“性能化设计大幕”。丛北华（2006）、Fisher（2007）、Sakurai（2013）等人分别用改进的杯式燃烧器对细水雾的最小灭火浓度进行测试，但侧重点有所不同：丛北华通过实验和数值模拟的方法在得到细水雾抑制熄灭甲烷扩散火焰最小灭火浓度的同时，说明了细水雾粒径和火焰结构对细水雾的灭火效能有较大影响。Fisher的研究侧重于粒径为10 μm细水雾液滴与火焰的相互作用，通过影像学的手段发现在火焰根部周围存在一个空白区域，许多细水雾液滴并没有被火焰卷吸进去，而实际上与火焰“擦身而过”。Sakurai的研究侧重于杯式燃烧器本身的设计参数，如燃烧杯厚度对细水雾最小灭火浓度的影响。Ndubizu（1998）用改进的Wolfhard-Parker气体燃烧器对细水雾的潜热吸热、热容吸热和氧气稀释灭火作用的相对贡献进行了定量研究。火焰抑制剂分别选取细水雾、氮气和水蒸气，实验结果表明，这三种机理对于熄灭火焰均有重要贡献，细水雾的气相冷却作用主要依靠潜热吸热和热容吸热，当雾滴Sauter平均直径在60 μm范围左右时，气相冷却效应的作用大于氧气稀释效应。值得一提的是，我国于1998年由公安部天津消防研究所开始细水雾灭火的研究课题，并将其列为国家“九五”科技攻关项目，先后召开了两次大型专家评定会，得到关于A类和B类火灾工程应用技术参数和结论。Zegers（2000）和Fuss（2002）分别通过预混火焰燃烧器和对撞火焰燃烧器系统研究了细水雾粒径对实验室规模火焰灭火效能的影响，得出了细水雾在某些特定条件下的灭火效能高于哈龙1301的结论。Grant（2000）、Mawhinney（2004）和Novozhilov（2007）总结了影响细水雾灭火的主要因素，包括细水雾粒径分布、雾滴速率、喷头产生的细水雾形状、雾锥角、喷头距离火源的位置、细水雾保护空间的通风情况及细水雾与浮力扩散火羽流相互作用的动力学等，为细水雾的应用奠定了很好的理论基础。

近10年间，围绕着上述细水雾与火焰相互作用的“里程碑”式的研究成果，各国的研究人员将细水雾研究的重点转向了应用方面。刘江虹（2003）在总结前人实验结果的基础上，通过假设一系列的条件，得到了细水雾灭火时间模型，并通过实验验证了模型的正确性，作为细水雾灭火系统设计和安装潜在的指导依据。Liu（2004—2006）从理论和实验的角度详细论述细水雾特性对灭食用油火有效性的影响，得出熄灭较大规模食用油火的临界水雾密度。黄鑫（2006）同样研究细水雾的灭火机理和影响因素，但实验的环境为高纬度地区，并对其特殊性进行初步的分析。Liu（2007）将液体燃料燃烧过程中表面温度进行区分，说明细水雾对于抑制燃烧过程中燃料表面温度较高的液体燃料尤其有效。针对细水雾难以熄灭障碍物下火灾的不足，余明高（2008）采用全尺寸实验和模拟的方法，研究了障碍物的位置、形状和遮挡面积对细水雾灭火效能的影响。Santangelo（2010）的研究发现，双流体雾化器可以产生更细的细水雾，并且可以通过改变动力源气体的压力来改变喷雾特性，对研究细水雾发生装置的特征参数对灭火效率的影响具有重要的意义。此后，Gupta（2013）利用双流体雾化器在1 m^3封闭空间内对平均粒径为17 ~ 27 μm的低压全淹没式细水雾的灭火效能进行评价，得到该条件下细水雾抑制熄灭油池火的雾滴特性参数，推进了中、低压细水雾的应用进程。

不难看出，随着细水雾应用范围的不断扩大，细水雾灭火技术已经全面替代哈龙系列灭火剂并占领了市场，保护场合涵盖了传统的计算机房（房玉东，2003）、军舰（韦艳文，2006）、飞机（Abbud-Madrid，2006），并发展到火灾危险性较大的隧道（Mawhinney，2012；Biccr，2014）、高危仓库（Santangelo，2012）和空间站（Carriere，2013）。

1.2 含添加剂细水雾灭火技术简介和研究现状

1.2.1 含添加剂细水雾灭火技术简介

为了提高细水雾的灭火效率，弥补上述不足逐渐成为研究的焦点，其中向水中加入水系添加剂的灭火技术，即选择性地向水中添加某些有机化合物或无机化合物，从细水雾化学灭火机理和物理灭火机理协同作用的角度出发，以改进水的应用性能，使细水雾发挥出最佳的灭火效果，提高水的灭火效率，成为国际火灾科学的前沿研究热点之一。

含添加剂的细水雾除了像纯水细水雾那样通过燃料表面冷却、火焰气相冷却和稀释氧气浓度等作用机制来抑制熄灭火灾外，还可以通过捕捉燃料燃烧过程中产生的自由基，中断燃烧过程中的链式反应而达到灭火目的。

1.2.2 含添加剂细水雾灭火技术研究现状

采取在水中加入可溶性添加剂提高水的灭火效能的研究可以追溯到20

世纪50年代，Monson（1953，1954）、Friedrich（1964）和Kida（1969）的研究发现，用碱金属盐水溶液可以显著提高水喷淋抑制熄灭油池火和固体木垛火的效率。此后，Mitani（1984）研究了含NaOH和$NaHCO_3$的超细水雾（平均粒径2.4 μm）抑制熄灭预混火焰的效能，发现这两种添加剂在燃烧速率较快的$H_2/O_2/N_2$预混火焰和燃烧速率较慢的$C_2H_4/N_2/O_2$中的表现不同，说明同种添加剂在两种火焰中具有不同的化学灭火效能，但该研究中并没有涉及碱金属的饱和蒸气压对灭火效能的影响。Zheng（1997）通过预混对撞火焰燃烧器研究含NaCl细水雾的灭火效能，发现碱金属盐较低饱和蒸气压限制了其灭火效能，即浓度增加到一定值后，灭火效能几乎不再增加。Zheng研究的添加剂中还包括一种表面活性剂（Synperonic PE/L62），研究表明，含表面活性剂细水雾对火焰熄灭时拉伸率的削减作用远没有含NaCl细水雾的强，说明在细水雾中加入物理添加剂，包括乳化剂、表面活性剂、抗冻剂、增稠剂、减阻剂等，远不如加入化学添加剂对细水雾灭火效果的提升作用大。张文成（2012）的一项研究表明，各种物理类添加剂对灭火效能影响的排名为：碳氢化合物表面活性剂>螯合剂（络合剂）>氟碳表面活性剂>乳化剂>阻燃剂>增稠剂>抗冻剂。然而该排序忽略了某些物理添加剂的化学灭火效能。Fleming（2010）的研究表明，含醋酸钾（CH_3COOK）细水雾不但具有较高的灭火效能，同时，CH_3COOK还是一种较好的抗冻剂，说明细水雾中加入CH_3COOK可以弥补抗冻剂作为物理添加剂对细水雾灭火效能提高有限的不足，是一种潜在的高效细水雾添加剂。而这之前，Mawhinney（1994）的研究也表明，直接以海水作为雾化介质的细水雾或是添加0.3%水成膜泡沫灭火剂（AFFF）的细水雾抑制熄灭碳氢类油池火比纯水细水雾更为有效，也间接说明了Monson和Zheng等人研究结论的可靠性。此后，丛北华（2004）推进了Zheng关于含NaCl添加剂细水雾的灭火效能，发现灭火效能与NaCl浓度呈“W”形关系，说明细水雾添加剂存在最佳灭火浓度问题。

正是由于Zheng的研究，使得含添加剂细水雾得到了广泛的关注并逐渐成为研究的焦点。Back（2000）研究了含溴化钾（KBr）、醋酸钾（CH_3COOK）、乳酸钾（$C_3H_5KO_3$）、碘化钙（CaI_2）、溴化钠（NaBr）、氯化钙（$CaCl_2$）的细水雾抑制熄灭战场用标准燃料JP-8的效能，通过比较各工况条件下相应的灭火时间，发现灭火效能最好的是浓度为60%的乳酸钾（$C_3H_5KO_3$）溶液。Lazzarini（2000）研究了含NaOH添加剂细水雾的最佳灭火浓度，通过对撞火焰燃烧器实验发现NaOH的最佳灭火浓度为17.5%。Cheiliah（2002）在Lazzarini结论的基础上通过实验研究得到了具有相同摩尔浓度的KOH、NaCl和NaOH，其灭火效率的排序为KOH>NaCl>NaOH，并且液滴尺寸、液滴在火焰中的停留时间和灭火活性物质的饱和性是化学灭火剂效能达到峰值的三个重要因素。McDonnell（2002）在Lazzarini进行碱金属添加剂灭火效能研究的同时，开展了过渡金属，如铁（Fe）、铬（Cr）、锰（Mn）、铅（Pb）、锡（Sn）等作为细水雾添加剂对火焰的抑制熄灭作用。结果表明，浓度很低的可溶性过渡金属盐就可以表现出较强的抑制作用，但继续增加添加剂的浓度，则出现了对火焰抑制效能的饱和性。Linteris（2002）同时比较了碱金属和过渡金属的灭火效能，选用的添加剂为KOH、NaCl、NaOH和$FeCl_2$。研究表明，当几种添加剂具有相同摩尔分数并且浓度较低时，灭火效能排序为$FeCl_2$>KOH>NaCl>NaOH，但当浓度继续增加时，$FeCl_2$由于在火焰中的饱和度问题，未能表现出明显优于碱金属盐的化学灭火作用，而且添加剂在对撞扩散火焰中的表现明显优于预混火焰，推测可能的原因就是不同的火焰结构影响了液滴在火焰中的停留时间，进而影响添加剂化学作用的发挥，与Cheiliah的研究结论一致。同时，Linteris也提到了液滴粒径是影响含添加剂细水雾灭火效能的主要因素。Lentati（1998）曾提出细水雾抑制熄灭火焰的临界粒径为20 μm，即液滴粒径小于临界粒径时，继续减小细水雾粒径对灭火效能的提高有限；而液滴粒径大于临界粒径时，细水雾的灭火效能随着液滴粒径的减小而增加。液滴粒径对含添加剂细水雾灭火效能影响的本质原因是影响蒸发速率，导致化学灭火物质不能快速发挥作用。King在1997年研究了添加剂种类和浓度对液滴蒸发速率影响相关问题。研究表明，CH_3COOK和NaI都可以降低纯水的蒸发速率，并且随着添加剂浓度的增加，液滴蒸发速率进一步减慢。因此，结合King、Cheiliah和Linteris的研究不难发现，要想最大限度地发挥化学灭火物质的效能，首先应缩小细水雾的粒径。因此，Fleming（2002）研究了细水雾粒径的蒸发时间与火焰温度的关系，得出当细水雾粒径小于10 μm时，在任何火焰条件下的蒸发时间均小于1 ms，可忽略蒸发对含添加剂细水雾灭火效能的影响。因此，Mitani在1984年的研究结论较为真实地反映了NaOH和$NaHCO_3$灭火效能的相对大小。此外，况凯骞（2005）和余明高（2007）分别开展了含$FeCl_2$和$CoCl_2$添加剂细水雾灭火效能的研究，得到发挥最佳化学灭火效能的质量分数分别为0.83%和1.75%。针对Linteris的研究内容，Joseph（2013）进一步将碱金属盐与可溶性过渡金属盐作为细水雾添加剂进行灭火效能的比较，选用的添加剂为$KHCO_3$、NaCl、KCl、$FeSO_4 \cdot 7H_2O$、$ZnCl_2$、$MnCl_2$和$CuCl_2$，并且加入两种非金属盐$NH_4H_2PO_4$和$(NH_2)_2CO$作为对比。结果表明，当几种物质具有相同的质量分数时，过渡金属盐添加剂的化学灭火效能远不及碱金属盐。碱金属盐中，灭火效能的排序为$KHCO_3$>KCl>NaCl，并且随着溶液浓度的增加，灭火效率增加。过渡金属盐的灭火效能与氯化物中阳离子在元素周期表中的排序一致，为$MnCl_2$>$CuCl_2$>$ZnCl_2$，与Koshiba（2012）的研究一致。值得一提的是，含Mn的可溶性盐在相同质量分数上的灭火效能虽不及碱金属盐，但明显优于其他非碱金属盐，可以作为潜在的高效细水雾添加剂使用。$FeSO_4 \cdot 7H_2O$和（NH_2）$_2CO$削弱了纯水的灭火效能；$NH_4H_2PO_4$添加剂对纯水灭火效率的影响受浓度的影响较大：质量分数为3%的$NH_4H_2PO_4$会削弱纯水的灭火效能，而质量分数为5%的$NH_4H_2PO_4$会增强纯水的灭火效能。赵乘寿（2011）的研究中也得到了类似的结论，质量分数为3%、6%和9%的含$NH_4H_2PO_4$添加剂细水雾分别将纯水的灭火效率提高了42.5%、63.9%和43.6%，说明添加剂的有效浓度范围是评价含添加剂细水雾灭火效能的重要参数。Linteris与Joseph对过渡金属与碱金属添加剂的研究与Vanpee（1979）的研究"不谋而合"：Vanpee对于添加剂灭火效率的研究不是基于细水雾的，而是将添加剂溶解到乙醇中并作为雾化介质通入对撞火焰燃烧器的燃料端，添加剂包括Pb、Mn、Co、Fe、Cr、Na和Li的乙酰丙酮盐，Mg、Ni、Li和C的氯化物，$Fe(CO)_5$、$Pb(C_2H_3O_2)_4$、$LiC_2H_3O_2$和NaOH，并得到了这些物质的灭火效能排序。Vanpee的研究表明，在等摩尔质量条件下，过渡金属表现出较好的灭火性能，但是碱金属的灭火效能优于过渡金属，可能的原因是碱金属具有更小的摩尔质量。遗憾的是，Vanpee的实验中也没有给出添加剂的浓度范围，无法对所选添加剂的灭火效能进行评价。

Shmakov（2006）总结了前人的研究成果，发现具有较高灭火效能的物质大致分为三类，即有机磷系化合物、碱金属盐类和过渡金属盐类。因此，在实验中选用的细水雾添加剂中有P元素和Fe元素，为醋酸钾（CH_3COOK）、草酸钾（$K_2C_2O_4$）、磷酸钾（K_3PO_4）和亚铁氰化钾（$K_4[Fe(CN)_6]$）。结果表明，四种物质灭火效能的排序为$K_4[Fe(CN)_6]>K_2C_2O_4>CH_3COOK>K_3PO_4$，说明K+P的灭火效果并不好，实验室证明最有效的（每单位质量）灭火剂是复杂的K+Fe的化合物。Shmakov在2006年的研究成果是基于细水雾抑制熄灭正庚烷Cup-burner火焰实验，而Korobeinichev（2010）认为实验室的结论不一定适用于大规模实际火灾场景，因此，Korobeinichev开展了含添加剂细水雾抑制熄灭全尺寸火灾实验，添加剂选用铁氰化钾（$K_3[Fe(CN)_6]$）的原因是，其比$K_4[Fe(CN)_6]$有更大的溶解度。结果表明，虽然质量分数为30%的$K_3[Fe(CN)_6]$溶液抑制熄灭A类火具有很高的效率，但添加$K_3[Fe(CN)_6]$后的细水雾流速比是纯水的1/1.9，消防水带中的流速是纯水的将近1/30，说明$K_3[Fe(CN)_6]$对纯水物理性质的改变很大。虽然$K_3[Fe(CN)_6]$和$K_4[Fe(CN)_6]$具有很好的溶解度和较高的灭火效能，但化合物中存在的含氰基团（CN）是一个"让人很不放心"的物质，并且Korobeinichev的实验结束后，所有残留物上均包裹着$K_3[Fe(CN)_6]$。随后，Korobeinichev（2012）着重研究了$K_3[Fe(CN)_6]$和$K_4[Fe(CN)_6]$本身及加热分解产物的毒性问题。指出$K_3[Fe(CN)_6]$和$K_4[Fe(CN)_6]$属于具有化学危害类的物质，$K_3[Fe(CN)_6]$有剧毒，$K_4[Fe(CN)_6]$的毒性较低，但这两种物质毒性均小于有机磷系化合物。虽然Korobeinichev的研究表明这两种物质加热分解后产生的剧毒氰化氢（HCN）浓度低于允许浓度值的5倍以下，但是分解产物中还包含着固体剧毒物质氰化钾（KCN），50 mg即可引起猝死，因此，这两种物质不能作为潜在的细水雾添加剂加以应用。

很多研究人员还对含铁和磷的有机物添加剂灭火效果进行了研究，肖佳（2012）综合国内外对含Fe添加剂灭火效能的研究结果表明，虽然五羰基铁（$Fe(CO)_5$）具有较好的灭火效果，但该物质本身存在易燃、有毒等缺陷；二茂铁（$Fe(C_5H_5)_2$）虽不易燃，但物质本身也存在毒性，并且这两种物质都不溶于水，对该类物质的研究还有待商榷。Shmakova（2005）研究了21种含磷化合物抑制熄灭预混火焰和对撞火焰的灭火效能，发现磷系灭火剂灭火的本质是由于化合物中含有P元素，与化合物的分子结构无关，但是，美中不足的是，含磷化合物的毒性甚至强于含Fe化合物，使其应用上存在较大局限性。不难看出，碱金属盐具有灭火效能高、无毒、易溶解等多种优势，成为细水雾添加剂的最好选择。余明高（2007）综述了前人关于细水雾添加剂的研究，得到一个普遍适用的规律：对于碱金属碳酸盐来说，灭火效率的排序为$K_2CO_3>KHCO_3>Na_2CO_3>NaHCO_3$；当添加剂质量分数较低（1%～5%）时，灭火效率随添加剂浓度的增加而显著增加；当添加剂质量分数浓度较高（>10%）时，灭火效率随添加剂浓度的增加提高甚微。朱鹏（2013）重点研究了碱金属盐碳酸钾（K_2CO_3）和醋酸钾（CH_3COOK）抑制熄灭食用油火灾的灭火效能。研究发现，含添加剂细水雾的灭火效能随溶质质量分数的增加而增强，但增强的趋势逐渐减小，当质量分数超过20%时，继续增加质量分数，对灭火效能几乎没有改变。灭火效能虽然趋于饱和，但溶液的pH线性增加，对设备的腐蚀性危害程度增加。

对于复合添加剂的研究，Zhou（2006）将物理添加剂与化学添加剂同时加入细水雾中观察灭火效果，研究发现，对于A类火，添加剂质量分数为0.8%时，可以将纯水的灭火效率提高82.2%；对于B类火，添加剂质量分数为0.2%时，可将纯水的灭火效率提高82.5%。Zhou的研究弥补了单独添加物理添加剂或化学添加剂的不足。此后，余明高（2007）、Chang（2008）、Cong（2009）和Ni（2011）等人都相继开展了包含物理添加剂和化学添加剂的复合添加剂的研究，结果也都提高了纯水的灭火效能。但由于并没有统一的评价标准，包括实验场所、火源种类和规模、细水雾的特性参数等实验条件均不一致，因此，仅从实验数据来看，还不能确定究竟哪一种复合添加剂灭火效能较好，这也是复合添加剂没有得到广泛应用的一个原因。值得一提的是，无论是哪种复合添加剂，其中发挥化学灭火作用的主要物质均为碱金属盐。

上述结果表明，添加剂可以增强细水雾的灭火效能，影响含添加剂细水雾灭火效能的影响因素包括添加剂的类型和浓度、燃料类型、细水雾特性参数等。虽然研究人员对实验结果均能给出合理解释，但对于添加剂的灭火机理研究甚少，因此，在选择添加剂时，仅能依靠实验的办法对不同添加剂的灭火效果进行尝试，工作量巨大，费时费力还具有一定的危险性。另外，虽然碱金属盐的应用前景值得肯定，但人们对碱金属盐添加剂细水雾灭火机理的认识还处于定性阶段，对机理认知上的匮乏加之缺乏实际的实验数据，使我们无法对各种机理的相对重要度进行量化，限制了碱金属添加剂细水雾大规模的推广。解决这些问题不仅需要进行燃烧动力学方面的研究，还要进行实验研究来获得真实可靠的数据。

对碱金属灭火机理的研究起源于20世纪60年代，Friedman（1963）研究了钾蒸气抑制熄灭甲烷对撞扩散火焰的效能，通过观察实验现象并进行平衡计算，发现钾蒸气能够灭火是因为在火焰温度下产生了活性中间产物KOH。此后，Mchale（1975）通过实验观察了K_2SO_4、$KHCO_3$、$K_2C_2O_4$及KBF_4对火箭发动机羽流火焰的抑制作用，发现所选碱金属盐对火焰抑制作用的排序为$K_2C_2O_4>KHCO_3 \approx K_2SO_4>KBF_4$，具有抑制火焰作用的几种碱金属盐平衡产物计算中都含有大量的KOH，而KBF_4的平衡产物中没有KOH存在，说明KOH是抑制火焰的活性物质，同时，也论证了钾盐抑制熄灭火焰是一个气相均相反应过程（Homogeneous），而不是火焰自由基在碱金属盐表面发生的异相反应（Heterogeneous）。Friedman与Mchale虽然都研究了碱金属盐的灭火机理，但实际上研究的是碱金属盐颗粒，并不是作为添加剂加入细水雾后的灭火机理。Mitani（1984）的实验中，将NaOH和$NaHCO_3$作为添加剂加入细水雾中进行灭火机理的研究，结果表明，实际发挥灭火作用的物质还是NaOH和$NaHCO_3$，细水雾仅起到输运溶质的作用。Mitani依据添加剂热分解产物与火焰自由基可能的化学反应和每个化学反应的速率常数来确定反应发生的可能性，并最终确定灭火剂催化循环反应最终路径作为灭火机理。Mitani的研究虽然开辟了利用化学反应速率推测灭火机理的新方法，但在可能发生的反应中忽略了水蒸气（H_2O）的存在。Huttinger（1986）的研究表明，水蒸气的存在可以明显降低一部分碱金属盐热分解反应的标准吉布斯自由能，即在水蒸气条件下，一些碱金属盐具有在火焰温度下更容易分解并生成灭火活性物质的潜质。但Huttinger的结论并没有应用在含碱金属盐添加剂细水雾灭火机理的研究中。Hynes（1984）通过实验的方法测得了含钠（Na）盐细水雾与火焰中OH自由基相互作用过程中关键物质的浓度，得到含Na物质在火焰化学反应中的速率常数，提出了Na盐与火焰相互作用时的17步反应动力学机理。Slack（1989）用同样的实验方法得到了KOH与火焰自由基相互反应的速率常数，并与其他研究人员的数值模拟结论进行对比，发现实验结果与数值模拟结果吻合较好。Slack参照Hynes提出的Na盐17步反应机理得出了K盐与火焰相互作用的10步反应动力学机理。虽然Hynes与Slack提出了碱金属盐在火焰化学中的动力学机理，但对于每步反应对火焰自由基的重要程度并未进行深入研究。随后的二十几年中，围绕着碱金属盐细水雾添加剂灭火机理的研究并没有突破性的进展，大多数研究人员对实验现象进行机理解释时，都是从可能的反应路径角度出发的“自圆其说”，对同一种细水雾添加剂来说，难免出现不一样的解释。

从相关资料来看，对含添加剂细水雾灭火性能及机理的研究主要集中在预混火焰或是对撞火焰上，但在实际情况中，大部分火灾为浮力控制下的扩散燃烧，这种火焰结构与预混火焰和对撞火焰的结构是完全不同的，现有研究结论能否适用于真实火焰还需打上“大大的问号”。所以，如何设计与真实火场相似的实验条件，进而研发出能在实际场所中应用的含添加剂细水雾灭火系统，将是未来研究的主要方向。

1.3 小 结

在水中加入添加剂能够显著提高细水雾的灭火效能已经是一个不争的事实，但相应的灭火机理尤其是极具应用前景的碱金属添加剂与火焰相互作用灭火机理等方面仍存在许多没有解决的问题，影响了其推广发展，主要包括：

（1）细水雾添加剂的选择尚处于实验研究阶段，具有普遍适用性的细水雾添加剂还在寻找当中。公认的灭火效能较高的含碱金属元素、铁元素和磷元素添加剂中，已通过实验研究的添加剂大部分都存在不同程度的毒性，尤其是含铁和含磷的添加剂毒性，对人类和环境的危害较大。因此，在碱金属添加剂范围内继续寻找既能提高细水雾的灭火效能、添加剂本身又无毒（低毒）或环境污染较小的高效清洁型添加剂，将有很大的研究价值。

（2）含碱金属盐（尤其是钾盐）添加剂细水雾的灭火机理还不明确，针对不同的火灾、不同的灭火阶段，碱金属盐添加剂共性主导灭火作用的研究相对薄弱。由于含碱金属添加剂细水雾抑制熄灭火焰的机理不是化学作用和物理作用的简单叠加，这种物理和化学作用的复杂机制导致目前对各种机理的研究仍处于定性阶段，尤其是对添加剂化学灭火作用贡献的量化仍未见报道。

（3）虽然已有众多研究人员开展了碱金属添加剂细水雾灭火性能影响因素研究，但由于添加剂的种类繁多，含碱金属添加剂细水雾的灭火效能的研究还处于探索阶段。经典的理论研究中，Vanpee的实验并没有给出关键的参数，比如空燃比和含添加剂乙醇雾化液滴粒径；Zheng的实验中，流量及添加剂浓度等参数的设置又过于单一。因此，加入添加剂对细水雾灭火性能的影响还没有形成普遍适用的理论与规律，难以验证数值模拟的正确性，也不利于实际的工程应用。

不难看出，由于我国对含碱金属细水雾的研究起步较晚，尚处于初始阶段，还没有形成一定的规模，尤其是对添加剂的化学灭火机理与细水雾的物理灭火机理的相互影响、相互促进的研究还远远不够，有待进行深入研究。

围绕含碱金属盐添加剂抑制熄灭火焰机理这一国际火灾科学的前沿研究课题，应用先进的实验诊断方法，进一步深化含碱金属盐添加剂细水雾与扩散火焰相互作用机理的认识，明确碱金属盐添加剂灭火的共性规律。在此基础上建立含碱金属盐添加剂细水雾灭火效能的预测方法，为含碱金属盐添加剂细水雾灭火系统的应用和推广提供科学的原理和方法。

由于火灾科学是一门以实验为主的科学，通过实验可以更好、更深入地理解灭火机理、明确发挥添加剂化学灭火最佳效能的途径，可以为数值模拟提供详细的数据支撑，也为探讨含钾盐添加剂细水雾在实际工程中应用的可行性提供理论依据。

另外，书中涉及的符号表等按顺序列在正文之前，方便读者查询。

第2章

Cup-burner扩散火焰装置的设计与灭火实验

火灾科学是一门实验科学。根据不同的实际情况确定研究对象的规模，适当缩小研究对象的尺度，建立小规模的实验装置进行研究，也是火灾科学中一种常用的方法。在典型的细水雾与油盘火或木垛火的相互作用实验中，相似的实验布局得到的结果却大相径庭。这是由于在经典实验中很难控制细水雾竖直向下喷射所带来的动量因素影响，加大了实验的偶然性，导致实验结果的重复性不好，说明这种经典的实验方法并不适用于研究细水雾灭火机理的本质。因此，降低细水雾流动动量对实验过程的影响是深入认识细水雾及含添加剂细水雾灭火机理的关键。

开展简单气相火焰与细水雾雾滴相互作用研究是降低细水雾动量影响的有效手段，常用的小型气相火焰研究装置主要有三大类：预混火焰燃烧器（Premixed flames）、对撞扩散火焰燃烧器（Counterflow diffusion flames）和同轴扩散火焰燃烧器（Cup-burner diffusion flames）。预混火焰中火焰的化学反应速率、热释放速率和传质传热速率都可以用层流燃烧速率来描述，并且在火焰的特定区域可以认为流场是一维的，大大降低了数据采集的难度，简化了数值模拟过程。同样，对撞扩散火焰沿中心线附近也可以近似一维流场，因此，定义火焰的熄灭拉伸率（extinction strain rate）为描述该类火灾模型火焰熄灭的特征参数。从理论上来说，层流燃烧速率或熄灭拉伸可以用来评价不同灭火剂在面对实验室规模或是大规模火灾时的灭火效率。但从实际来说，在浮力羽流的影响下，实际火灾的火焰结构不同于实验室火焰的一维结构，而是在大漩涡结构作用下不断卷吸周围空气的动态火焰。因此，由实验室规模的稳定火焰得到的灭火剂灭火效率对于实际火灾来说可能并不适用。

为明确实际火灾中不同灭火剂的灭火效率，Imperial Chemical Industries（ICI）的Hirst和Booth设计了一套实验室规模的非预混火焰杯式燃烧器Cup-burner。Cup-burner火焰为在垂直燃烧杯上形成的非预混携流扩散火焰，该火焰随着表面厘米大小的环形涡流的发展和空气对流作用而变得不稳定。Cup-burner火焰与自由燃烧状态下浮力扩散火焰有很多的相似之处：燃料与氧化剂在反应之前相互分离、火焰拉伸率在特定区域的变化、火焰跳动的频率（10 ~ 15 Hz）及火焰底部的稳定性等。从火灾安全的角度考虑，危险性最大的火焰为类似于杯式燃烧器的低拉伸率火焰，虽然其火焰结构与实际火焰类似，但稳定性明显高于实际火焰，在灭火过程中需要更多的灭火剂，因此，实验得到的灭火剂最小灭火浓度是考虑了安全余量的，大大超出实际应用所需的灭火剂量。Cup-burner实验结果广泛应用于消防工程领域，作为评价灭火剂性能的重要实验手段，也作为许多安全规程和操作手册编写时的重要数据依据。

但是，标准Cup-burner装置是用来测量气体灭火剂和常温下就能够汽化的低沸点液体灭火剂的最小灭火浓度的，并不适合测量细水雾这样的凝聚相灭火剂，因此，本章先通过对经典Cup-burner装置进行改进，使其能够测量细水雾及超细干粉等凝聚相灭火剂的最小灭火浓度。接着应用分体式激光粒度仪对超声雾化细水雾液滴粒径进行测试，结合单个液滴的受力分析判断经超声雾化的细水雾液滴能否在携流空气的作用下到达火焰区参与灭火；然后对影响细水雾雾化效果的因素进行讨论并对纯水的最小灭火浓度进行实验测试和数值模拟。

2.1 Cup-burner的设计

2.1.1 Cup-burner实验系统

Cup-burner实验系统如图2.1和图2.2所示。系统由燃烧杯、外罩、底座、细水雾发生及控制系统、支撑台架、燃料及氧化剂接口、细水雾收集系统和数据分析测试系统组成。燃烧杯与外罩同轴放置。燃烧杯外罩为圆柱形石英玻璃管，内径为77 mm，厚度为5 mm，连续使用时，耐温极限为1 050 ℃；间断使用时，耐温极限为1 250 ℃。燃烧杯材质为不锈钢，杯口内径为25 mm，厚度2 mm，且在内部的出口处设置45°的倒角。实验过程中，燃料与氧化剂同轴流动，灭火剂随氧化剂由氧化剂接口进入携流管道。燃烧杯两侧的分体式激光粒度仪用于测试到达燃烧杯口雾滴的粒径大小。

为保证携流进入火焰区的细水雾颗粒均匀且流场稳定，在携流管道入口设置三层金属丝网（50 mesh · cm^{-1}）平整气流。细水雾随氧化剂上升的过程中，由于装置器壁、金属丝网的冷凝作用和颗粒间的碰撞作用而会有一定的

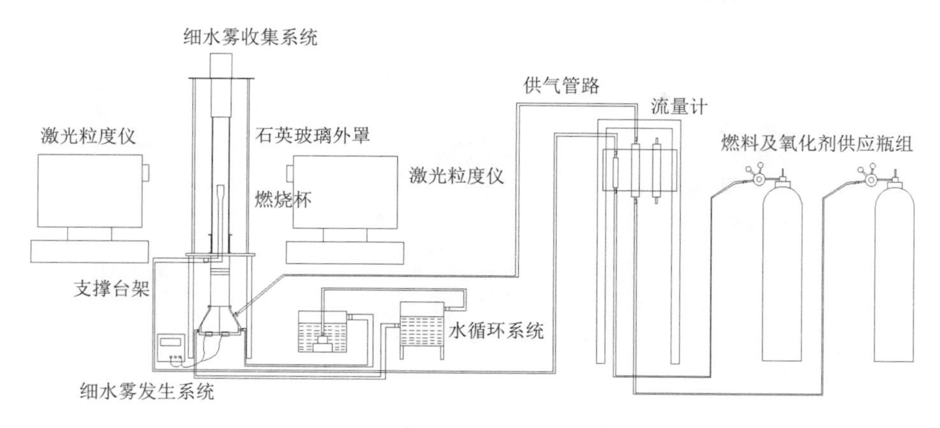

图2.1 Cup-burner实验系统示意图

(a) (b) (c) (d)

图2.2 Cup-burner实验系统实物图

(a) 系统整体；(b) 燃烧杯；(c) 管道及金属丝网；(d) 燃料及氧化剂

损失。在石英玻璃管口设置的细水雾收集装置可以真实记录实验过程中实际到达燃烧杯出口处的水雾量。

2.1.2 细水雾发生及控制系统

细水雾发生及控制系统由超声雾化模块、液气预混室、循环系统和稳压电源组成，如图2.3所示。

实验中使用的雾化模块全部为压电式超声水雾发生器，技术参数见表2.1。雾化器总数为6个（如图2.4所示），由电压可调（调节范围为0 ~ 60 V）的稳压电源供电。

为保证携流进入火焰反应区的细水雾流场稳定，在细水雾发生器内部设置预混室。预混室呈圆台形结构，上部与携流管道相连接，下部直径为200 mm，均匀布置6个雾化模块，每个雾化模块均有单独的开关控制，预

图 2.3　细水雾发生及控制系统

(a) 超声雾化模块；(b) 液气预混室；(c) 稳压电源；(d) 循环系统

表 2.1　实验用雾化模块技术参数

测试项目	测试条件	最小	标准	最大	单位
工作电压	正常喷雾状态	34	35	38	V
工作电流	正常喷雾状态	630	660	690	mA
待机电流	缺水状态	5	15	20	mA
雾化量	洁净自来水	200	250	300	$mL \cdot H^{-1}$
工作水温	自然条件	10	30	60	℃
最佳工作水位	洁净自来水	20	25	30	mm
雾化片寿命①	洁净自来水	>3 000	—	—	H
①：雾化片尺寸：ϕ20 mm，频率：1.7 MHz，材质：玻璃釉。					

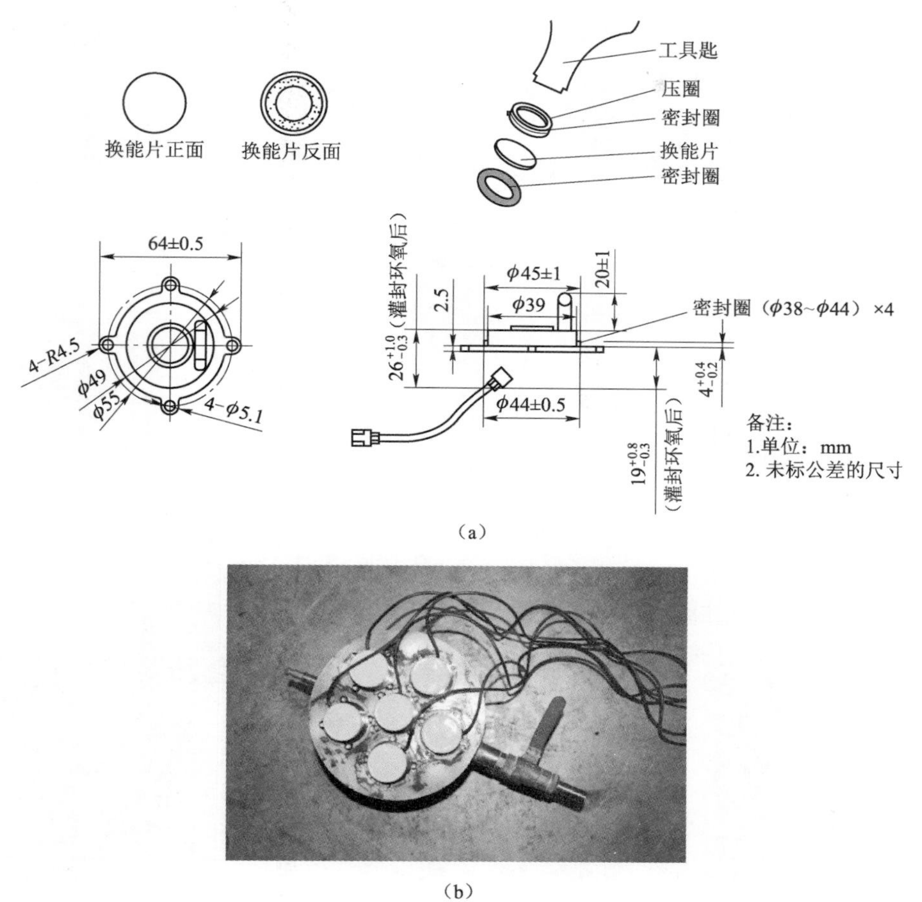

（a）

（b）

图2.4　Cup-burner系统中的超声雾化模块

（a）雾化模块尺寸；（b）雾化模块布置

混室圆柱部分高35 mm。预混室器壁为双层内外壁夹套结构，如图2.5所示。空气在预混室内夹套的作用下能够旋转扫过水面，使细水雾与空气在预混室内充分均匀地混合。

由于超声雾化模块在工作中自身发热会引起水温的变化，而水温的变化直接影响水的表面张力，导致细水雾粒径发生变化。另外，随着实验的进行，预混室内的水量在不断减少，当水位减少到一定值后，可能对雾化模块的雾化效果存在一定的影响。因此，设置循环系统不但能保持细水雾发生室内的液体温度相对稳定，通过调节循环泵的功率也能起到稳定液面高度的作用。实验采用HQB-2500型循环泵，通过软管将循环系统与预混室的进水口和出水口相连。

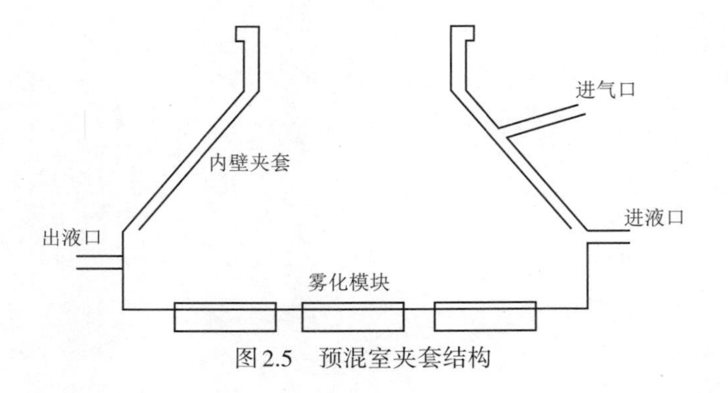

图2.5　预混室夹套结构

2.1.3　细水雾收集系统

雾滴离开预混室进入携流管道到达火焰区的沿程中，雾滴会有较大的损失，为测量燃烧杯出口处雾滴在携流空气中实际的质量分数，在石英玻璃管口设置细水雾收集系统。该系统由轴流风机、吸水硅胶和脱脂棉垫组成，如图2.6所示。调节轴流风机的功率，使其抽气流量与携流气体流量相等，通过记录吸水硅胶和脱脂棉垫质量的增加值，计算空气流中雾滴的质量分数。

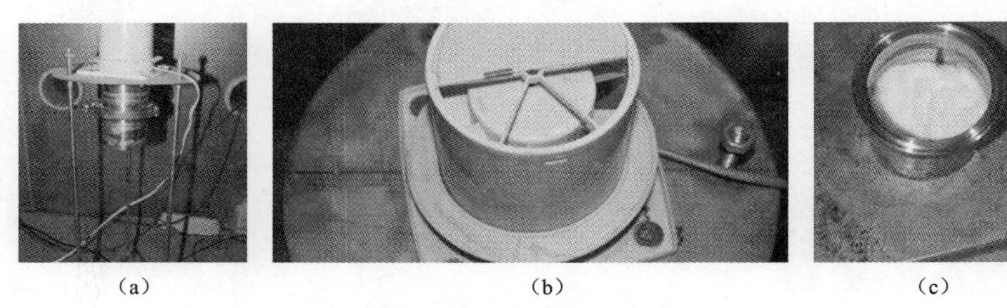

（a）　　（b）　　（c）

图2.6　细水雾收集系统

（a）收集装置；（b）轴流风机；（c）吸水硅胶及脱脂棉垫

2.2　Cup-burner火焰特征

2.2.1　Cup-burner火焰特征实验

实验燃料为甲烷（CH_4），由燃料入口通入Cup-burner；氧化剂为合成空气（N_2为79%，O_2为21%），由氧化剂入口通入。选择CH_4作为燃料是因为它的燃烧性能可以代表大部分的碳氢燃料，具有较高的燃烧温度而不像其他饱和烃会发生热解，并且关于CH_4燃烧的理论和实验结论较为成熟，许多结论可以直接使用。

参照GB/T 20702—2006《气体灭火剂灭火性能测试方法》，将空气体积流量设定为40 L・min^{-1}，CH_4的体积流量设定为0.32 L・min^{-1}，CH_4与空气的比为1∶125，远小于CH_4与空气当量燃烧时的1∶9.52，属于典型的富氧燃烧。

当空气流量为40 L・min^{-1}，CH_4流量为0.32 L・min^{-1}时，火焰高度随时间变化如图2.7所示。

图2.7 CH_4/空气扩散火焰形态随时间的变化

（a）0 s；（b）50 s；（c）100 s；（d）150 s；（e）200 s

由图2.7可知，Cup-burner装置中，燃料与氧化剂同轴向上流动，分别位于火焰面的两侧。在此流量下的火焰燃烧稳定，火焰根部为明亮的蓝色，表明CH_4燃烧充分；火焰上部为明亮的黄色，火焰高度不随时间的变化而变化。

当空气流量为40 L・min^{-1}，CH_4流量由0.16 L・min^{-1}逐步增加至0.48 L・min^{-1}时，火焰高度随时间变化如图2.8所示。

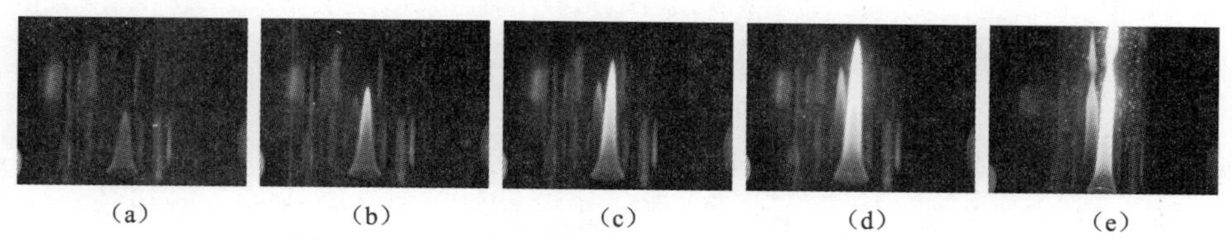

图2.8 CH_4/空气扩散火焰形态随CH_4流量的变化

（a）0.16 L・min^{-1}；（b）0.24 L・min^{-1}；（c）0.32 L・min^{-1}；（d）0.40 L・min^{-1}；（e）0.48 L・min^{-1}

由图2.8可知，CH_4流量的增加对火焰根部几乎没有影响，火焰上部变得更加明亮。当CH_4流量超过0.32 L・min^{-1}时，火焰上部开始出现褶皱，外部轮廓变得不规则，火焰中部出现明显的旋涡上升，说明火焰的湍流度增强。此时火焰的稳定性下降，在火焰顶部产生较多黑烟，这是燃烧不充分的表现。部分火焰在上升旋涡的作用下被带出石英玻璃管，与管外的空气混合，出现二次燃烧的现象，大大增加了实验的危险程度。因此，本书的实验工况选定在层流燃烧的范围内。

当CH_4流量为0.32 L・min^{-1}，空气流量由20 L・min^{-1}逐步增加至60 L・min^{-1}时，火焰高度随时间变化如图2.9所示。

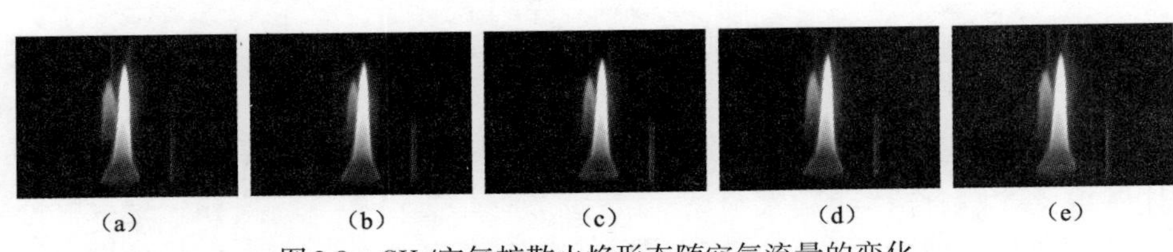

图2.9 CH_4/空气扩散火焰形态随空气流量的变化

（a）20 L·min⁻¹；（b）30 L·min⁻¹；（c）40 L·min⁻¹；（d）50 L·min⁻¹；（e）60 L·min⁻¹

由图2.9可知，空气流量的增加对火焰形态几乎没有影响。Sheinson[143]的研究表明，在某个区域内，灭火剂的最小灭火浓度与氧化剂的体积流量无关，并将这个区域定义为氧化剂的“平坦区”（Plateau region）。因此，本书所选的空气流量变化为平坦区所在区域，LZB-10型玻璃转子流量计误差和空气气瓶气压不稳定对实验的影响可忽略不计，GB/T 20702—2006中所要求的40 L·min^{-1}在实际实验中可放宽到30～50 L·min^{-1}范围内。

2.2.2 Cup-burner火焰特征数值模拟

通过之前的实验可以对Cup-burner的火焰特征有一个初步认识，本小节结合CFD对上述条件下的CH_4/空气扩散火焰开展数值模拟研究。

CFD是通过计算机进行数值模拟，分析流体流动和传热等物理现象的技术。目前火灾模拟常用的软件为美国NIST公司的FDS，采用CFD对细水雾灭火过程进行模拟的较为少见。由于FDS缺乏细水雾输运过程模型、蒸发模型及CH_4燃烧化学反应模型，使得FDS在模拟火灾烟气流动方面明显优于细水雾灭火方面。随着近几年计算机技术的飞速发展，CFD在模拟燃烧及火灾现象领域已经被证明是非常有效的，并且CFD在致力于解决防火工程中实际消防问题的同时，为火灾动力学和燃烧学的基础研究提供了一个工具。

应用CFD对某一实际工程问题的求解过程分为前处理、求解和后处理三个步骤。前处理就是将实际问题转化为求解器可接受的形式，即明确计算域和划分网格，常用的前处理软件有GAMBIT、ICEM CFD和GRIDGEN等。求解器读取前处理生成的文件，设置求解过程中的模型和参数并进行迭代计算。常用的求解器有FLUENT、CFX、CART3D、AIRPAK、ICEPAK及PHOENICS等，而FLUENT求解器以其能够在非结构化的网格基础上提供丰富的物理模型、计算结果具有较高的精度及成熟的适用于各种计算机系统的并行计算能力，使其在CFD领域内优于其他求解器。后处理即对求解完成的结果进行进一步处理，进而得到清晰直观的数据和图表。目前，可以利用商业求解器自带的较为完善的后处理功能得到计算结果的等值线云图、矢量图及迹线图等，也可以使用专业的后处理软件如TECPLOT、ORIGIN等完成。

由流体力学的知识可知，自然界中所有的流动现象都能用连续性方程（质量守恒方程）和N-S方程（Navier-Stokes方程，即动量守恒方程）来描述。因此，CFD求解的本质问题就是解方程，将连续性方程和N-S方程联立求解即可。但在求解的过程中，方程数量虽然为两个，但一般来说，未知数的数目都是大于2的，因此，若要求解得出结果，则必须加入新的方程，使联立求解的方程数目与未知数的数目相同。所加入的联立求解的新方程就是数值模拟进行之前的假设处理，也就是通常意义上所说的对物理现象建立模型，即建模。因此，针对具体模型中涉及的物理流动现象，应选择合适的模型，然后联立求解方程并得出温度场、速度场及组分场等具体模拟结果。

数值模拟前处理部分选用的软件为ICEM CFD14.5，求解器为FLUENT14.5，后处理为FLUENT自带的后处理功能。对Cup-burner扩散火焰与细水雾相互作用的数值模拟采用三维（3D）建模并且边界条件参数设置与实际实验一致。数值模拟计算区域及网格划分如图2.10所示。

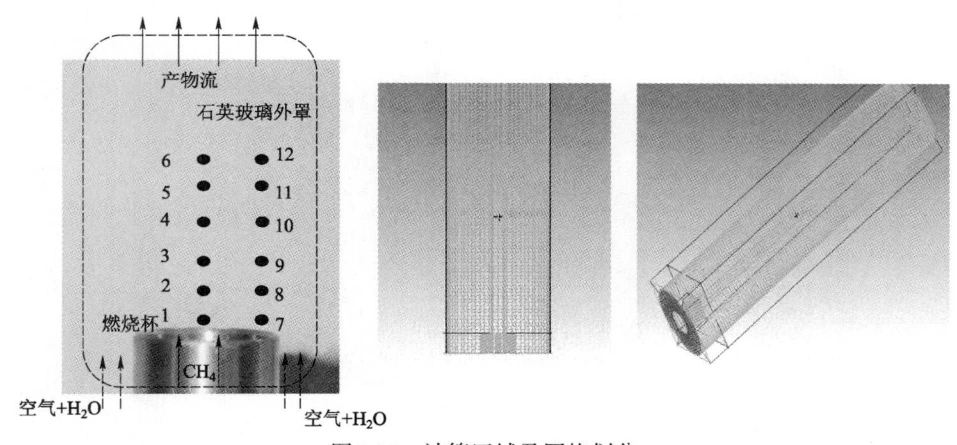

图2.10　计算区域及网格划分

化学气相反应模型为标准$k-\varepsilon$湍流模型，湍流反应流中燃烧模型的处理采用有限速率法，化学反应机理模型的处理采用CH_4燃烧的详细机理。边界条件：CH_4流速为0.010 9 m · s^{-1}，空气流速为0.16 m · s^{-1}且气体流为速度入口，初温为300 K；产物流为压力出口，石英玻璃壁面与热羽流之间不存在热交换。

图2.11为CH_4/空气的Cup-burner扩散火焰达到收敛条件时的数值模拟结果。图2.11（a）为火焰温度分布，图2.11（b）为气流速度的矢量分

布，图2.11（c）为CH_4摩尔分数分布，图2.11（d）为O_2的摩尔分数分布。由图可知，当CH_4燃料以较低的流速从燃烧杯口流出时，通过扩散作用与外界O_2不断地混合并发生化学反应，释放出大量的热，在杯口形成稳定的浮力扩散火焰。火焰由下至上大致可分为三个区域：持续火焰区、间歇火焰区和浮力羽流区。

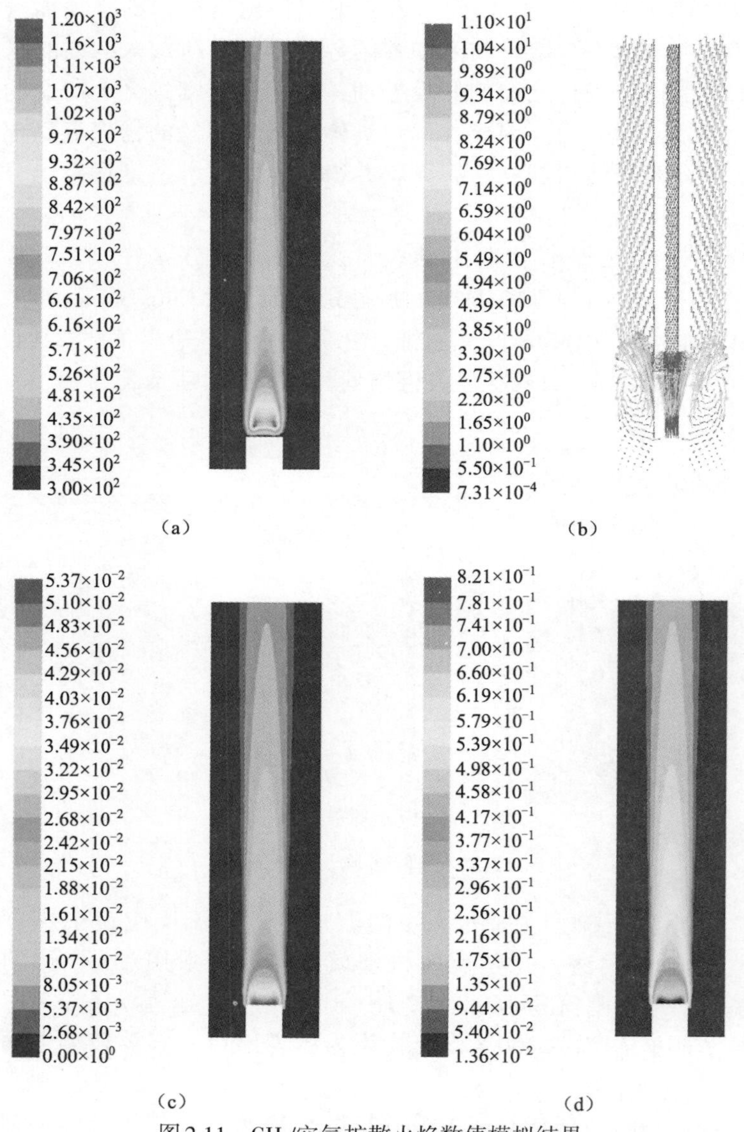

图2.11　CH_4/空气扩散火焰数值模拟结果

（a）火焰温度分布；（b）气流速度矢量；（c）CH_4摩尔分数；（d）O_2摩尔分数

Cup-burner扩散火焰与射流扩散火焰的不同点是，由于入口处CH_4的流量较小，在燃烧杯口会形成高浓度的CH_4气核，在此位置上，火焰明显向内凹陷，与实验观察到的CH_4火焰形态相一致。另外，由于燃烧释放的热量在火焰面的外侧形成明显的温度梯度，因此，距离燃烧杯口一定高度处的流动已是浮力诱导，导致轴向速度显著增加。由图2.11（b）也可以看出，在石英玻璃壁面边缘产生与轴向速度相反的速度分量，说明有回流产生。与此同时，在间歇火焰区和浮力羽流区都出现了大尺度对称旋涡结构。上述对火焰特征的分析都表明，Cup-burner火焰为浮力诱导扩散火焰结构，与实际火焰相似。

与实际火焰稍有不同的是，Cup-burner火焰底部为纯蓝色，说明CH_4的燃烧充分，没有黑烟生成，即使改变CH_4或空气的流量，在实验过程中可以观察到火焰根部十分稳定，也起着对整个火焰的稳定作用，而这并不利于火焰熄灭。由图2.11（c）和图2.11（d）也可以看出，在火焰根部，当CH_4与空气接触后，不会马上反应，先进行相互扩散，在形成一定的预混区域后，再发生化学反应，说明火焰根部的燃烧反应主要受化学动力学控制，不是组分扩散过程。因此，Cup-burner火焰形成于燃烧杯口上方很短的距离内，依靠扩散作用形成了环状的预混区域，火焰在该区域属于预混燃烧，因此，火焰能够稳定存在于燃烧杯口。而由于燃烧杯面的存在，CH_4与空气在杯口处的流动受到一定的阻滞，使得火焰不能产生于杯口处，而火焰产生距离杯口的高度由预混气的淬熄距离决定。

在模拟结果中，除用温度区分火焰形态之外，还可以用化学反应区域对火焰进行描述。图2.12为CH_4/空气的Cup-burner扩散火焰重要自由基OH、O及H的摩尔浓度在达到收敛条件时的数值模拟结果。图2.12（a）为OH摩尔浓度分布，图2.12（b）为O摩尔浓度分布，图2.12（c）为H摩尔浓度分布。

由图2.12可知，通过化学反应区进行描述的火焰形态与用温度描述的火焰形态相似，火焰化学反应发生在CH_4与空气的交界面处，说明扩散与对流作用对组分的输运来说同等重要。达到平衡状态时，自由基OH与O的摩尔分数远大于H。由图2.12（a）和图2.12（b）可知，虽然OH与O自由基摩尔浓度分布的形态和数量差异不大，但由于实验中O_2的量远大于CH_4，其中一部分O自由基来自富余的O_2，并且OH浓度分布比O自由基更广，因此，用OH自由基浓度来描述火焰化学反应区域是合理的。

另外，由图2.11及图2.12，从火焰根部来看，火焰最高温度区和化学反应区基本重合，并且与间歇火焰区和浮力羽流区相比，火焰底部持续羽流区的自由基浓度更低，火焰卷吸作用明显，因此，自由基的生成和消耗受加入

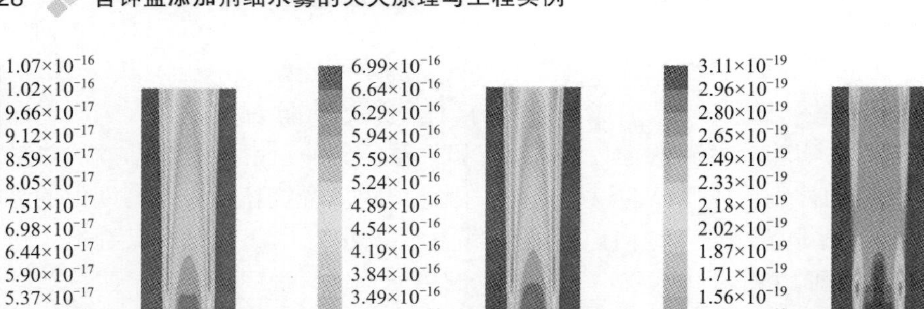

图2.12 CH_4/空气扩散火焰反应区数值模拟结果

（a）OH摩尔浓度分布；（b）O摩尔浓度分布；（c）H摩尔浓度分布

的灭火剂影响较大，火焰自由基的生成速率比火焰上部更容易减小，导致火焰底部失稳，发生火焰吹熄现象。

实验中，在石英玻璃管的相应位置上打孔，嵌入S形热电偶对CH_4燃烧过程中不同位置上的火焰温度进行测量，共布置12个温度测试点，分别命名为1～12号，如图2.10中黄色圆点所示。由于CH_4/空气扩散火焰高度为7～8 cm，因此轴向方向自燃烧杯口向上每隔15 mm布置一个测试点，径向测点位置则分别位于燃烧杯中心及边缘。

CH_4火焰温度的实验值与模拟计算值的比较如图2.13所示。

值得注意的是，由于本实验使用的S形热电偶触点相比于火焰面尺度来说仍然较大，对火焰的内部流动及燃烧过程都存在一定的影响，并且热损失较大，石英玻璃外罩上开口也会对燃烧环境内的空气流动状态产生影响，由图2.13（a）和图2.13（b）可以看出，对火焰中心温度的测量结果较为稳定，但边缘温度则受多种因素影响而不太稳定。在未添加任何灭火剂的情况下的温度测试结果尚且如此，说明对Cup-burner实验系统进行接触式温度测量是不太准确的。另外，火焰根部中心和边缘温度都较低，并且随着火焰高度的增加，火焰温度逐渐增加。由于火焰向内凹陷，导致9～12号热电偶温度明显下降，临近浮力羽流区的11号和12号热电偶受空气流的影响较大。当火焰偏向热电偶一侧时，则温度较高；远离热电偶一侧时，又会出现偏低的情况。由图2.13（c）可知，数值模拟得到的火焰温度数据对称性较好，火焰温度延x方向呈现出较为规则的“M”状。火焰中

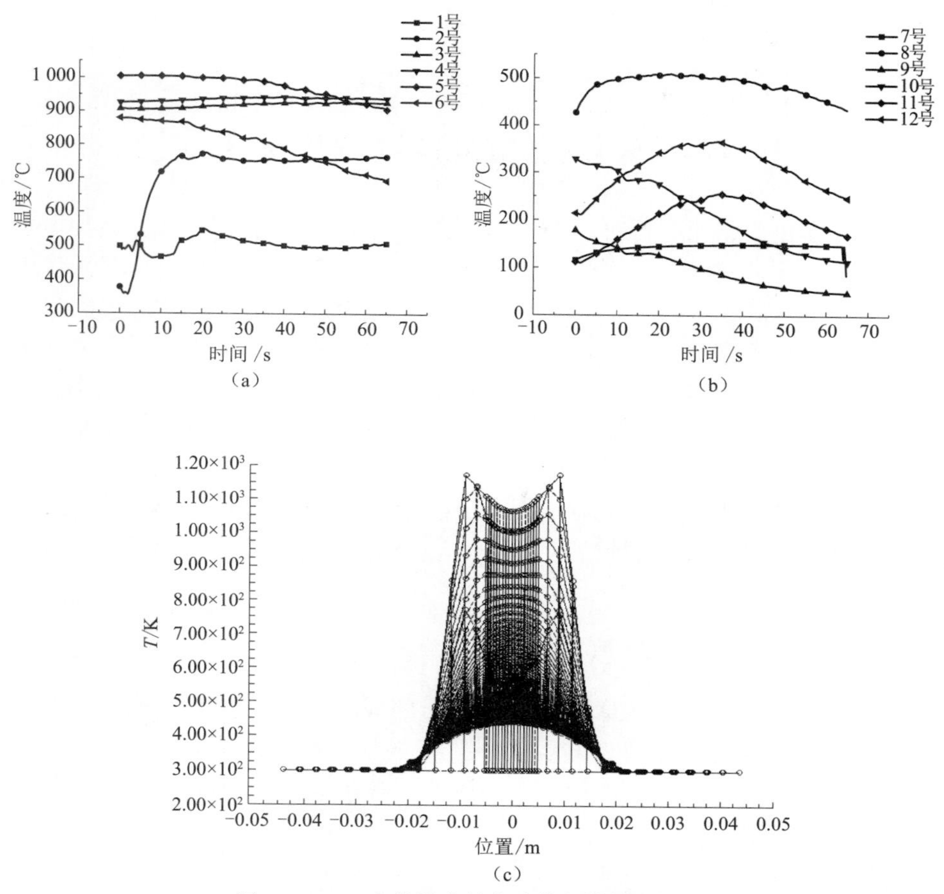

图2.13 CH_4火焰温度的实验值与模拟计算值

（a）火焰中心温度实验值（位置0 m）；（b）火焰边缘温度实验值（位置±0.012 m）；（c）火焰温度模拟值

心最高温度的模拟值与实验值相差不大，火焰边缘温度的模拟值比实验值高400 ℃左右。这是由于数值计算的环境相对理想化，火焰形态不同于实际火焰在空气卷吸作用下而出现的内陷形态，为标准的三角形，因此数值计算的火焰外边缘温度较实际火焰的高，也说明扩散火焰燃烧的化学反应在火焰的边缘发生。但在火焰底部的持续火焰区，模拟温度远低于实验温度。这是由于实验选用的S形热电偶测得的温度数据是一段时间的平均值，并且在热电偶位置改变过程中，探头具有一定的热惯性，对实际测得的温度数据也有一定的平滑作用。由火焰温度的实验值和模拟值的对比可知，应用FLUENT数值模拟得到的温度相比于实验值具有一定的参考价值。考虑到在细水雾施加的条件下，火焰湍流度会加剧，火焰根部位置发生改变等状况的出现，将导致接触式测温误差进一步加大，FLUENT数值模拟结果更有参考意义。

2.3 超声雾化细水雾的粒径及雾化效果

超声雾化的原理是利用超声雾化模块中的换能片产生超声波，通过雾化介质传播，在气液交界面处形成表面张力波。超声雾化作用使液体分子作用力遭到破坏，从液体表面脱离形成雾滴，使液体被雾化为气溶胶状态。

相比传统的雾化技术，超声雾化技术的优势即雾化液滴的尺寸和浓度可单独调节。以气动雾化为例，其必须在增加空气流量的前提下才能缩小雾滴粒径，这样势必降低了雾滴密度。超声雾化通过调节液面上的空气流量来改变雾滴密度，当悬浮在空气中的雾滴开始沉降时，表明空气中的悬浮液滴的数量达到极限。雾化液滴的粒径大小可以通过调节雾化模块的频率来实现：频率越高，则雾滴粒径越小。这是本书选择超声雾化细水雾灭火系统的原因之一。

2.3.1 细水雾粒度分布

采用济南微纳颗粒仪器股份有限公司的Winner318C型分体式激光粒度分析仪对超声雾化细水雾的粒径大小进行测量，测量范围是1～2 000 μm，准确性误差和重复性误差均小于3%。仪器外观及结构组成如图2.14所示。

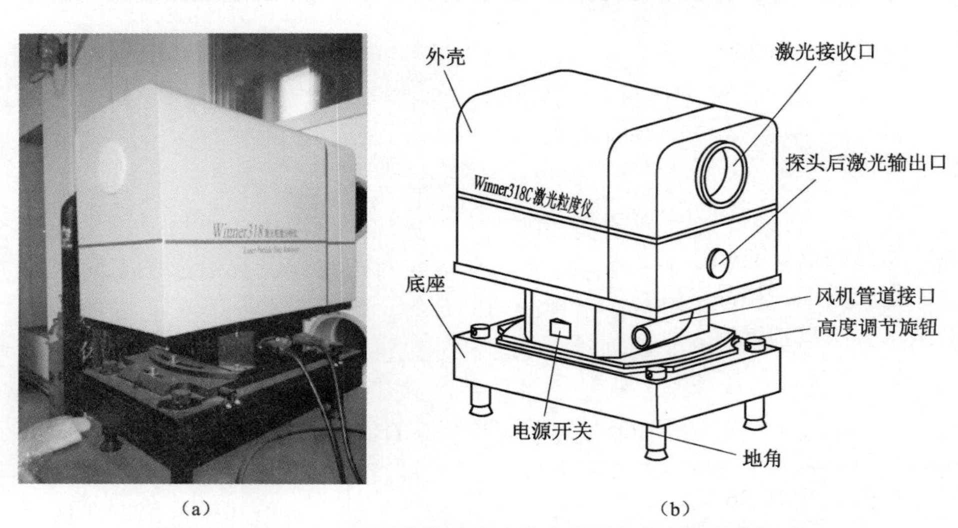

图2.14 Winner318C型分体式激光粒度分析仪外观及结构组成

(a) 仪器实物图；(b) 结构组成

该分析仪采用信息光学原理，通过测量颗粒群的散射谱来分析粒度分布。仪器主机内含光学系统和信号采集处理系统：来自激光器的激光束经滤光、扩束、滤波、经准直透镜变成平行光线后照射到测试区，测试区的待测颗粒群在激光的照射下产生散射谱。散射谱的强度及其空间分布与被测颗粒群的大小及其分布有关，经透镜再次汇聚后，被位于透镜后焦面上的光点阵列探测器所接收，转换成电信号后，经放大和A/D转换经通信入口送入计算机，进行反演运算和数据处理后，即可给出被测颗粒群的大小、分布等参数。激光粒度分析仪的工作原理如图2.15所示。

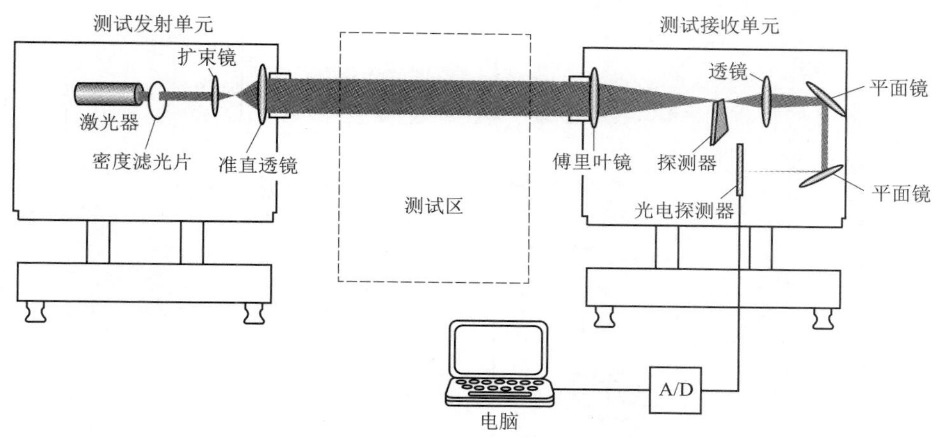

图2.15　激光粒度分析仪工作原理

在额定电压36 V，6块雾化模块全部工作的状态下，对空气体积流量分别为20 L · min^{-1}、30 L · min^{-1}、40 L · min^{-1}、50 L · min^{-1}条件下的细水雾粒度进行测试，测试结果如图2.16所示，数据见表2.2。

由表2.2可知，携流空气的体积流量范围为20 ~ 50 L · min^{-1}时产生的细水雾粒径D_{50}和D_{32}约为5 μm、D_{90}约为7 μm，并且数值差别不大，说明空气体积流量的改变对超声雾化细水雾粒径大小的影响可以忽略。另外，随着空气流量的增加，样品浓度值逐渐增加，说明较高的空气流量有助于将雾化后的细水雾吹离预混室，并在燃烧杯口处形成较高的浓度，对灭火效果是有利的。虽然空气流量的增加加大了细水雾液滴之间的碰撞概率，但空气流量的增加对细水雾液滴吹离预混室的作用远大于液滴碰撞沉降作用，因此，总体来说样品浓度是增加的。

在额定电压36 V，空气体积流量为40 L · min^{-1}的状态下，对雾化模块工作数量分别为2块、4块、6块条件下的细水雾粒度进行测试，结果见表2.3。

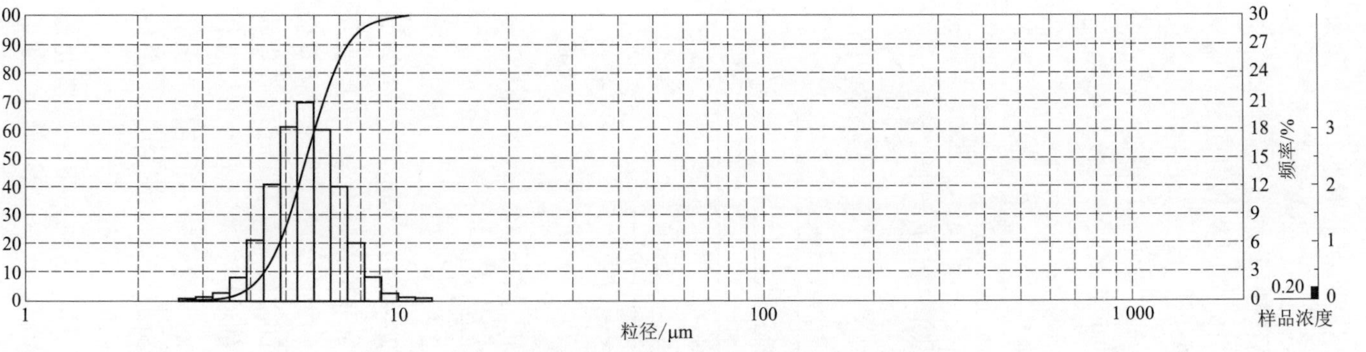

图2.16　分体式激光粒度仪测试的细水雾粒度分布直方图

表2.2　不同空气流量条件下细水雾粒径

流量/（L·min⁻¹）	粒径/μm						S/V/（cm²·cm⁻³）⑥	拟合误差⑦	样品浓度
	D_{10}①	D_{32}	D_{50}②	D_{90}③	NAD④	VAD⑤			
20	4.402	5.580	5.704	7.381	5.141	5.831	10 752.65	0.070	0.2
30	4.214	5.234	5.319	6.666	4.913	4.402	11 463.36	0.074	0.9
40	4.314	5.435	5.547	7.156	5.039	5.644	11 039.64	0.073	1.4
50	4.242	5.421	5.545	7.240	4.983	5.655	11 067.59	0.066	2.6

① D_{10}：颗粒累计分布为10%的粒径，即小于此粒径的颗粒体积占全部颗粒体积的10%；
② D_{50}：颗粒累计分布为50%的粒径，即小于此粒径的颗粒体积占全部颗粒体积的50%；
③ D_{90}：颗粒累计分布为90%的粒径，即小于此粒径的颗粒体积占全部颗粒体积的90%；
④ NAD：数量加权平均粒径；
⑤ VAD：体积加权平均粒径；
⑥ S/V：单位体积颗粒的表面积；
⑦ 拟合误差：能谱数据向粒度分布数据转换时产生的计算误差。

表 2.3　不同雾化模块数条件下细水雾粒径

模块数/块	粒径/μm						$S/V/$ ($cm^2 \cdot cm^{-3}$)	拟合误差	样品浓度
	D_{10}	D_{32}	D_{50}	D_{90}	NAD	VAD			
2	4.327	5.431	5.540	7.123	5.047	5.634	11 047.64	0.061	3.2
4	4.401	5.552	5.671	7.317	5.133	5.774	10 807.56	0.062	2.3
6	4.314	5.435	5.547	7.156	5.039	5.644	11 039.64	0.073	1.4

由表2.3可知，不同雾化模块数条件下细水雾粒径大小几乎不变，说明在实验过程中，通过调整雾化模块工作的数量来改变细水雾在空气中的浓度时，不会改变细水雾粒径的大小。在其他条件不变时，灭火效率若出现不同，则是由细水雾浓度变化引起的。另外，随着工作的雾化模块数量的增多，测试细水雾的样品浓度值略有降低，这是由于预混室内产生的细水雾颗粒增多，细水雾液滴与液滴之间、液滴与器壁之间的碰撞概率增加，从而形成较大颗粒的液滴沉降回预混室造成的。

在空气体积流量为40 L·min^{-1}，6块雾化模块全部工作的状态下，对稳压电源电压分别为33 V、36 V、38 V条件下的细水雾粒度进行测试，结果见表2.4。

表 2.4　不同工作电压条件下细水雾粒径

工作电压/V	粒径/μm						$S/V/$ ($cm^2 \cdot cm^{-3}$)	拟合误差	样品浓度
	D_{10}	D_{32}	D_{50}	D_{90}	NAD	VAD			
33	4.344	5.461	5.574	7.183	5.066	5.671	10 986.10	0.073	2.7
36	4.314	5.435	5.547	7.156	5.039	5.644	11 039.64	0.073	1.4
38	4.418	5.538	5.650	7.247	5.147	5.745	10 833.70	0.072	1.4

由表2.4可知，不同工作电压条件下细水雾粒径大小几乎不变，说明在实验过程中，通过调整工作电压来改变细水雾在空气中的浓度时，不会改变细水雾粒径的大小。在其他条件不变时，灭火效率若出现不同，则是由细水雾浓度的变化而引起的。另外，随着工作的雾化模块数量的增多，测试细水雾的样品浓度值略有降低，也是由于细水雾液滴数量的增多加大了碰撞的概率。

超声雾化形成的雾滴可用Lang式进行计算：

$$D = 0.34\left(\frac{8\pi\sigma}{\rho_1 f^2}\right)^{\frac{1}{3}} \tag{2.1}$$

式中，σ为液体表面张力，$N \cdot m^{-1}$；f为雾化模块振动频率，MHz。将相关参数带入式（2.1），计算得到理论雾滴粒径为$D = 8.586 \times 10^{-6}\ m = 8.586\ \mu m$。实验值略小于理论值，可能的原因有两方面：一是雾化模块工作时自身发热，使得水温略高，导致水的表面张力发生变化；二是由于电压的不稳定，导致雾化模块的震动频率发生变化。

2.3.2 细水雾雾滴在气流中的受力分析

并不是每一个经超声雾化后的细水雾液滴都能在携流空气的带动下到达火焰反应区而起到灭火的作用的，这与液滴在携流管道中的受力有关。单个液滴的物理模型及受力分析如图2.17所示。

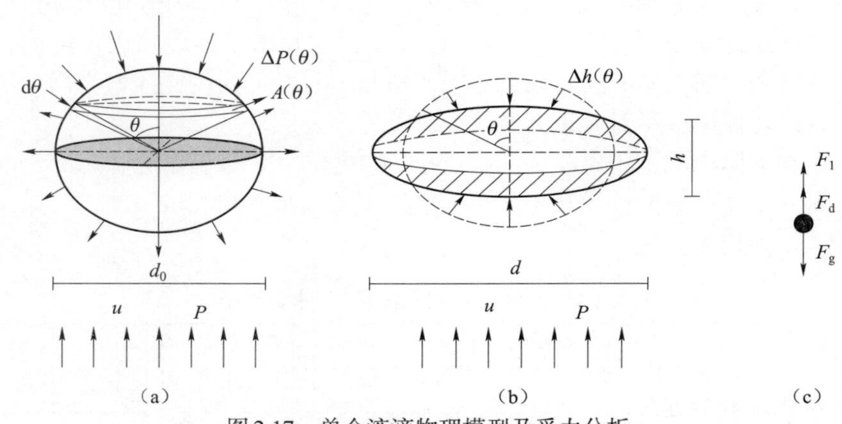

图2.17 单个液滴物理模型及受力分析

（a）液滴表面压力；（b）液滴发生形变；（c）液滴受力分析

单个液滴在携流管道中主要受气流曳力、空气浮力和重力，当携流气体流速达到某一值时，三者平衡，液滴静止在管道中，说明在携流气体流速为定值时，细水雾粒径必须小于某一值，才能在携流气体的带动下到达火焰区参与灭火。单个液滴静止时受力平衡为：

$$F_l + F_d = F_g \tag{2.2}$$

即

$$\rho_g V g + C_D S \Delta P = \rho_l V g \tag{2.3}$$

$$\Delta P = \frac{1}{2}\rho_g u^2 \tag{2.4}$$

式中，ρ_g为空气密度，$kg \cdot m^{-3}$；V为液滴的体积，m^3；S为液滴在运动方向上的投影面积，m^2；C_D为曳力系数；ΔP为液滴所受流体压强，Pa；ρ_l为液体密度，$kg \cdot m^{-3}$；u为携流空气流速，$m \cdot s^{-1}$。

根据图2.17（b），若液滴发生形变，则迎风面的直径增大为初始直径的k倍，有：

$$\frac{V}{S}=\frac{\frac{1}{6}\pi D^3}{\frac{1}{4}\pi D_1^2}=\frac{2D}{3k^2} \tag{2.5}$$

$$k=\frac{D_1}{D} \tag{2.6}$$

式中，D为液滴初始直径，m；k为液滴最大变形特征参数。

式（2.3）中的曳力系数C_D与雷诺数Re相关，由Stokes定律可知，对于刚性球体，曳力系数的定义式为：

$$C_D=\begin{cases}\frac{24}{Re}\left(1+\frac{1}{6}Re^{2/3}\right), & Re\leqslant 1\,000\\ 0.424, & Re>1\,000\end{cases} \tag{2.7}$$

雷诺数的定义式为：

$$Re=\frac{\rho_g uD}{\mu_g} \tag{2.8}$$

式中，μ_g为携流空气的运动黏度，$m^2\cdot s^{-1}$。

根据粒径测试结果，在各工况下，细水雾粒径$D_{90}\approx 7\ \mu m$，因此，在计算本实验条件下的Re值时，细水雾粒径取10 μm。利用式（2.8），带入相关参数值，计算可知实验条件下的雷诺数$Re=0.120\,3\ll 1$，说明实验条件下产生的细水雾粒径足够小，在携流管道中受各种力的作用能够保持球形而不发生明显形变，可以将其看成刚性球体。利用式（2.7）计算曳力系数。同时，液滴在受力过程中的形变k可以忽略不计。

当$Re<1$时，$C_D=24/Re$，结合式（2.3）和式（2.4），得到：

$$D=\sqrt{\frac{18\mu_g u}{(\rho_l-\rho_g)g}} \tag{2.9}$$

式（2.9）为携流空气流量为40 $L\cdot min^{-1}$时，液滴静止在携流管道中的临界粒径，只有当液滴粒径小于临界粒径时，才能随着携流空气到达火焰区。带入相关参数进行计算，得到临界粒径$D=6.21\times 10^{-5}\ m=62.1\ \mu m$。本实验中经超声雾化产生的细水雾粒径大小$D_{90}\approx 7\ \mu m$，与临界粒径相差一个数量级，因此，可以认为实验过程中产生的细水雾能够在携流空气的带动下到达火焰区参与灭火，具有较好的跟随性。

另外，本书也尝试了以高压氮气作为动力源，以市售普通BB1/8-SS3型低压细水雾喷头替换超声雾化细水雾灭火系统，如图2.18所示。

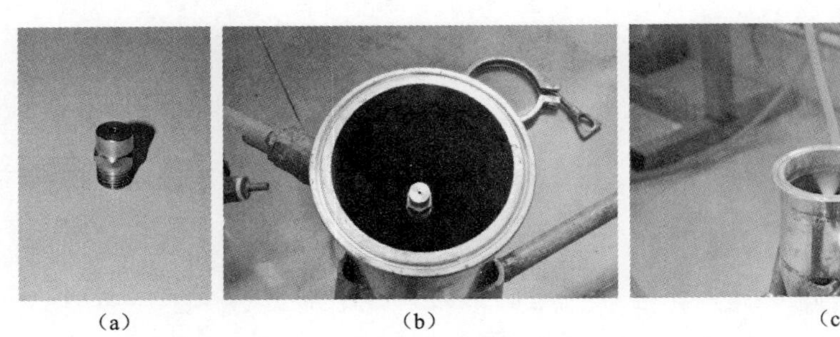

（a）（b）（c）

图2.18　市售低压细水雾喷头组装的Cup-burner灭火系统

（a）低压喷头；（b）喷头布置；（c）喷头工作

应用分体式激光粒度仪对市售喷头细水雾灭火系统产生的细水雾进行粒度测试。在40 L · min^{-1}的携流空气作用下，与超声雾化细水雾灭火系统相同的测试位置并未测出细水雾粒径数据，将空气流量增加至LZB-10型玻璃转子流量计量程的最大值60 L · min^{-1}时，依然未能获得细水雾粒径数据。考虑原因是细水雾粒径过大，携流空气流量不足以将液滴带入测试区。调整激光粒度仪的高度至喷头附近，再次进行测试，发现在驱动氮气压力为0.6 MPa时，粒径大小约为300 μm，远大于临界粒径的数值。市售喷头产生的细水雾不具有跟随性，不能完成本实验的目的，这是本书选择超声雾化细水雾而不选择普通细水雾的原因之二。

2.3.3　影响雾化效果的因素分析

由之前的分析可知，超声雾化细水雾灭火系统所产生的液滴粒径满足了实验的要求，那么，要发挥系统最好的雾化效果，排除干扰，得到相对准确的不同液体灭火剂的灭火效能，则需要对雾化效果的影响因素进行分析和讨论。

实验方法：事先将稳压电源的电压值调节至某一值，开启超声雾化细水雾灭火系统的循环泵。在无火条件下，打开空气瓶，调节玻璃转子流量计至某一定值的同时打开轴流风机，待气流稳定15 s后，打开稳压电源开关并计时60 s后关闭稳压电源和循环泵，继续保持空气携流状态15 s后，关闭流量计和轴流风机，最后关闭气瓶，待整套系统稳定10 min后，开启下一组实验。实验结果为10组实验数据的平均值。实验中用电子天平记录脱脂棉垫和吸水硅胶的质量增量Δm，作为衡量雾化效果的特征参数。

由超声雾化系统的工作原理可知，在本系统中，影响雾化效果的因素主要有3个：待测液体、雾化模块和空气流量，下面将逐个进行讨论。

待测液体部分主要包括液体的种类、液面高度和液体温度对雾化效果的影响。对于液体种类，本章仅研究纯水细水雾的相关特性，溶液种类和浓度对雾化效果的影响将在下一章进行讨论。通过对预混室的尺寸进行计算可知，在液体不淹没空气出口的情况下，预混室内最多可装液体$1.099\times10^{-3}\ m^3$，即装水1 099 g为极限值。由于雾化模块上工具匙（小黑柱）的高度为25 mm，说明预混室内需装$0.785\times10^{-3}\ m^3$的液体才能完全没过雾化模块。因此，对于水来说，有效的装水范围为800 ~ 1 000 g。图2.19为36 V电压、6块雾化模块同时工作，空气流量为40 L·min^{-1}条件下，装水量分别为800 g、850 g、900 g、950 g和1 000 g时的Δm。

由图2.19可知，在装水800 ~ 1 000 g范围内，超声雾化细水雾系统的雾化效果并无明显差别。有文献指出：当液面高度处于超声波能量密度最大处附近时，超声空化作用最强；当液面高度超过超声波在液体中能量密度最大处时，超声空化作用减弱，液体的雾化作用急剧减小。本实验未出现水的雾化作用急剧减小的情况，说明实验所选的装液量未超过超声波能量密度最大处。因此，实验过程中，装液范围可以为800 ~ 1 000 g，为使实验结果更加准确，统一控制装液量为1 000 g。

表面化学理论认为，细水雾雾化效果与表面张力有密切关系，溶液的表面张力越低，雾化效果越好；反之，效果越差。而有实验结果表明，同种液体在浓度一定的条件下，表面张力系数仅与温度有关，说明液体的温度对雾化效果有一定的影响，这种影响是由表面张力的变化引起的。为研究水温对雾化效果的影响，实验时，关闭预混室的进出水口，不再使用水循环系统，通过改变雾化模块的工作时间来改变水的温度。在本组实验中，先让雾化模块工作一段时间后再打开流量计，通入携流空气。图2.20为36 V电压、6块雾化模块同时工作，空气流量为40 L·min^{-1}条件下，水温随雾化模块工作时间的变化。图2.21为应用表面张力仪测试的水的表面张力的实验值和理论值随温度的变化。图2.22为36 V电压、6块雾化模块同时工作，空气流量为40 L·min^{-1}条件下，雾化模块工作时间分别为300 s、600 s、900 s、1 200 s、1 500 s时的Δm。

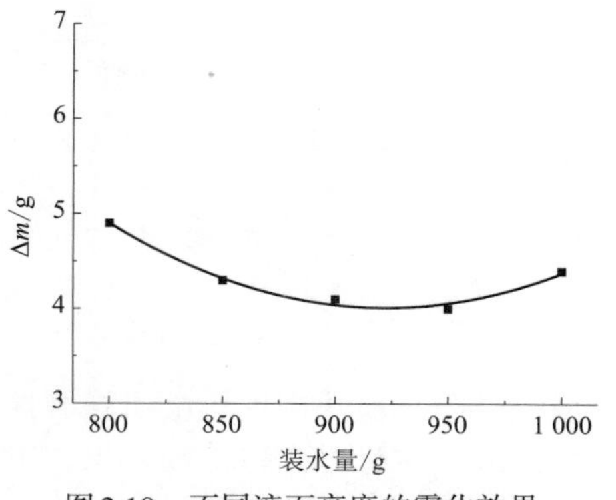

图2.19　不同液面高度的雾化效果

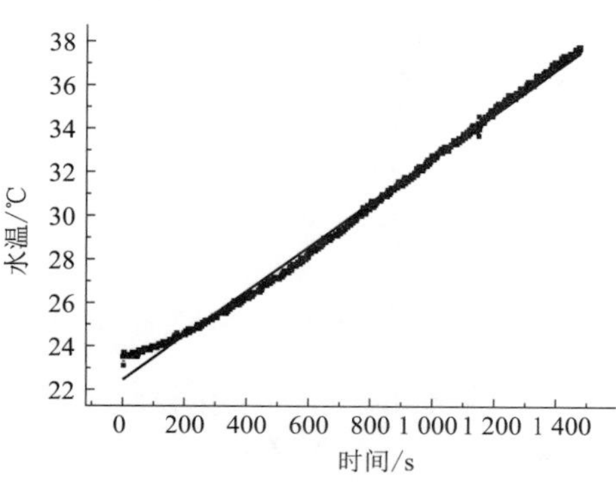

图2.20　水温随模块工作时间变化

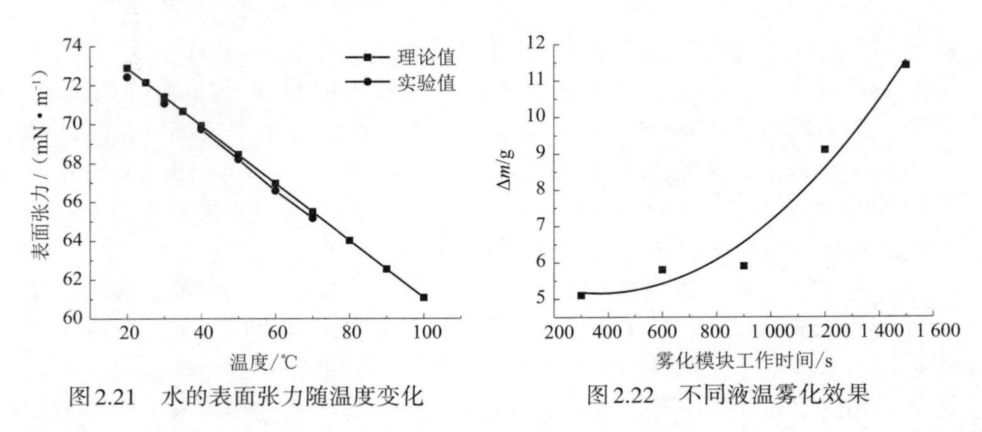

图2.21 水的表面张力随温度变化 图2.22 不同液温雾化效果

由图2.20～2.22可知，雾化模块工作时自身发热对测试液体的温度有较大影响，并且水温随着工作时间的增加呈指数式增长，说明设置水循环系统对实验结果的可靠和稳定的重要性。表面张力仪测得的水的表面张力随时间的变化与理论值差别不大，略小于理论值，说明随着温度的增加，水的表面张力线性减小，对雾化效果来说则是越来越好。本节仅研究水温对雾化效果的影响，实际灭火实验中设计了水循环系统，消除了水温变化对雾化效果的影响。

雾化模块部分主要包括雾化模块的数量和稳压电源的电压对雾化效果的影响。图2.23为36 V电压、空气流量为40 L·min^{-1}条件下，雾化模块工作数量分别为1块、2块、3块、4块、5块和6块时的Δm。图2.24为6块雾化模块同时工作，空气流量为40 L·min^{-1}条件下，稳压电源电压分别为34 V、35 V、36 V、37 V、38 V时的Δm。

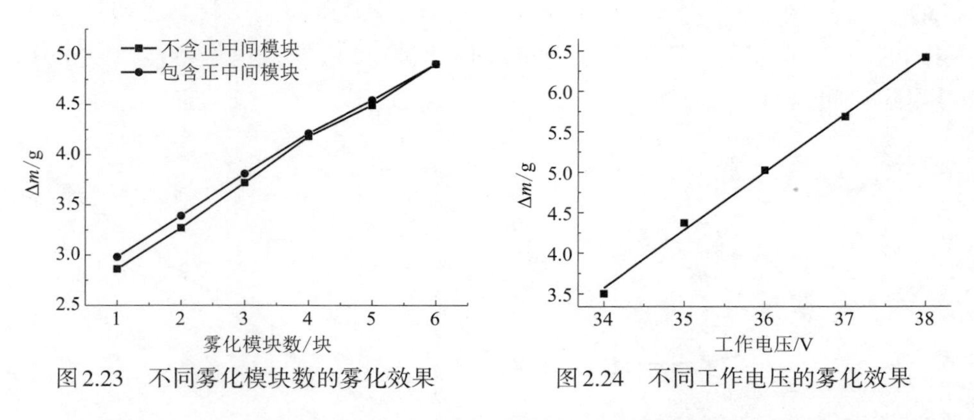

图2.23 不同雾化模块数的雾化效果 图2.24 不同工作电压的雾化效果

由图可知，增加雾化模块工作数量或提高雾化模块的工作电压均可提高雾化效果。工作的雾化模块每增加1块，Δm的变化约为0.35 g；工作电压每增加1 V，Δm的变化约为0.73 g。因此，在灭火实验中，粗调细水雾浓度时，可以选择调节电压；细调细水雾浓度时，可选择调节工作的雾化模块数量。需要特别指出的是，根据雾化模块在预混室底部的布置情况，同样数量不同位置雾化模块在工作时的雾化效果略有不同，灭火实验中，为保证最好的雾化效果，正中间位置的雾化模块需一直保持工作状态。

图2.25为36 V电压、6块雾化模块同时工作条件下，空气流量分别为20 L·min^{-1}、30 L·min^{-1}、40 L·min^{-1}、50 L·min^{-1}、60 L·min^{-1}时的Δm。

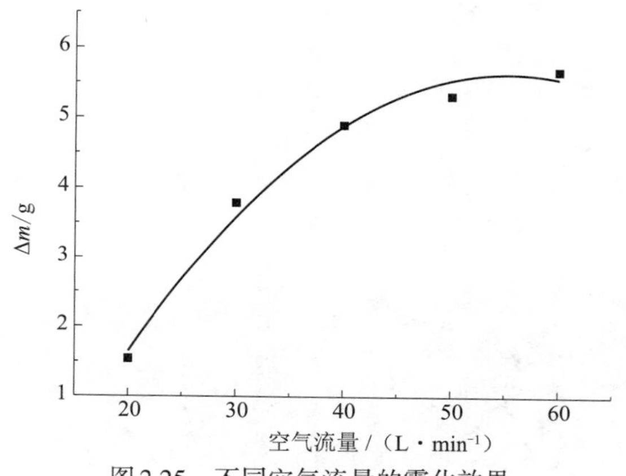

图2.25　不同空气流量的雾化效果

由图2.25可知，随着空气流量的增加，雾化效果变好，但在流量较高时，Δm值增加的幅度不如低流量条件下的增加幅度，这是由于当空气流量增加时，气体流速较快，携流管道中气流扰动激烈，管路输运过程中的损失也在增加。从图上来看，40 L·min^{-1}的空气流量条件基本是一个临界点，大于40 L·min^{-1}时，增加流量所增强的雾化效果在与管路损失的竞争中逐渐失去优势，因此，本实验选择40 L·min^{-1}的流量条件既保证了雾化效果，也尽量降低管路损失带来的影响。

2.4　细水雾抑制熄灭Cup-burner火焰的最小灭火浓度

2.4.1　细水雾抑制熄灭Cup-burner火焰的实验研究

实验步骤如下：分别调节转子流量计至燃料和空气的设定流量值，点燃CH_4气体，稳定燃烧60 s后通入细水雾，观察实验现象。用雾化模块工作的模块数和稳压电源电压改变细水雾在空气中的质量分数，每次进行灭火剂量的改变后，火焰须稳定燃烧60 s再进行下一次改变，直至火焰熄灭为止。

考虑超声雾化细水雾灭火系统对液体灭火剂浓度调整的不连续性，定义最小灭火浓度的上限值和下限值：以任意细水雾浓度值为起点进行灭火实验，若观察到的现象为灭火，则降低浓度进行实验，直至出现1次未灭火；在此浓度值基础上调高一个浓度值，进行10次灭火实验，结果为全部灭火，则此浓度值为该灭火剂的最小灭火浓度值上限。10次实验中有1次未灭火，则继续增加浓度值，直至10次全部灭火，作为最小灭火浓度值上限。以任意浓度值进行灭火实验，观察到的现象为未灭火，则提高浓度进行实验，直至出现1次灭火，在此浓度值基础上下调一个浓度值进行10次灭火实验均未灭火，则此浓度值为该灭火剂的最小灭火浓度值下限。10次实验中有1次灭火，则继续降低浓度值，直至10次全部未灭火，作为最小灭火浓度值下限。

携流空气中不同细水雾含量与CH_4火焰相互作用典型实验结果如图2.26所示。

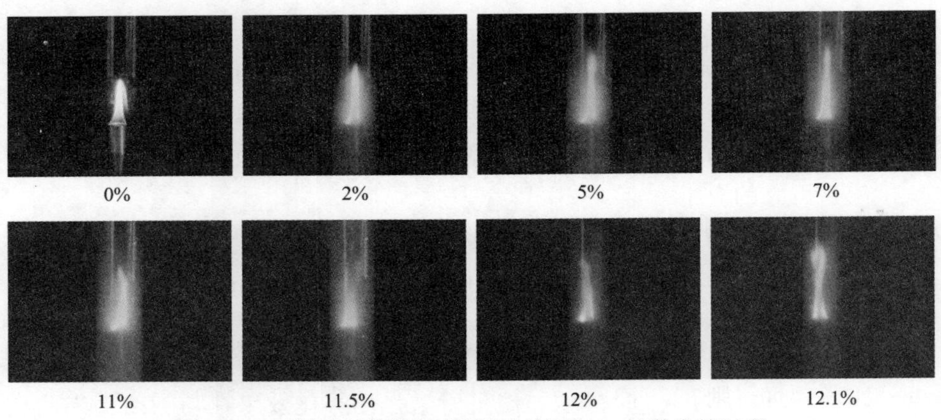

图2.26　不同质量分数细水雾抑制熄灭CH_4扩散火焰过程

由图2.26可知，细水雾含量低于7%时，火焰下部颜色由正常燃烧时的蓝色变为橙黄色，上部由明亮的黄色也变为橙黄色，同时火焰横向变宽，纵向变高，并且火焰根部略微“抬离”燃烧杯口，即距离燃烧杯口所在平面的高度有所增加，火焰面曲率减小，总的来说，火焰较为稳定。继续增大携流空气中细水雾的质量分数，火焰的稳定性减弱，火焰根部距离燃烧杯口所在平面的高度进一步增加，火焰出现褶皱，伴随规律性的上下及内外震荡。当空气中细水雾含量大于11%时，火焰若隐若现，这时火焰根部最高可“抬离”燃烧杯口约10 mm后回落到平均高度上，同时伴随着火焰向内紧缩，火焰根部仅为燃烧杯口横截面积的3/4。说明此时已经接近细水雾熄灭CH_4携流扩散火焰的最小灭火浓度，此时细水雾含量每一个微小的变化都会导致“抬离”燃烧杯口的火焰不能回落到平均高度上，而迅速脱离燃烧杯，最终导致熄灭现象的发生。从细水雾抑制熄灭CH_4火焰的典型动态过程来看，火焰熄灭过程属于典型的吹熄过程，火焰根部失稳是灭火的关键。

为验证杯式燃烧器的可靠性，在测定细水雾抑制熄灭CH_4/空气携流扩散火焰的最小灭火浓度的同时，测试了惰性气体灭火剂N_2和CO_2的最小灭火浓度，并与其他研究人员的实验结论进行对比，结果见表2.5。

表2.5　不同灭火剂抑制熄灭CH_4扩散火焰MEC　　%

灭火剂	MEC上限	MEC下限	MEC				
			Cong	Fisher	Moore	Senecal	Saito
H_2O①	12.11	10.07	12.7	12.5			
N_2	30.6	30.6			30.0	31.9	
CO_2	21.3	21.3			20.4		22.0

①表中实验测得的水的最小灭火质量分数，其余数值为体积分数。

由表2.5可知，所选3种灭火剂的最小灭火浓度测试结果与其他研究人员得到的结论基本一致。尤其是Cong和Fisher的实验结论与本装置的实测值差距极小，说明本套改进的细水雾灭火系统对于液体灭火剂最小灭火浓度的测试值是可靠的。细水雾的浓度处在最小灭火浓度上限与下限之间时，则会出现可灭可不灭的情况，与浓度值距离灭火上限与下限数值的远近有关。

细水雾抑制熄灭CH_4携流扩散火焰的水雾密度与火焰熄灭时间的关系如图2.27所示。灭火时间的意义为：该时间对应的水雾密度距最小灭火浓度上下限的距离越近，则发生灭火的概率就越大，灭火时间越接近瞬间灭火的时间；距离越远，则发生灭火的概率就越小。

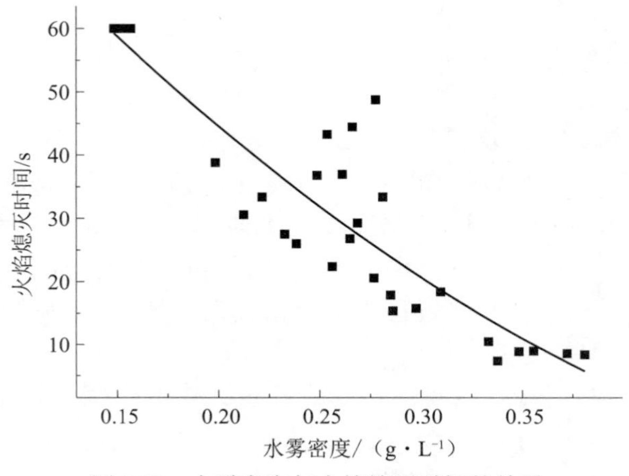

图2.27　水雾密度与火焰熄灭时间的关系

细水雾能够灭火是蒸发潜热、热容、稀释氧浓度和冷却燃料表面这4个因素共同作用的结果。实验过程中，细水雾冷却燃料表面的作用是最小的，细水雾与惰性气体灭火剂的共同点是热容的吸热作用和稀释氧浓度的作用，但水的热容远大于惰性气体，吸热降温作用明显，这是细水雾灭火剂优于惰性气体灭火剂的原因之一。其次，细水雾与惰性气体相比，差别最大的就是蒸发潜热，水在蒸发过程中能够吸收大量的热，使火焰温度迅速下降，并且水的蒸发潜热的变化随流量的变化较大，热容随流量的变化不明显。

图2.27中出现了某些细水雾浓度下的灭火时间接近60 s的情况，由Cup-burner的火焰结构特点表明，细水雾液滴是受到火焰的卷吸作用而向火焰面运动的。在液滴实际运动过程中，受到流场的变化、空气阻力和液滴自身重力等因素的影响，部分液滴不能被火焰卷吸进入火焰反应区，实际上与火焰“擦身而过”，因此，水雾密度在临界点附近时，可能出现仅有某一时刻的水雾密度达到灭火浓度而灭火的情况。

2.4.2 细水雾抑制熄灭Cup-burner火焰的数值模拟

为深入了解细水雾与CH_4扩散火焰的相互作用过程，对细水雾的灭火过程进行FLUENT数值模拟，细水雾的运动和蒸发过程的处理采用DPM。模拟的区域与边界条件如图2.10所示。模拟过程中，除改变空气入口处的水蒸气含量外，其他模拟计算的条件与CH_4正常燃烧时的一致。

图2.28为不同质量分数的水蒸气条件下，CH_4扩散火焰的温度分布。

由图2.28可知，随着水蒸气含量的增加，火焰温度逐渐降低，并且火焰根部离开燃烧杯口的距离逐渐增加，火焰面拉伸率增加。当水蒸气质量分数相对较低时，火焰温度下降明显，火焰形状较为规则，说明此时火焰较为稳定。当水蒸气质量分数逐渐接近最小灭火浓度时，火焰拉伸现象十分明显，并且火焰根部抬离燃烧杯口的距离增加，此时稍微增大H_2O的浓度，火焰都有从燃烧杯口吹熄的危险。采用CH_4燃点（923 ~ 1 023 K）作为灭火的判据，即当火焰最高温度低于923 K时认为灭火，则数值模拟得到的H_2O临界灭火浓度为11.2%，与实验测得的最小灭火浓度上限值12.11%差异不大，说明应用本书提出的Cup-burner实验系统得到的数据具有一定的可靠性。

Takahashi对Cup-burner火焰的吹熄过程有详细的描述，当携流灭火剂的质量分数（体积分数）接近最小灭火浓度时，不同时刻的动态吹熄过程如图2.29所示。

由之前的分析可知，火焰根部起着稳定火焰的作用，如图2.29（a）所示。随着H_2O逐渐达到最小灭火浓度，火焰化学反应速率降低，一个微小的速度波动都会影响到火焰根部的稳定性，由之前的Cup-burner火焰结构可

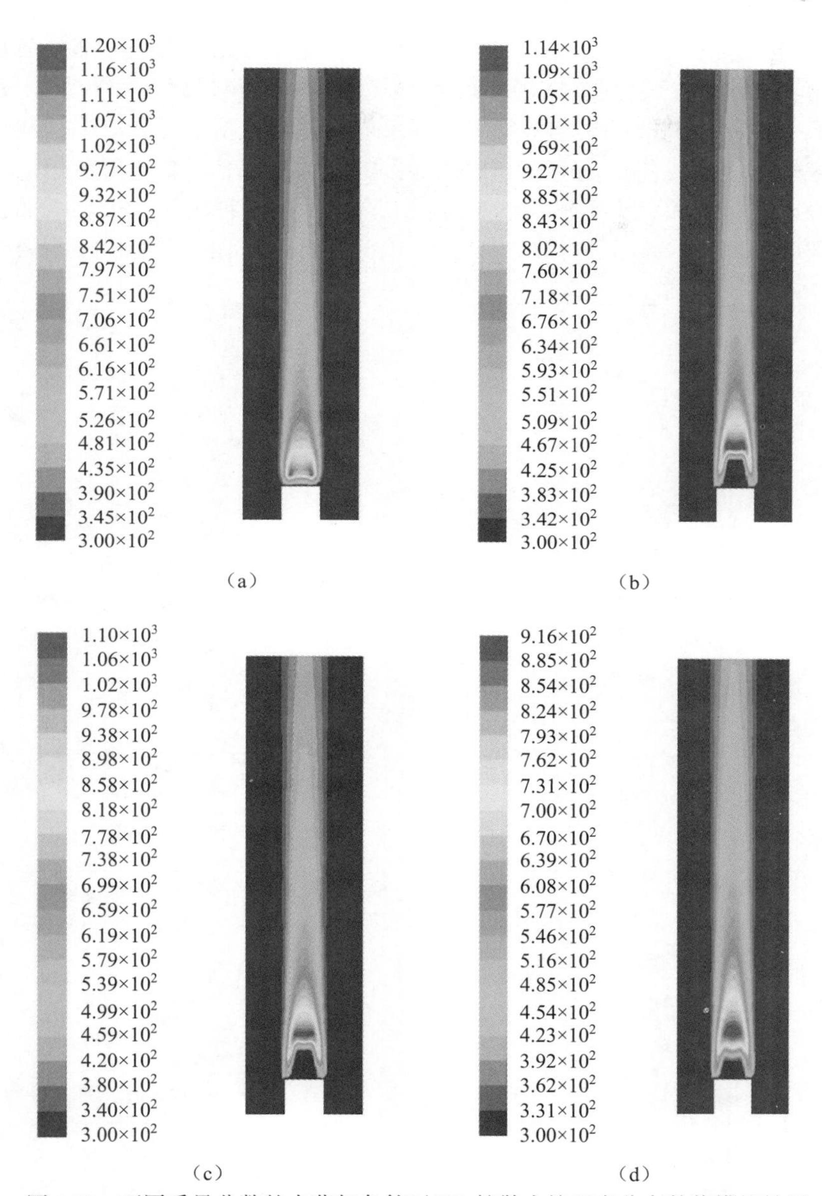

图2.28　不同质量分数的水蒸气条件下CH_4扩散火焰温度分布数值模拟结果

（a）0%；（b）5%；（c）10%；（d）11.2%

知，在火焰根部以外临近燃烧杯口的位置附近会形成旋涡，增加了进入火焰根部的气体流速，因此将火焰根部抬离燃烧杯口，如图2.29（b）所示。随着火焰根部抬离燃烧杯口的距离增加，CH_4和空气的混合空间逐渐增加，此时，浮力羽流区产生的大量的温度较高的热流旋涡向持续火焰区移动，削弱了火焰之外浮力控制的旋涡进入火焰底部的速度，因此，火焰根部振荡并逐步回落到原位置，热流旋涡将燃料和空气混合物推至燃烧杯口位置，如图2.29（c）所示。此时的火焰根部的持续反应区结构包括了间歇火焰区和浮力羽流区热反馈形成的热流旋涡和火焰外部的浮力旋涡，类似于射流扩散火焰的混合层结构。随着火焰根部逐渐消耗混合层中的两种旋涡，火焰根部逐渐回落到燃烧杯口，如图2.29（d）所示。因此，Cup-burner火焰的振荡频率与

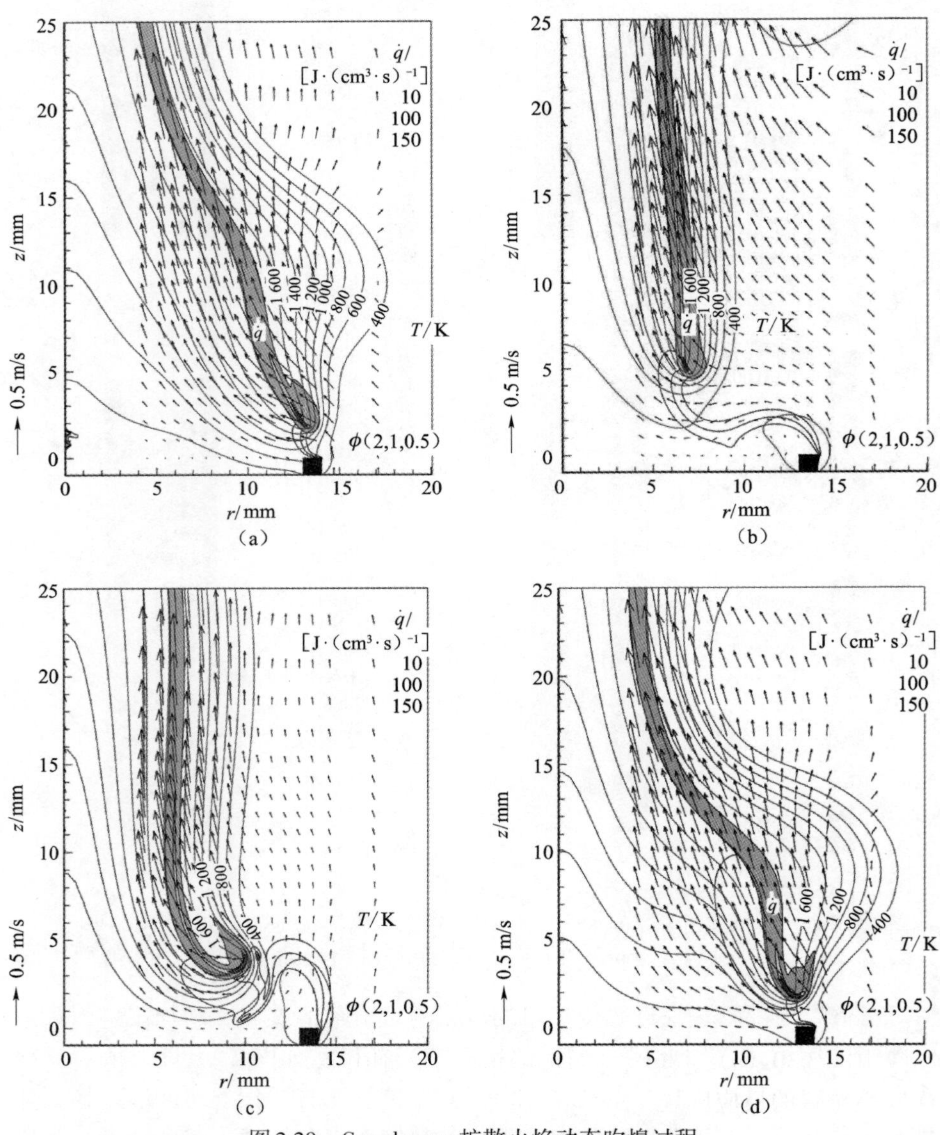

图2.29 Cup-burner扩散火焰动态吹熄过程

浮力诱发旋涡的形成有关，反映在火焰中就是闪烁频率。随着H_2O的浓度逐渐接近最小灭火浓度，火焰根部变得越来越弱，以至于抬离燃烧杯口后不能再次回落，出现吹熄现象。

图2.30为5%质量分数水蒸气作用下的数值模拟结果。

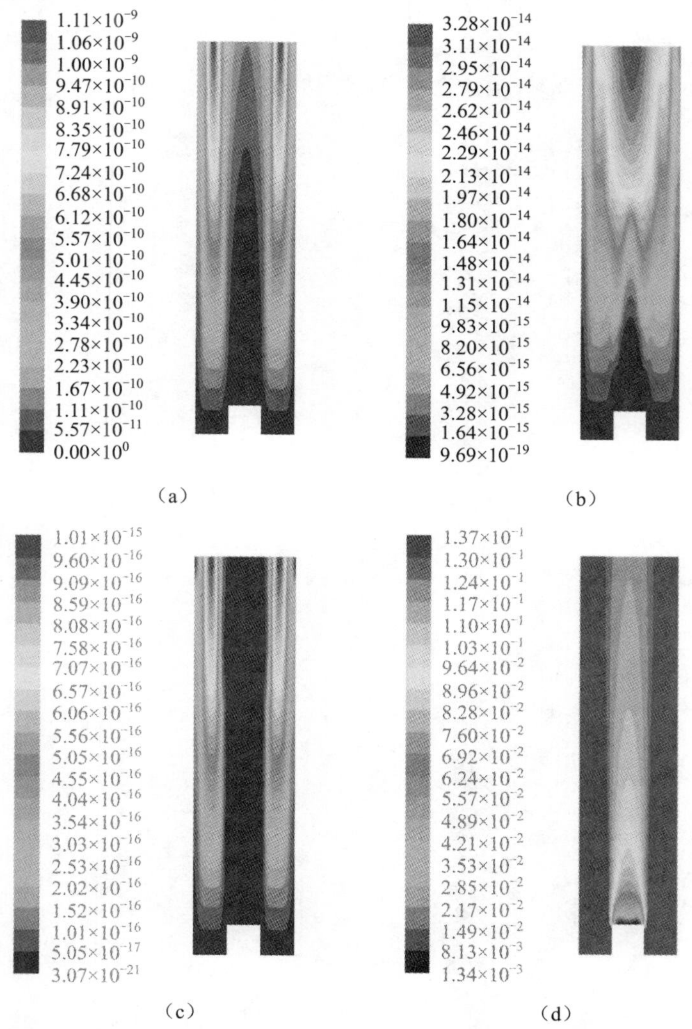

图2.30　CH_4扩散火焰在5%质量分数H_2O作用下的数值模拟结果

（a）OH摩尔浓度；（b）O摩尔浓度；（c）H摩尔浓度；（d）H_2O摩尔浓度

由图2.30（a）～（d）可知，与没有受到H_2O作用的火焰相比，靠近火焰中心位置的反应区域首先中断，这是由于细水雾在空气的卷吸作用下进入火焰根部并吸热，使温度降低至发生反应所需的温度以下。但火焰仍可以稳定存在于燃烧杯口，这是由于火焰根部虽然受到H_2O的抑制作用，但CH_4与空气形成的预混区仍然处于CH_4的可燃极限范围之内，能够形成预混火焰，起到稳定火焰的作用。图2.30（c）中的O自由基分布不均，在远离火焰根部的浓度较大，而接近火焰根部的浓度较小，靠近石英玻璃外罩的地方几乎不存在O自由基，说明不断有新鲜的空气由产物流出口流回玻璃管内，增加了H_2O熄灭火焰的难度。

图2.31为10%质量分数水蒸气作用下的数值模拟结果。

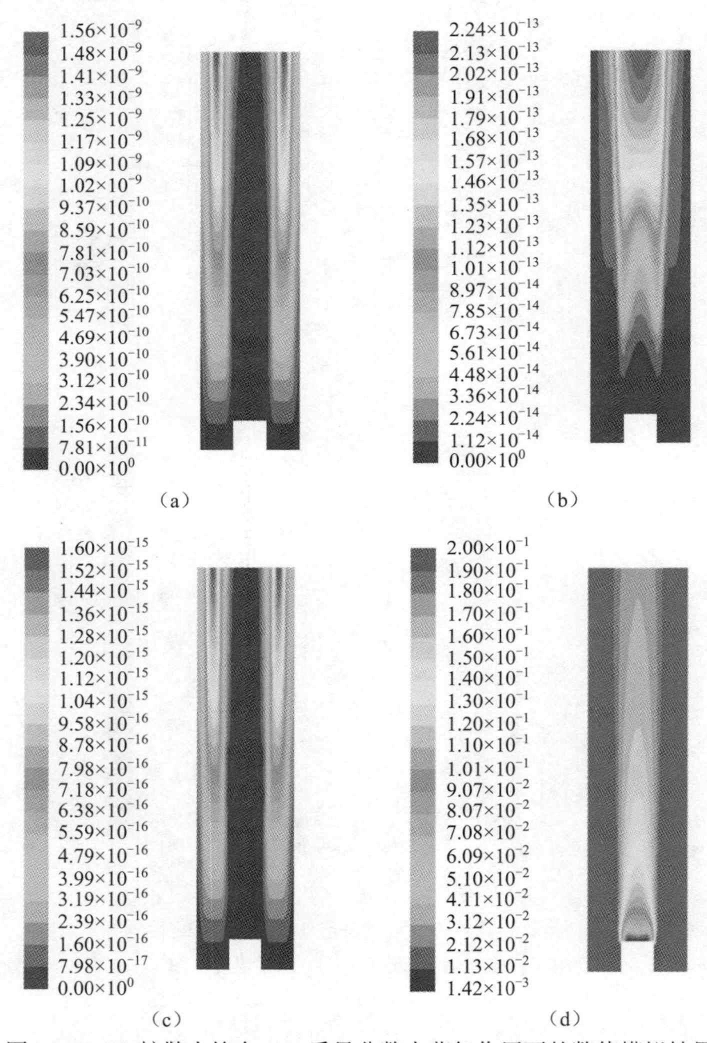

图2.31 CH_4扩散火焰在10%质量分数水蒸气作用下的数值模拟结果

（a）OH摩尔浓度；（b）O摩尔浓度；（c）H摩尔浓度；（d）H_2O摩尔浓度

由图2.31可知，此时H_2O的质量分数接近临界质量分数11.2%。由图2.31（a），由于H_2O质量分数的进一步增加，火焰顶端的反应区域逐渐消失，反应区域逐渐集中在火焰两侧的位置，这是由于在空气卷吸作用下，越来越多的H_2O进入火焰中心区域，将中心区域的CH_4带入火焰两侧，使两侧的CH_4浓度达到反应浓度，使反应发生在两侧位置并且数值最大。由图2.31（a）和图2.31（b）可知，随着细水雾质量分数的进一步增加，反应区域进一步缩小，火焰两侧的化学反应区域逐渐向上扩散直至消失，对应的实验现象为火焰根部持续收缩并抬离燃烧杯口。当火焰化学反应区域完全消失时，认为火焰熄灭，这是由于火焰根部的预混区不再继续支持燃烧，火焰不能再次回到燃烧杯口而逐步脱离，直至吹熄现象的出现。

另外，由于Cup-burner火焰的熄灭过程为动态吹熄，而实验过程中热电偶的布置相对固定，无法实时测量火焰各部分真实的温度，此外，热电偶的大小相对于火焰面来说不能忽略，热电偶的存在会改变流场，使火焰不稳，出现剧烈的跳动，因此，实验条件下测温是不合适的。通过数值模拟的结果可以弥补实验的不足，所获得的温度结果可以对实际实验场景下的温度提供一定的参考。

2.5 小　结

本章在分析和比较多种研究小型气相火焰方法的基础上，选择Cup-burner装置作为测试细水雾抑制熄灭CH_4/空气携流扩散火焰最小灭火浓度的平台，并根据研究的需要，对经典的Cup-burner装置进行了改进，增加了超声雾化细水雾灭火系统单元。应用激光粒度仪对超声雾化模块产生的细水雾粒径大小进行了测试，并设计实验讨论了影响雾化效果的几个因素。最后，对纯水细水雾抑制熄灭CH_4/空气携流扩散火焰的最小灭火浓度进行了实验测试和数值模拟。

本章主要得到以下结论：

（1）Cup-burner火焰的基本特征与实际条件下浮力扩散火焰特征相似，是实际火灾在简单流动条件下的典型代表。Cup-burner火属于低拉伸率火焰，火焰在燃烧杯口上边缘很短的一段距离内为环状预混区域，火焰在该区域内属于预混燃烧，起着稳定Cup-burner火焰的作用，使火焰稳定在燃烧杯口难以熄灭。因此，Cup-burner火比实际火焰具有更不利的灭火条件。

（2）在本章实验参数范围内，Cup-burner火焰高度随CH_4流量的增加而增加，但不随空气流量的变化而变化。为降低实验过程中的危险性，Cup-burner火焰应控制在准层流范围内，参照GB/T 20702—2006《气体灭火剂灭火性能测试方法》，将CH_4的流量设置为0.32 L · min^{-1}，空气流量设置为40 L · min^{-1}。

（3）超声雾化细水雾灭火系统产生的细水雾粒径$D_{32}\approx 5$ μm、$D_{50}\approx 5$ μm、$D_{90}\approx 7$ μm，具有较好的流动性和跟随性。并且粒径的大小不随携流空气流量、工作的雾化模块数量和稳压电源的电压变化而变化。

（4）影响超声雾化模块雾化效果的因素主要有液体的种类和浓度、液面高度和温度、工作的雾化模块数、稳压电源的电压和载气流量等因素。经计算，装液量为1 000 g，携流空气流量为40 L · min^{-1}条件下的雾化效果相对较好，并且需应用循环水系统消除液面温度升高对雾化效果的影响，并保证布置在最中间的雾化模块始终保持工作状态。

（5）考虑超声雾化细水雾灭火系统对液体灭火剂浓度调整的不连续性，定义了液体灭火剂最小灭火浓度的上限和下限。实验测得了超声雾化细水雾灭火系统的最小灭火浓度上限为12.11%，下限为10.07%，灭火浓度处于上限与下限之间则为可灭火也可能不灭火的情况，出现灭火或不灭火的概率取决于浓度值靠近上限和下限的距离。

（6）数值模拟得到的水蒸气最小灭火浓度为11.2%，与实验值差异不大。通过对比其他研究人员实验及数值模拟结果，说明应用本套Cup-burner装置测得的数据真实可靠。实验和数值模拟结果同时表明，Cup-burner火焰熄灭过程为典型的吹熄过程，火焰根部失稳是灭火的关键因素。

第3章

含钾盐添加剂细水雾抑制熄灭Cup-burner火焰的有效性研究

含钾盐添加剂细水雾通过物理作用和化学作用灭火。因此，确定灭火剂中物理作用的贡献对评估灭火剂化学作用的效能是很有必要的。但在以往的文献中并未有研究人员提出纯水及含钾盐添加剂细水雾物理和化学作用量化的信息或是一般的表达式，Sheinson仅对CF_3Y和SF_5Y（Y = F，Cl，Br，I）型气体灭火剂的灭火效果进行了研究，并通过建立物理预测模型，对个别自由基的化学灭火效果进行了量化。Feng对超细水雾抑制熄灭氢气（H_2）/空气Cup-burner火的最小灭火浓度进行了数值模拟，并将模拟结果与其他研究人员的实验结果和通过完全混合反应器（Perfectly Stirred Reactor，PSR）模型计算结果进行比较，虽然在Feng的研究中提到了纯水超细水雾灭火具有一定的化学灭火效果，但化学作用的贡献大小并未进行量化。Senecal依据灭火剂的热容值和燃料性质建立了预测惰性气体灭火剂最小灭火浓度的函数关系，但该模型由于忽略了化学类灭火剂与火焰发生的详细的化学反应，对化学类灭火剂最小灭火浓度值的预测并不准确，并且细水雾及含钾盐细水雾为不同于惰性气体灭火剂的两相流灭火剂，不能确定Senecal模型能否适用。

综上所述，发展含钾盐添加剂细水雾最小灭火浓度预测方法及量化不同类型钾盐添加剂化学灭火作用的贡献对于推动该类灭火剂的推广和应用具有一定的现实意义。本章应用Cup-burner实验装置测试了不同质量分数的$K_2C_2O_4$、CH_3COOK、K_2CO_3、KNO_3、KCl和KH_2PO_4溶液最小灭火浓度上限和下限，并分析这6种钾盐添加剂细水雾在灭火过程中是否具有化学灭火效能。当灭火剂与火焰相互作用时，通过灭火的热机理建立火焰中的热平衡式，得到预测不同灭火剂最小灭火浓度的模型，量化不同钾盐添加剂细水雾化学灭火作用的效能。

3.1 含钾盐添加剂细水雾的Cup-burner灭火实验

实验中所选用的6种钾盐添加剂均为北京化工厂生产的分析纯试剂，基本的理化性质见表3.1。

表3.1 实验用6种钾盐添加剂的基本理化性质

添加剂	化学式	密度/（g・cm^{-3}）	熔点/℃	沸点/℃	溶解度/[g·（100 mL）$^{-1}$]（20 ℃）
草酸钾	$K_2C_2O_4$	2.13	—	—	36.4
醋酸钾	CH_3COOK	1.517	292	—	256
硝酸钾	KNO_3	2.11	333	—	31.6
碳酸钾	K_2CO_3	2.29	901	—	111
氯化钾	KCl	1.988	771	1 437	34.2
磷酸二氢钾	KH_2PO_4	2.338	—	—	150

3.1.1 含钾盐添加剂细水雾的粒度分布

在空气体积流量为40 L・min^{-1}、额定电压为36 V并且6块雾化模块全部工作的状态下，对质量分数分别为1%、2%和5%的$K_2C_2O_4$溶液细水雾粒度进行测试，结果见表3.2。

表3.2 不同质量分数含$K_2C_2O_4$细水雾粒径

质量分数/%	粒径/μm						S/V/（cm^2・cm^{-3}）	拟合误差	样品浓度
	D_{10}	D_{32}	D_{50}	D_{90}	NAD	VAD			
1	4.433	5.556	5.666	7.256	5.168	5.761	10 799.54	0.073	1.7
2	4.366	5.504	5.622	7.262	5.091	5.723	10 901.55	0.073	1.5
5	4.451	5.576	5.686	7.267	5.191	5.779	10 759.93	0.075	1.4

由表3.2可知，不同质量分数条件下的含$K_2C_2O_4$细水雾的粒径大小几乎没有区别，说明$K_2C_2O_4$添加剂的浓度对超声雾化产生的细水雾粒径大小并无明显影响。

在空气体积流量为40 L・min^{-1}、额定电压为36 V并且6块雾化模块全部工作的状态下，分别对质量分数为5%的CH_3COOK溶液、K_2CO_3溶液、KNO_3溶液、KCl溶液和KH_2PO_4溶液细水雾粒度进行测试，结果见表3.3。

表3.3　质量分数为5%的不同类型钾盐添加剂细水雾粒径

添加剂	粒径/μm						S/V/ (cm² · cm⁻³)	拟合误差	样品浓度
	D_{10}	D_{32}	D_{50}	D_{90}	NAD	VAD			
CH_3COOK	4.610	5.751	5.850	7.376	5.386	5.944	10 432.11	0.075	1.0
K_2CO_3	4.449	5.562	5.669	7.235	5.185	5.760	10 788.30	0.076	1.2
KNO_3	4.271	5.389	5.498	7.097	4.998	5.596	11 133.57	0.064	0.1
KCl	4.308	5.516	5.647	7.373	5.054	5.763	10 877.27	0.062	0.2
KH_2PO_4	4.228	5.300	5.394	6.885	4.943	5.488	11 320.83	0.074	0.6

由表3.3可知，相同质量分数的不同类型钾盐添加剂细水雾的粒径大小并无明显差别，可以认为本书所选的6种钾盐添加剂对超声雾化产生的细水雾液滴粒径产生的影响可以忽略不计。

根据前面的分析，本书所选的6种钾盐添加剂在较低浓度（≤5%）时，对细水雾的粒径并不产生影响，并且经超声雾化的含钾盐添加剂的细水雾液滴也能够被携流空气带入火焰区参与到火焰的化学反应中。值得一提的是，对于同种钾盐添加剂来说，测试样品的浓度随着添加剂质量分数的增加而降低，并且相同质量分数条件下的不同钾盐添加剂对应着不同的样品浓度，说明钾盐添加剂的浓度和种类影响超声雾化细水雾的雾化效果。

3.1.2　含钾盐添加剂细水雾的雾化效果

由之前的分析可知，液体的种类对雾化效果存在一定的影响。对于含钾盐添加剂的溶液来说，每种添加剂的每个质量分数都对应着一种状态的液体，因此，想要研究清楚每种添加剂在每个质量分数下的雾化效果工作量偏大，需要进行变化趋势的研究。图3.1为空气体积流量为40 L · min^{-1}、额定电压为36 V并且6块雾化模块全部工作的状态下，不同质量分数（≤5%）钾盐添加剂溶液的雾化效果，质量分数为0表示此时的测试液体为纯水。

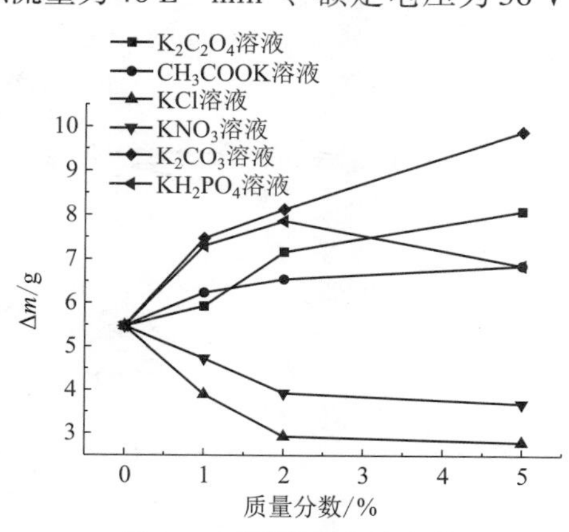

图3.1　不同类型和浓度的钾盐溶液雾化效果

由图3.1可知，$K_2C_2O_4$、CH_3COOK、K_2CO_3和KH_2PO_4可提高纯水的雾化效果，溶液的雾化效果随K_2CO_3、$K_2C_2O_4$和CH_3COOK质量分数的增加而增强，并且K_2CO_3和$K_2C_2O_4$溶液增加得更为明显；KH_2PO_4虽能提高溶液雾化效果，但随着溶质质量分数的增加，雾化效果变差。KCl和KNO_3会降低纯水的雾化效果，并且雾化效果随着溶液中溶质质量分数的增加而变差，KCl对溶液雾化效果的影响比KNO_3的大。阎志英的研究表明，超声雾化模块对液体的雾化效率与液体相对密度及表面张力呈反比。在溶液浓度较低时，加入钾盐添加剂对液体相对密度的改变可忽略不计，因此，造成不同类型及质量分数钾盐添加剂溶液雾化效果差别的原因可认为是添加剂对纯水表面张力的改变。

应用上海方瑞仪器有限公司的QZBY系列全自动表面张力仪在20 ℃条件下对不同类型及质量分数钾盐添加剂的表面张力进行测试，结果如图3.2所示。在对每种溶液的表面张力值（$\sigma_{溶液}$）进行测试的过程中，由于测试的日期不同及白金板的清洁程度、形变等影响因素的存在，用于标定的纯水的表面张力值（$\sigma_{水}$）都不完全相同，为使每种溶液的表面张力值与纯水的比较更为精确，引入量纲为1的$\sigma_{溶液}/\sigma_{水}$来标定测试溶液的表面张力值与纯水表面张力的相对大小。由图可知，加入的钾盐添加剂可以改变纯水的表面张力，并且表面张力与浓度的关系随钾盐添加剂的不同而不同。$K_2C_2O_4$、CH_3COOK、KCl、KNO_3、KH_2PO_4这5种钾盐添加剂在质量分数小于等于2%时的表面张力值与纯水相差不大，但2% K_2CO_3溶液的表面张力相比于纯水有明显的降低，并且随着K_2CO_3溶液质量分数的增加，表面张力值减小的趋势更加明显。$K_2C_2O_4$和CH_3COOK溶液的表面张力随溶质质量分数的增加略有降低；KCl和KNO_3溶液的表面张力随溶质质量分数的增加而增大；KH_2PO_4溶液表面张力值随溶质质量分数出现先降低后增加的趋势，当KH_2PO_4溶质的质量分数为5%时，达到最低点，之后随着质量分数的进一步增加，又逐渐回到与纯水的表面张力值相当的程度。

由图3.1与图3.2可知，不同种类和浓度的钾盐溶液的雾化效果与溶液表面张力值的变化趋势基本一致，对于含添加剂细水雾来说，单从雾化效果来讲，K_2CO_3、$K_2C_2O_4$、CH_3COOK和KH_2PO_4可以降低纯水的表面张力，可认为是较好的细水雾添加剂；对于KCl和KNO_3来说，本身会增加纯水的表面张力，不利于雾化，在选择过程中，需要综合考虑化学灭火效能对纯水灭火效能的提升作用和降低水表面张力之间的竞争关系。

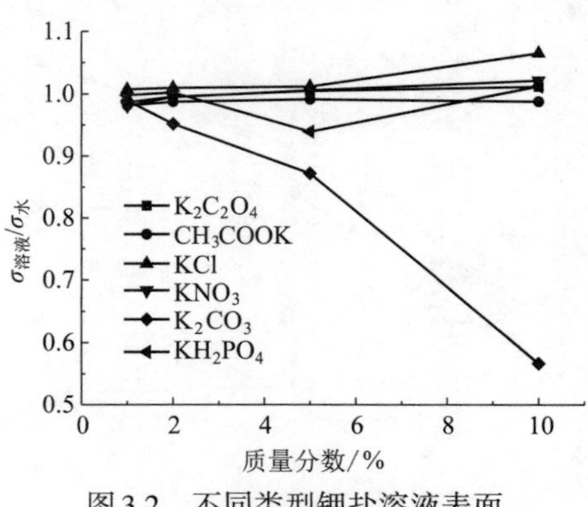

图3.2　不同类型钾盐溶液表面张力随浓度的变化

由气体与细水雾的两相流相互作用过程可知，随着火焰锥周围水雾液滴的不断增多，火焰面会逐渐产生拉伸现象，火焰高度也会随之发生变化，由于细水雾的条件不同，导致火焰高度和拉伸率在同一时刻会有所不同。本节主要是利用CCD（Charge Coupled Device）相机对CH_4扩散火焰发光区及在含添加剂细水雾作用下火焰形态变化过程进行连续观测，并结合纹影系统对火焰周围流场进行研究，根据火焰锥形态的变化判定不同钾盐添加剂的雾化效果。纹影技术可清晰地观察到扩散火焰周围的纹影效应，对火焰浮力羽流区的对流产物，以及持续火焰区和间歇火焰区内温度场和流场的变化都能够清楚地显示出来。

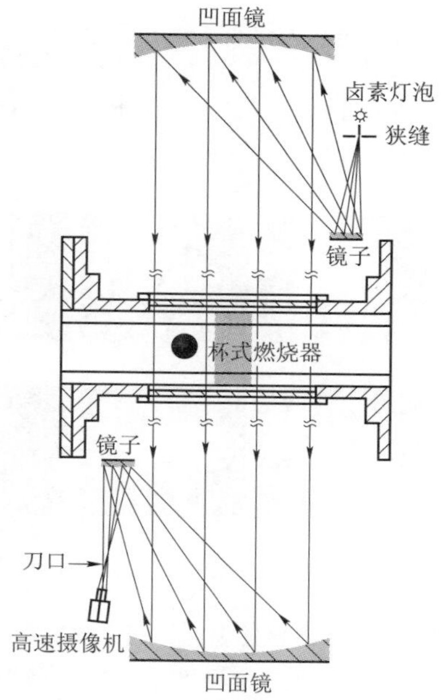

图3.3 纹影系统结构简图

纹影系统结构简图如图3.3所示。

实验过程中，使杯式燃烧器处于纹影系统的光路中，点燃CH_4并打开卤素灯，调节CCD相机的位置，使镜头成像区下边缘对齐燃烧杯口，待CH_4稳定燃烧60 s后，打开细水雾发生系统，在细水雾与火焰接触瞬间用CCD相机进行拍照。根据纹影系统成像原理，圆形石英玻璃外罩需更换成方形，以便于成像。

图3.4为CH_4稳定燃烧60 s后的10^5 fps瞬时高速纹影照片。

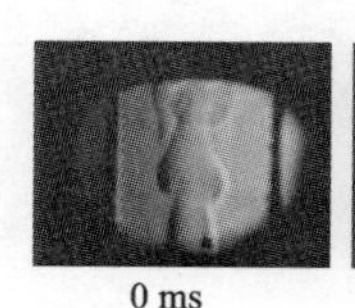
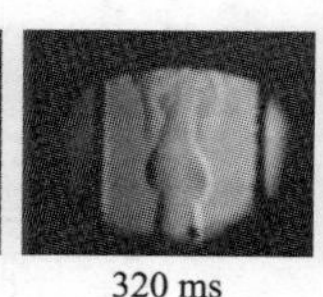
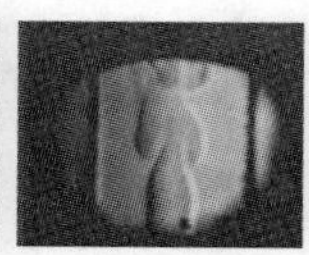
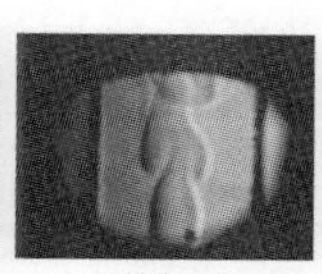
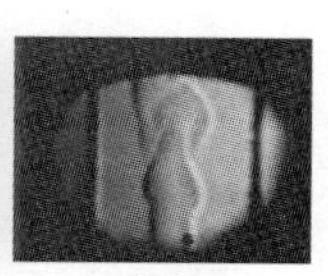

图3.4 CH_4正常燃烧过程中的10^5 fps高速纹影照片

由图3.4可以看出，对于具有稳定流量的CH_4及空气，不同时刻锥形火焰面的曲率基本不发生变化，没有发生火焰拉伸或是火焰偏离正常燃烧方向的现象，说明此时火焰周围的温度场及流场稳定。

图3.5为在携流空气中加入灭火浓度为5%的纯水细水雾与CH_4/空气扩散火焰相互作用过程的10^5 fps瞬时高速纹影照片。0 ms对应着CH_4稳定燃烧60 s后开始施加细水雾的时刻。从施加细水雾开始，扩散火焰的形状就发生变化。随着火焰面上的水雾液滴持续增加，产生了火焰拉伸现象。细水雾与CH_4火焰相互作用的第152 ms，锥形火焰前端产生轴向拉伸，火焰高

度也逐渐增加。212 ms时，火焰的边缘逐渐发生褶皱变形，火焰顶端产物流场的湍流度不断增强，导致在火焰的边缘产生不稳定的湍流现象。火焰褶皱面随水雾量的增加而增大。当细水雾的浓度保持稳定时，火焰形状保持不变。

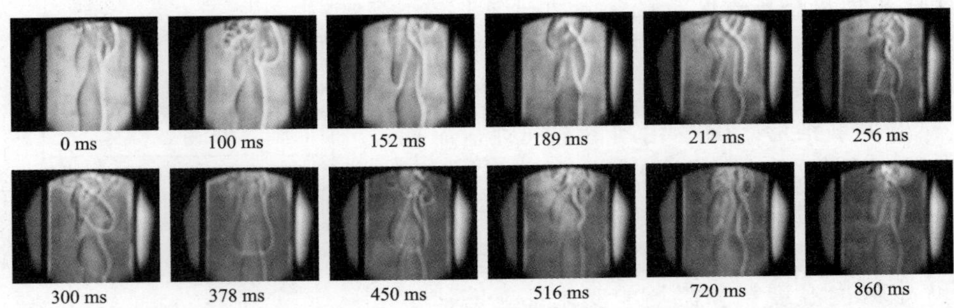

图3.5　质量分数为5%的细水雾与CH_4扩散火焰相互作用的10^5 fps高速纹影照片

从纹影照片也可以看出，在靠近火焰根部的空间区域内，存在一小部分“空白区域”，说明会有部分液滴未能随火焰卷吸进入反应区，而是在火焰面外已经蒸发，这也是Ndubizu等人在进行理论预测细水雾最小灭火浓度时，预测值过高的原因。理论计算的简化模型认为细水雾液滴在火焰面外没有蒸发，全部进入火焰区汽化，导致预测值过于乐观。

图3.6为6种灭火浓度为5%的钾盐添加剂细水雾与CH_4/空气扩散火焰在细水雾与火焰接触瞬间（152 ms）的10^5 fps高速纹影照片，其中钾盐溶质的质量分数为5%。

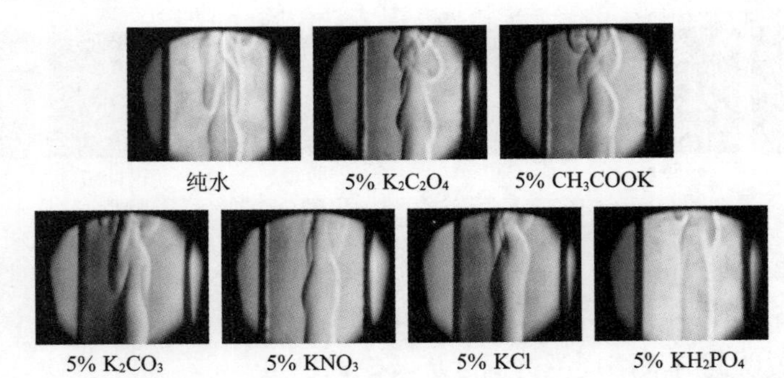

图3.6　5%钾盐添加剂细水雾与CH_4扩散火焰相互作用的10^5 fps高速纹影照片

由图3.6可知，无论哪种类型的钾盐添加剂，在细水雾作用的初期阶段，火焰面出现小幅度轴向拉伸的现象，火焰阵面的发光区厚度变薄，并且锥形火焰面的平滑边缘出现了一定程度的抖动和湍流化现象。由于不同类型的钾盐添加剂溶液的雾化效果不同，根据纹影照片中火焰的褶皱程度，可以看出在相同的工作电压、雾化模块和携流空气流量条件下，质量分数为5%的K_2CO_3、$K_2C_2O_4$和CH_3COOK溶液到达火焰区的雾滴数量最多，间接说明了这3种溶液的雾化效果相对较好。

图3.7为溶质质量分数不同的钾盐添加剂细水雾与CH_4/空气扩散火焰在212 ms时刻相互作用过程的10^5 fps高速纹影照片。

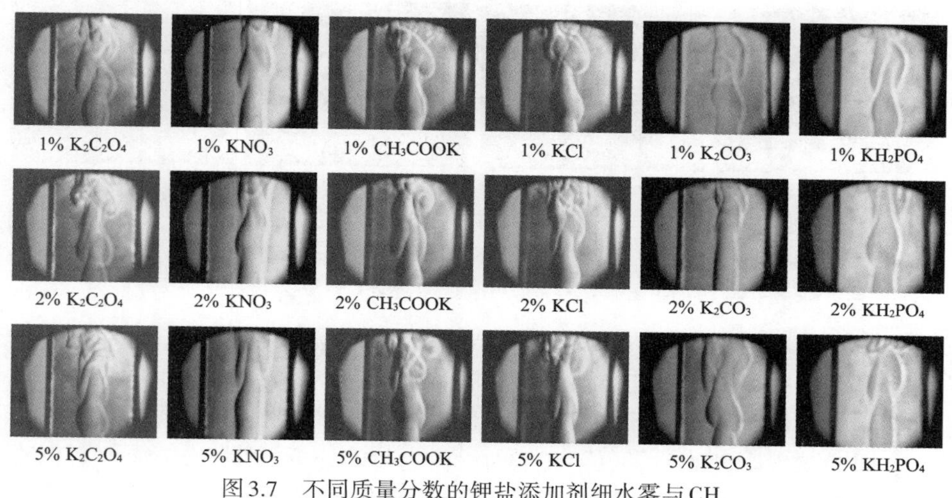

图3.7　不同质量分数的钾盐添加剂细水雾与CH_4火焰相互作用的10^5 fps高速纹影照片

由图3.7可知，在含钾盐添加剂细水雾作用下，锥形火焰面的顶部开始出现了不稳定开口。当溶液的质量分数较低（1%、2%）时，火焰锥边缘的褶皱程度较强并且湍流现象明显，当溶液的质量分数增加至5%时，火焰顶部的开口程度、火焰锥边缘褶皱度及湍流度都逐渐降低，说明质量分数的增加降低了溶液的雾化效果。另外，由不同质量分数钾盐添加剂细水雾的瞬时纹影照片也可以看出，溶液雾化效果排序为K_2CO_3>$K_2C_2O_4$、CH_3COOK>KH_2PO_4、KCl、KNO_3，与之前分析结果一致。

3.1.3　含钾盐添加剂细水雾最小灭火浓度的确定

实验步骤如下：分别调节转子流量计至燃料和空气的设定流量值，点燃CH_4气体，稳定燃烧60 s后通入含钾盐添加剂细水雾，观察实验现象。用工作的雾化模块数和稳压电源电压改变细水雾在空气中的质量分数，每次灭火剂量发生改变后，火焰须稳定燃烧60 s后再进行下一次改变，直至火焰熄灭为止。图3.8给出的是质量分数为5%的不同类型钾盐添加剂细水雾与扩散火焰相互作用过程中某一时刻的火焰颜色和外形。

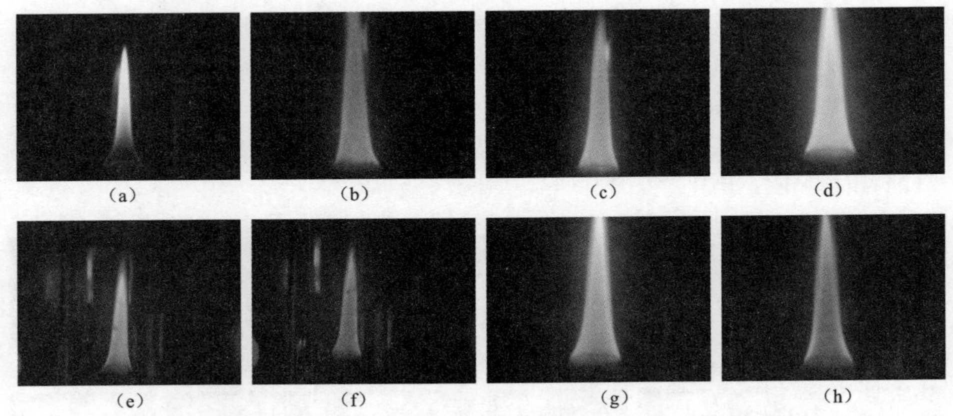

图3.8 质量分数为1%的不同钾盐添加剂细水雾作用下火焰颜色与外形

(a) 无细水雾；(b) 纯水细水雾；(c) 1% $K_2C_2O_4$细水雾；(d) 1% CH_3COOK细水雾；(e) 1% K_2CO_3细水雾；(f) 1% KNO_3细水雾；(g) 1% KCl细水雾；(h) 1% KH_2PO_4细水雾

由图3.8可知，与纯水相比，加入钾盐添加剂后，火焰的外形与颜色均发生显著变化。由于火焰受到钾盐添加剂的抑制作用，火焰高度明显小于纯水抑制的火焰高度，并且在燃烧杯口和石英玻璃管壁附近出现了大量固体颗粒，同时出现明显的"彩色"火焰面。由之前的分析可知，CH_4/空气扩散火焰的温度最高可达1 100 ℃，实验所选6种钾盐添加剂在高温火焰下发生汽化分解，参与到火焰的链式反应中，导致火焰受到抑制作用，高度降低，并发生焰色反应。由于不同钾盐添加剂在高温下的表现不同，导致参与燃烧抑制反应的机制不同，因此，虽然同为钾盐添加剂，所发生的焰色反应并不完全相同。

不同种类和质量分数的钾盐添加剂细水雾抑制熄灭CH_4/空气携流扩散火焰的MEC值见表3.4。

表3.4 不同种类及质量分数含钾盐添加剂细水雾抑制熄灭CH_4扩散火焰MEC %

灭火剂	MEC上限	MEC下限	灭火剂	MEC上限	MEC下限	灭火剂	MEC上限	MEC下限
1% $K_2C_2O_4$	7.78	8.38	1% K_2CO_3	6.98	7.56	1% KCl	7.13	9.34
2% $K_2C_2O_4$	7.25	7.96	2% K_2CO_3	5.08	6.39	2% KCl	6.84	7.95
5% $K_2C_2O_4$	3.75	4.51	5% K_2CO_3	3.95	4.26	5% KCl	4.62	6.97
1% CH_3COOK	6.76	8.85	1% KNO_3	8.6	10.8	1% KH_2PO_4	7.68	9.16
2% CH_3COOK	5.75	6.05	2% KNO_3	6.71	8.34	2% KH_2PO_4	8.48	10.12
5% CH_3COOK	4.63	5.04	5% KNO_3	3.43	5.05	5% KH_2PO_4	8.91	10.63

由表3.4可知，在细水雾中加入钾盐添加剂可以改变细水雾的灭火效率。当质量分数为1%时，6种钾盐添加剂对纯水灭火效能提高的作用差异不大；当质量分数增大到2%、5%时，不同类型的钾盐添加剂对纯水灭火效能提升的能力出现了变化，$K_2C_2O_4$、CH_3COOK、K_2CO_3和KNO_3添加剂细水雾的灭火效能略优于KCl添加剂，明显优于KH_2PO_4添加剂，并且$K_2C_2O_4$、CH_3COOK和K_2CO_3这3种添加剂MEC值的上限与下限较为接近，说明这3种钾盐添加剂的MEC值较为稳定，可靠性略高于KNO_3、KCl和KH_2PO_4。另外，对于KH_2PO_4添加剂，虽然提高了纯水的灭火效能，但随着溶质质量分数的增加，对纯水灭火效能的提升出现负增长，也说明不同钾盐添加剂细水雾发挥物理化学作用来抑制火焰的机制不同。

图3.9为不同钾盐添加剂细水雾抑制熄灭CH_4扩散火焰的水雾密度与灭火时间关系图。

Lentati和Fleming的研究都表明，细水雾抑制熄灭扩散火焰的最佳粒径是20 μm，当细水雾液滴的颗粒尺寸小于20 μm时，灭火效率接近一个极限值，即继续减小液滴粒径对灭火效率的提升作用有限。Hamins测试了3种粒径（均小于20 μm）的$NaHCO_3$气溶胶颗粒抑制熄灭Cup-burner火焰的MEC值，发现在颗粒粒径小于20 μm的范围内灭火效率几乎没有差别，那么，在小于20 μm的范围内，$NaHCO_3$颗粒的灭火效率优于纯水的灭火效率则只能用化学灭火机理来说明。

由之前的分析可知，6种钾盐添加剂对纯水雾化液滴粒度的影响可以忽略不计，即超声雾化产生的细水雾液滴的粒径相对一致并且小于20 μm的条件下，不同种类液体灭火剂的灭火效率取决于化学作用。图3.9中纯水与溶液曲线的差别表示的就是溶液的化学作用，$K_2C_2O_4$、CH_3COOK、K_2CO_3、KNO_3和KCl溶液细水雾的灭火效率随着添加剂质量分数的增加而增强，KH_2PO_4溶液细水雾的灭火效率随添加剂质量分数的增加而减弱。

添加剂对灭火效率的影响主要是增加的化学作用和降低纯水蒸发能力之间的竞争。当灭火剂的灭火效率随浓度的增加而增加时，说明化学作用增加的程度远大于对纯水蒸发能力的削弱；而KH_2PO_4溶液的灭火效率随浓度的增加而降低，说明KH_2PO_4的化学灭火能力较弱，增加浓度对纯水蒸发能力的降低在竞争关系中占优。

图3.10分别为质量分数为5%的$K_2C_2O_4$、KCl及KH_2PO_4溶液细水雾在相同水雾密度条件下，与CH_4扩散火焰在不同时刻相互作用的典型过程。

由图3.10可知，无论是化学灭火效能较好的$K_2C_2O_4$、相对一般的KCl，还是较弱的KH_2PO_4溶液细水雾，其熄灭CH_4/空气扩散火焰均为吹熄机理，说明钾盐添加剂在火焰根部的稳定区内与火焰自由基发生了链终止反应导致灭火。由于吹熄现象发生的时刻不同，则不同钾盐添加剂与火焰自由基发生链终止反应的能力也不同。

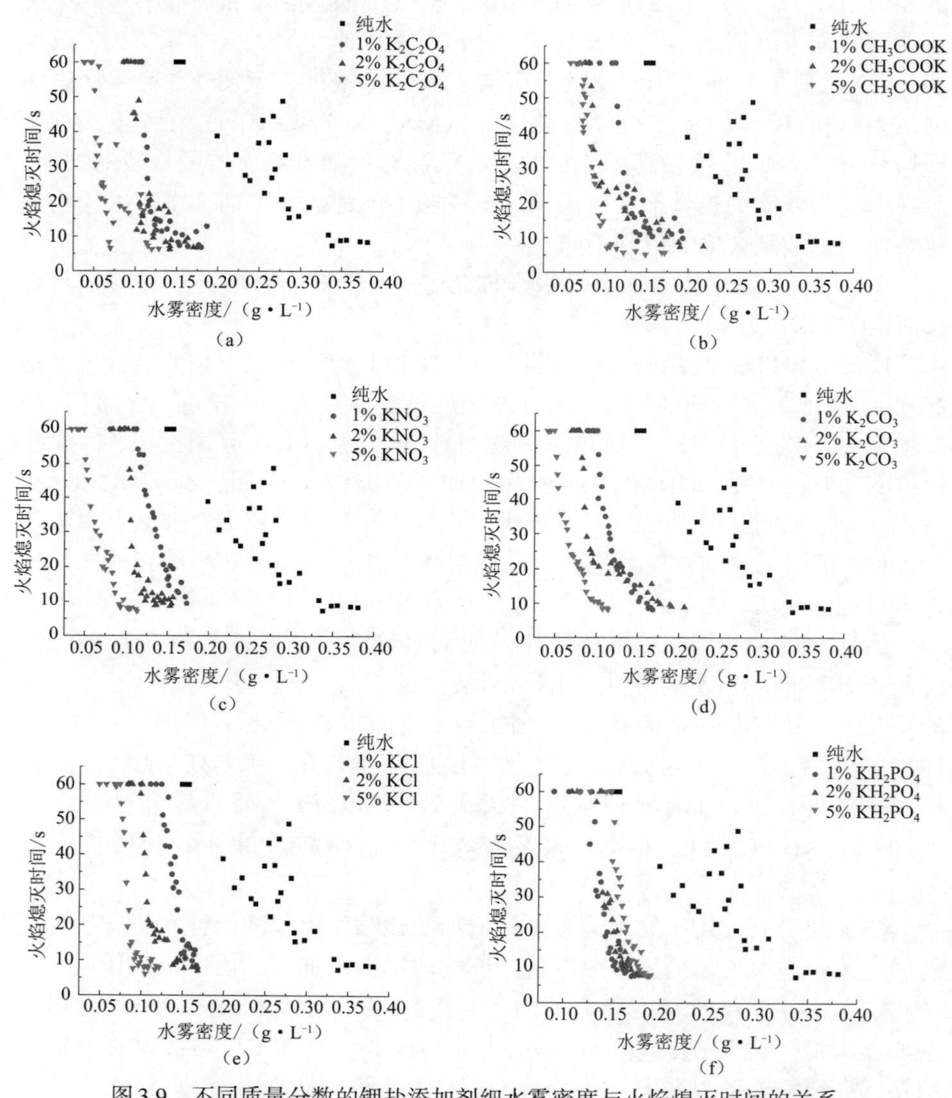

图3.9　不同质量分数的钾盐添加剂细水雾密度与火焰熄灭时间的关系

（a）$K_2C_2O_4$溶液；（b）CH_3COOK溶液；（c）KNO_3溶液；

（d）K_2CO_3溶液；（e）KCl溶液；（f）KH_2PO_4溶液

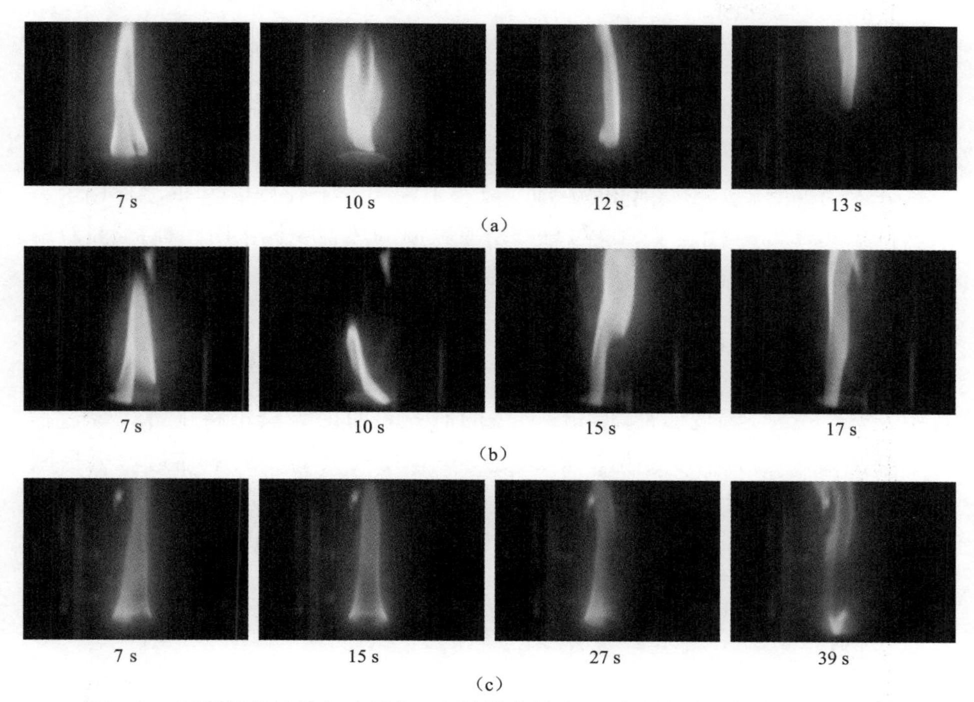

图3.10　不同钾盐溶液细水雾与CH_4扩散火焰在不同时刻相互作用的典型过程
（a）5% $K_2C_2O_4$；（b）5% KCl；（c）5% KH_2PO_4

3.2　含钾盐添加剂细水雾化学灭火作用效能的描述

3.2.1　含钾盐添加剂细水雾抑制熄灭CH_4火焰的热机理

熄灭CH_4火焰的热机理Ewing已有论述，其核心理论是：灭火剂吸收火焰产生的热量，使火焰温度下降至能够维持火焰燃烧的极限温度以下，导致火焰不能继续传播而熄灭。灭火剂对火焰的吸热作用主要体现在高温离解、分解、蒸发和热容吸热。热机理可以证明的是，熄灭火焰所需灭火剂的最小浓度可以通过热平衡式解出。平衡式中包含了具有化学抑制作用的灭火剂在灭火过程中的化学作用，虽然添加剂的化学灭火机理随不同物质的变化而变化，可以用热平衡式一般表达式定量描述添加剂的化学作用。

燃烧过程中，火焰释放的热量等于燃烧产物的焓增量。由Hess定律，上述过程的能量变化等于燃烧产生的热量使反应物的焓增加，而后一种能量转化形式更加符合实际火焰的情况，见式（3.1）：

$$n_F Q_{T_M} = \int_{T_0}^{T_M} \left[c_{p_{O_2}} + n_F c_{p_F} + \sum (n_i c_{p_i}) \right] dT + \sum (\alpha n \Delta H_{T_M})_k + q \tag{3.1}$$

式中，n为物质的量，mol；n_i为混合物中第i种物质的物质的量，mol；Q_{T_M}为燃烧热，J；c_p为定压比热容，J·g^{-1}·K^{-1}；T为温度，K；ΔH_{T_M}为焓变，J；α为热分解的程度；q为热量的误差项，这个值很小，不到总量的3%；下标F表示燃料。式（3.1）代表了燃烧过程中所有物质的热容吸热作用和CO_2、H_2O的分解吸热，模型中忽略了N_2、O_2和H_2的热分解。

当式（3.1）用来描述碳氢燃料/空气燃烧过程时，可转化为式（3.2）：

$$n_F Q_{T_M} = \int_{T_0}^{T_M} (c_{p_{O_2}} + n_F c_{p_F} + n_{N_2} c_{p_{N_2}}) dT + \sum (\alpha n T_{M_A})_k + q \tag{3.2}$$

式中，T_{M_A}为空气温度，K。Gudkovich的研究表明，碳氢燃料正常燃烧过程中不会出现剧烈的温度变化，燃烧温度只有在灭火剂作用下临近熄灭极限时，才会出现急剧的下降。因此，假设小型扩散火焰为绝热条件，并且燃料、氧气和氮气以当量比速率进入火焰，忽略火焰对周围的热辐射和q值，在熄灭临界点处的热平衡式为：

$$n_{EI} \int_{T_0}^{T_{LI}} c_{p_{EI}} dT = n_F Q_{T_{LI}} - \int_{T_0}^{T_{LI}} (c_{p_{O_2}} + n_F c_{p_F} + n_{N_2} c_{p_{N_2}}) dT - \sum (\alpha n \Delta H_{T_{LI}})_k \tag{3.3}$$

式中，下标EI表示灭火剂；LI表示临界温度。式（3.3）表明，当灭火剂的浓度达到一定值时，就会发挥热容的吸热作用而使火焰温度降至临界温度T_{LI}以下，导致火焰熄灭。虽然临界温度会随着不同的燃烧极限和不同灭火剂的变化而变化，但最明显的变化是随着燃料的改变而改变。Robert的研究表明，对于碳氢燃料形成的扩散火焰，T_{LI}值为1 600 K。

式（3.3）表示的仅是热容吸热作用下，碳氢燃料/空气火焰熄灭的临界条件。为将式（3.3）推广为一般模式，需假设以下4个条件成立：

① 无论固体、液体还是气体灭火剂，在灭火过程中都可以将火焰温度降低至临界温度。

② 临界温度对任意类型的灭火剂都是通过热平衡式，依据火焰能够传播的最小反应速率和灭火剂及火焰的特性求解得出的。

③ 对于大部分灭火剂，在火焰前沿应具有一定的驻留时间和反应速率，使灭火剂能够完全分解。

④ 不考虑N_2、O_2和H_2的热分解。

基于以上假设，熄灭碳氢燃料/空气火焰临界条件的一般式为：

$$n_{EI} \left[\sum (R \Delta H_{T_{LI}}) + \int_{T_0}^{T_{LI}} c_p dT \right]_{EI} = n_F Q_{T_{LI}} - \int_{T_0}^{T_{LI}} (c_{p_{O_2}} + n_F c_{p_F} + n_{N_2} c_{p_{N_2}}) dT - \sum (\alpha n \Delta H_{T_{LI}})_k \tag{3.4}$$

式中，n_{EI}为参与反应的灭火剂的最小值，并且假设灭火剂的粒径大小满足所有的灭火剂在火焰中完全反应。对于一些干粉灭火剂来说，原始的灭火剂在火焰中很快发生分解并生成能够再次发生吸热反应的二次灭火物质，因此，式中的R为1 mol原始物质生成各种灭火物质的摩尔数的和。

将式（3.4）用每摩尔空气（这里的空气仅包含氧气和氮气）标准化后，有：

$$n'_{EI}\left[\sum(R\Delta H_{T_{LI}})+\int_{T_0}^{T_{LI}}c_p\mathrm{d}T\right]_{EI}=n'_F Q_{T_{LI}}-\int_{T_0}^{T_{LI}}(c_{p_A}+n'_F c_{p_F})\mathrm{d}T-\sum(\alpha n\Delta H_{T_{LI}})_k \tag{3.5}$$

式中，n'_{EI}、n'_F单位为mol·（mol O_2）$^{-1}$。

式（3.5）中的温度区间对应着两种极限情况：

一种极限情况是：燃烧所发生的空间无限大，燃烧产生的能量用于加热灭火剂和燃烧产物，周围环境没有明显的升温，有：

$$n'_{EI}\left[\sum(R\Delta H_{T_{LI}})+\int_{T_0}^{T_{LI}}c_p\mathrm{d}T\right]_{EI}=n'_F Q_{T_0}-\int_{T_0}^{T_{LI}}\left[\sum(n'_i c_{p_i})+n'_{N_2}c_{p_{N_2}}\right]\mathrm{d}T-\sum(\alpha n'\Delta H_{T_0})_k \tag{3.6}$$

式（3.6）中的下标i代表了各种主要的燃烧产物，例如H_2O、CO_2、CO、H_2及OH等。

忽略灭火剂发生二次灭火物质的可能性和CO_2及H_2O的热分解，得到该极限条件下灭火剂与空气混合物的热容值为：

$$c'_p=\sum\frac{n_j}{n_{O_2}}c_{p_j}^{298} \tag{3.7}$$

式（3.7）中的下标j表示所有的灭火剂和空气。

另一种极限情况是：燃烧产生的热量将灭火剂、空气中的N_2及周围环境由T_0加热至临界温度T_{LI}，有：

$$n'_{EI}\left[\sum(R\Delta H_{T_{LI}})+\int_{T_0}^{T_{LI}}c_p\mathrm{d}T\right]_{EI}=n'_F Q_{T_{LI}}-\int_{T_0}^{T_{LI}}(c_{p_A}+n'_F c_{p_F})\mathrm{d}T-\sum(\alpha n'\Delta H_{T_{LI}})_k \tag{3.8}$$

在这个过程中，忽略灭火剂生成二次灭火物质的可能性和CO_2及H_2O的热分解，则整个过程的焓变由式（3.9）得到：

$$\Delta H'=\sum\frac{n_j}{n_{O_2}}\int_{T_0}^{T_{LI}}c_{p_j}\mathrm{d}T \tag{3.9}$$

用每摩尔氧来标准化的原因是大部分的碳氢燃料（包括许多有机物）消耗每摩尔氧气产生的燃烧热为常数。

由式（3.9）可以得到简化的线性模型：

$$n_{EI}=\frac{0.21\Delta H'-7.9}{\int_{T_0}^{T_{LI}} c_{p_{EI}}\,dT+0.21\Delta H'-7.9} \tag{3.10}$$

式（3.10）中的7.9为燃烧产生的热量中使空气中的N_2由室温升至临界温度时所需的焓（单位kcal[①]·K^{-1}·$mol^{-1}O_2$）；0.21为空气中氧气的摩尔分数。由式（3.7）、式（3.9）和式（3.10）可知，预测含钾盐添加剂细水雾的最小灭火浓度并评价灭火效能的优劣，溶液的热容值是关键参数。

3.2.2 含钾盐添加剂溶液热容值的确定

选用德国NETZSCH公司的DSC 200 F3型差热扫描量热仪确定溶液的热容值。仪器实物及原理如图3.11所示。

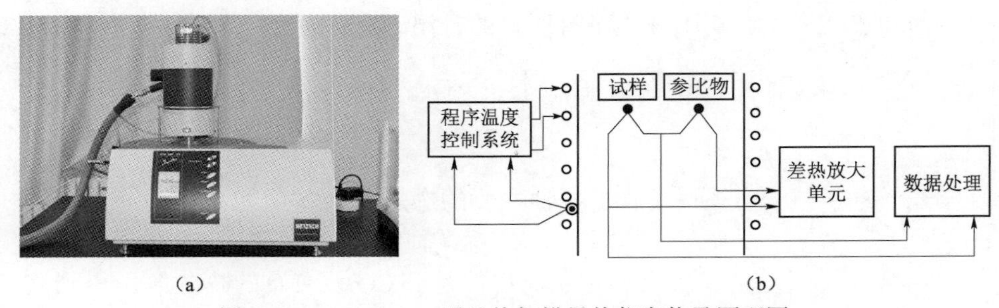

图3.11 DSC 200 F3型差热扫描量热仪实物及原理图

（a）实物图；（b）原理图

实验原理是将试样S与参比物R分别装在两个坩埚内，在坩埚下方各有一个片状热电偶，这两个热电偶相互反接。对S和R同时进行程序升温，当加热到某一温度试样发生吸热或放热时，试样的温度T_S会高于或低于参比温度T_R，产生温度差ΔT，该温度差就由上述两个反接的热电偶以差热电势形式输给差热放大器，经放大后输入记录仪，得到差热曲线。补偿热电偶的作用是通过功率补偿的办法使试样与参比物温度保持一致，即使$\Delta T=0$。由被补偿功率大小直接求出热流率。DSC曲线峰面积代表热量的变化。因此，DSC可以直接测量出试样在发生变化时的热效应，再经计算得到试样在不同温度下的热容值。

实验时，先用液氮把仪器冷却到268.15 K，恒温15 min，然后以10 K·min^{-1}的加热速率加热，最终温度设定为363.15 K。当达到设定温度后，恒温10 min，然后用液氮冷却，同时准备下一次测试样品。当冷却到

① 1 cal=4.186 J。

268.15 K时，进行下一次实验，每个样品最少进行3次实验，取其平均值作为最终结果。实验中吹扫气体为氮气（N_2），流量为20 mL・min^{-1}，试样量为25~30 mg，参比物为蓝宝石，质量为84 mg。为了确定仪器的可靠性，测定了用于配制不同钾盐添加剂溶液用水的c_p，并与文献值进行了比较，结果见表3.5。

表3.5　DSC 200 F3测定的不同温度条件下配制溶液用水的c_p

温度/K	实验值/（J・g^{-1}・K^{-1}）	文献值/（J・g^{-1}・K^{-1}）	误差
293.149	4.287 94	4.179 9	0.025 8
298.201	4.287 14	4.176 0	0.026 6
303.183	4.285 13	4.175 1	0.026 3
308.163	4.285 72	4.175 0	0.026 5
313.175	4.285 80	4.175 9	0.026 4
318.182	4.285 73	4.177 0	0.026 0
323.154	4.287 26	4.178 6	0.026 0
328.152	4.288 78	4.180 4	0.026 0
333.153	4.291 83	4.183 0	0.026 0
338.181	4.292 08	4.186 2	0.025 3
343.172	4.293 66	4.189 0	0.025 0
348.163	4.297 23	4.192 4	0.025 0
353.150	4.304 78	4.195 8	0.026 0

由表3.5可知，实验值略大于文献值，这是由于实验所用蒸馏水为二次蒸馏水，可近似认为不含有任何杂质，并且液态水的c_p测量值在293.15~353.15 K范围内，与文献值吻合较好，测试误差为2.59%，小于3%，可以满足一般工程分析要求。

在293.15~353.15 K范围内，实验测定了不同质量分数的$K_2C_2O_4$、CH_3COOK、K_2CO_3、KNO_3、KCl和KH_2PO_4溶液的c_p，结果列于表3.6中。

由表3.5和表3.6可以看出，加入钾盐添加剂后会降低纯水的热容值，并且热容值随着添加剂质量分数的增加而减小。不同钾盐添加剂影响纯水热容值的能力不同：KH_2PO_4对纯水热容的改变较小，而K_2CO_3对纯水热容的改变较大。图3.12为纯水热容在293.15~353.15 K范围内的变化。

表 3.6　不同质量分数钾盐溶液热容值 c_p　　$J \cdot g^{-1} \cdot K^{-1}$

温度/K	$K_2C_2O_4$溶液			CH_3COOK 溶液			KNO_3溶液		
	1%	2%	5%	1%	2%	5%	1%	2%	5%
293.15	4.102 18	3.799 27	3.776 76	3.860 15	3.790 16	3.613 53	4.150 99	3.860 02	3.510 10
298.15	4.107 33	3.804 38	3.778 30	3.863 16	3.794 72	3.613 58	4.151 98	3.864 04	3.514 35
303.15	4.111 88	3.811 46	3.787 98	3.867 10	3.798 77	3.617 75	4.152 72	3.867 14	3.518 55
308.15	4.117 23	3.819 18	3.812 59	3.870 08	3.800 10	3.618 76	4.153 66	3.870 02	3.521 15
313.15	4.123 21	3.825 29	3.814 77	3.871 09	3.801 07	3.622 95	4.154 50	3.870 59	3.524 05
318.15	4.127 12	3.829 16	3.816 52	3.872 08	3.802 16	3.624 40	4.154 50	3.871 04	3.526 83
323.15	4.131 50	3.831 92	3.817 08	3.872 46	3.803 07	3.625 74	4.155 37	3.871 30	3.528 83
328.15	4.135 43	3.834 18	3.820 41	3.873 04	3.804 10	3.626 09	4.156 15	3.871 62	3.530 13
333.15	4.139 40	3.836 11	3.822 83	3.873 41	3.805 23	3.626 72	4.157 01	3.871 89	3.531 38
338.15	4.142 53	3.836 96	3.824 16	3.873 60	3.806 07	3.627 15	4.157 12	3.872 08	3.531 99
343.15	4.144 76	3.837 70	3.826 19	3.874 15	3.807 68	3.627 21	4.157 20	3.872 15	3.532 29
348.15	4.148 80	3.840 86	3.828 27	3.874 33	3.808 32	3.627 40	4.157 27	3.872 21	3.532 59
353.15	4.156 65	3.843 87	3.828 34	3.874 52	3.808 58	3.630 30	4.157 30	3.872 35	3.532 89

温度/K	K_2CO_3溶液			KCl溶液			KH_2PO_4 溶液		
	1%	2%	5%	1%	2%	5%	1%	2%	5%
293.15	3.851 67	3.580 08	3.371 46	3.999 77	3.947 55	3.720 50	4.143 27	3.956 66	3.900 14
298.15	3.856 03	3.586 94	3.376 43	4.000 38	3.948 98	3.723 07	4.142 64	3.960 72	3.900 50
303.15	3.861 62	3.589 48	3.381 55	4.000 56	3.948 74	3.724 78	4 141 01	3.963 49	3.899 64
308.15	3.865 18	3.591 95	3.385 22	4.001 78	3.949 55	3.726 28	4.141 87	3.967 35	3.900 87
313.15	3.869 69	3.594 41	3.388 24	4.002 97	3.950 95	3.727 47	4.141 30	3.917 59	3.902 54
318.15	3.871 46	3.598 42	3.390 72	4.004 03	3.951 75	3.728 37	4.142 38	3.975 24	3.903 85
323.15	3.875 05	3.600 85	3.392 08	4.005 20	3.953 39	3.732 73	4.144 14	3.979 97	3.904 37
328.15	3.876 98	3.601 34	3.393 08	4.006 93	3.956 43	3.739 37	4.146 06	3.985 29	3.906 13
333.15	3.878 65	3.601 87	3.394 24	4.008 31	3.959 16	3.744 75	4.14782	3.989 21	3.908 25
338.15	3.880 19	3.602 13	3.394 75	4.008 62	3.959 85	3.751 60	4.148 46	3.991 17	3.908 80
343.15	3.880 69	3.602 38	3.395 23	4.008 81	3.960 53	3.757 46	4.149 17	3.994 71	3.909 44
348.15	3.881 09	3.602 41	3.395 46	4.009 12	3.962 58	3.760 41	4.153 10	4.000 45	3.913 49
353.15	3.881 24	3.602 46	3.395 53	4.008 72	3.967 44	3.760 38	4.161 45	4.009 43	3.920 91

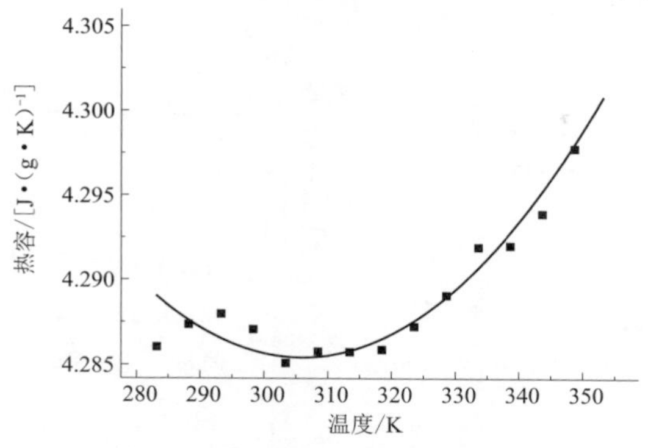

图3.12　纯水的热容值随温度变化

由图3.12可知，纯水的热容值随温度的增加呈非线性的增加。液体的热容值随温度的变化可按式$c_p = A + BT + CT^2$用多项式法进行拟合。图3.13（a）~（e）分别对应不同种类与质量分数的钾盐溶液热容值与温度的关系，拟合系数列于表3.7。

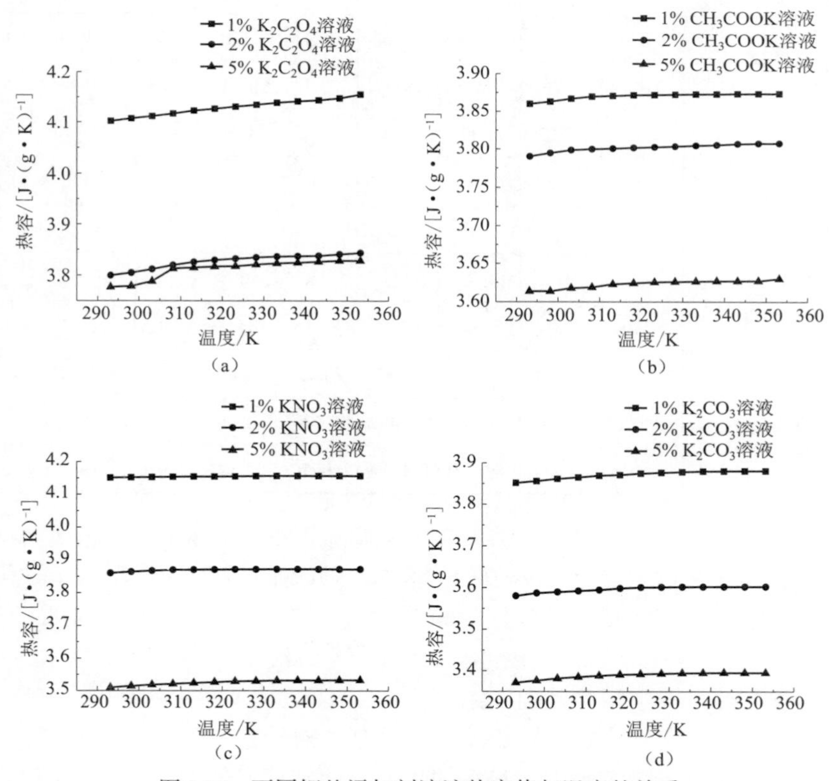

图3.13　不同钾盐添加剂溶液热容值与温度的关系

（a）$K_2C_2O_4$溶液；（b）CH_3COOK溶液；（c）KNO_3溶液；（d）K_2CO_3溶液

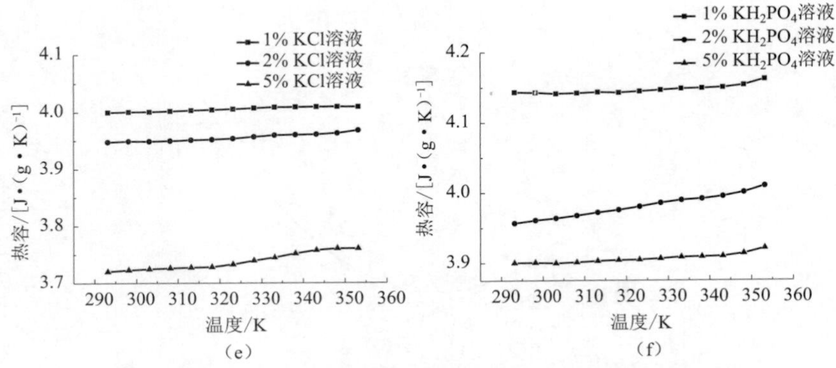

图3.13 不同钾盐添加剂溶液热容值与温度的关系（续）

(e) KCl溶液；(f) KH_2PO_4溶液

表3.7 不同钾盐溶液热容与温度关系拟合系数

灭火剂	纯水	$K_2C_2O_4$ 溶液			CH_3COOK 溶液			K_2CO_3 溶液		
拟合参数		1%	2%	5%	1%	2%	5%	1%	2%	5%
A	93.41	64.14	42.38	25.03	57.47	60.41	57.1	49.53	46.36	42.54
B	−0.105	0.052	0.16	0.275	0.075	0.052	0.063	0.12	0.115	0.125
$C/(\times 10^{-4})$	1.69	−0.559	−2.27	−4.001	−1.112	−0.73	−0.893	−1.71	−1.68	−1.82
R^2	0.954 9	0.993 7	0.983 9	0.919 1	0.953 6	0.958 2	0.954 1	0.998 3	0.985 3	0.990 8
灭火剂	纯水	KCl 溶液			KH_2PO_4 溶液			KNO_3 溶液		
拟合参数		1%	2%	5%	1%	2%	5%	1%	2%	5%
A	93.41	77.01	77.04	81.45	89.34	73.18	83.00	71.81	58.52	48.33
B	−0.105	−0.032	−0.035	−0.086	−0.092	−0.017	−0.064	0.02	0.073	0.104
$C/(\times 10^{-4})$	1.69	0.575	0.634	1.54	1.49	0.498	1.08	−0.285	−0.109	−1.501
R^2	0.954 9	0.995 6	0.976 0	0.966 9	0.934 1	0.991 9	0.939 8	0.986 0	0.914 6	0.998 2

由图3.13可知，虽然不同溶液热容值随温度的升高而增大，但增加的幅度较小，质量分数对纯水热容值的影响较为明显。另外，由表3.7可知，纯水及不同浓度溶液的热容与温度的相关性（R^2）较好，这是由于纯水的热容随温度的变化很小，当溶液浓度小于5%时，溶液中的主要成分是水，因此拟合的相关性与纯水相比差别不大。

钾盐添加剂对纯水热容的影响主要体现在对纯水蒸发速率的影响，钾盐添加剂的存在会影响纯水内部热量的传递，使其蒸发速率减慢，增加了纯水液滴的寿命。King在低于触发沸腾的温度下观察了盐溶液液滴在不锈钢板上的蒸发情况，结果表明，溶解的盐降低了纯水的饱和蒸气压，因此降低了液滴的蒸发速率。Cui的计算表明，在纯水中加入可溶性的无机盐会降低纯水的饱和蒸气压，并且在溶质质量分数相对较低的溶液中，饱和蒸气压降低的幅度是相当小的。但是，随着液滴的不断蒸发，溶液体积减小，导致钾盐添加剂在溶液中的浓度增加，液体的饱和蒸气压会出现明显的下降，导致液滴寿命出现相对明显的提高，通过减缓纯水的蒸发速率而影响了纯水的吸热能力。另外，钾盐添加剂在水中的扩散速率对液滴蒸发也具有一定的影响。对于每一个溶液液滴，随着液滴中水的蒸发，液滴表面处的溶液浓度增加，形成浓度梯度，不同钾盐添加剂从高浓度区域扩散到低浓度区域的速率越慢，则对液滴蒸发的影响就越明显，导致不同溶液的吸热能力不同，反映在数值上，就是热容值的不同。

3.2.3　含钾盐添加剂细水雾化学灭火作用的量化

由表2.2可知，应用Cup-burner系统测得的N_2、CO_2和H_2O的最小灭火浓度值分别为30.6%（体积分数）、21.3%（体积分数）和12.11%（质量分数），这里取最小灭火浓度值的下限是因为此时对应着全部灭火的情况，是较为安全的灭火剂量。将MEC值作为n_{EI}代入式（3.7）和表3.9，计算得到不同物理灭火剂吸收CH_4/空气携流扩散火焰能量的多少，见表3.8（其中Air表示CH_4正常燃烧时所需的空气量）。

表3.8　不同物理灭火剂吸收火焰能量

灭火剂	混合物的热容①（c_p）	混合物的焓变②（$\Delta H'$）
N_2	47	58
CO_2	44	58
H_2O	53	93
Air	33	38

① 由式（3.7）计算得到，1 mol O_2条件下的数值为4.186 J·K^{-1}·mol^{-1}；
② 由式（3.9）计算得到，1 mol O_2条件下的数值为4 186 J·K^{-1} ·mol^{-1}。

由表3.8可知，所选用的3种纯物理作用的灭火剂中，纯水的吸热作用较为明显。当溶液的浓度较低（≤ 5%）时，溶液的主体部分是水。因此，若将表3.8中纯水的$\Delta H'$值作为式（3.9）中的$\Delta H'$，并假设不同类型和质量分数的钾盐溶液抑制熄灭火焰为纯物理作用，由此得到的n_{EI}为溶液作为纯物理灭火剂时的最小灭火浓度，则实际实验测得的最小灭火浓度n_{EI}（实验）与n_{EI}的比x^{sp}为该钾盐溶液灭火剂发挥物理作用灭火所占的比例：

$$x^{sp}=\frac{n_{EI}(\text{实验})}{n_{EI}} \tag{3.11}$$

设钾盐溶液灭火剂发挥化学作用灭火的比例为x^{sc}，则火焰熄灭时灭火剂用量的临界条件为：

$$x^{sp}+x^{sc}=1 \tag{3.12}$$

由式（3.11）及式（3.12）即可量化不同钾盐溶液灭火剂化学灭火作用的贡献大小。但是，式（3.1）~式（3.12）的推导过程中，无论是燃料、空气还是灭火剂的量，都是以mol作为单位的气态物质，而不同类型及质量分数的钾盐添加剂细水雾是凝聚相的液态物质，式（3.12）的适用性存在一定的疑问。

Fleming计算得到的细水雾粒径与蒸发时间的关系如图3.14所示。

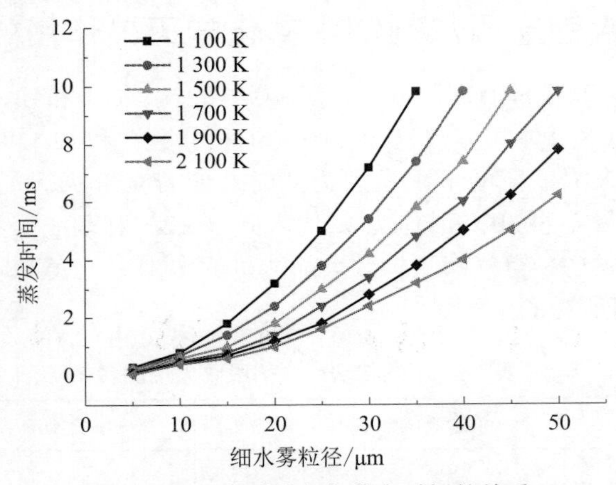

图3.14 细水雾粒径与蒸发时间的关系

由图3.14可知，当细水雾的粒径小于10 μm时，在1 100~2 100 K温度范围内的细水雾液滴蒸发时间都小于1 ms，说明本实验条件下的细水雾及含钾盐添加剂细水雾在火焰温度下可以忽略水的蒸发过程，瞬间变为水蒸气的状态。另外，Mitani的研究表明，假设溶液中的添加剂粉体颗粒可以近似为圆形，则粉体颗粒大小可以通过溶液的质量分数w进行估算：$D_{粉}=w^{2/3}D_{溶液}$。对于本实验中$D_{90}\approx 7$ μm的液滴来说，钾盐添加剂质量分数在1%~5%范围内的溶液，当水全部蒸发后得到的粉体颗粒粒径大小为0.32~0.96 μm，达到图1.2中“烟”的量级，说明含钾盐添加剂细水雾无论是溶液液滴还是粉体颗粒，都可以近似为气态物质，并应用式（3.1）~式（3.12）进行化学灭火作用的量化。

将表3.4中实验测得的不同类型及质量分数的钾盐溶液最小灭火质量浓

度转化为体积浓度，并由式（3.11）~式（3.12）计算纯水及溶液灭火的物理化学作用比例，结果见表3.9。

由表3.9可知，纯水的$x^{sc}<0$，一个可能的原因是理论计算值与实验值的差异。另外，在实际过程中灭火所需的纯水量大于理论计算值，说明纯水在灭火过程中发挥了一定的助燃作用。Richard的研究表明，当水蒸气进入燃烧区域时，会出现一个生成OH的主要反应：$H_2O + H \rightarrow H_2 + OH$，生成的$H_2$和OH对燃料的燃烧有一定的促进作用。

表3.9　不同钾盐溶液灭火剂物理化学灭火作用比例

灭火剂	n_{EI}（实验）/mol	n_{EI}/mol	抑制作用比例	
			物理作用x^{sp}	化学作用x^{sc}
H_2O	18.15	13.05	1.390	−0.390
1% $K_2C_2O_4$溶液	12.74	40.37	0.316	0.684
2% $K_2C_2O_4$溶液	12.04	46.93	0.257	0.743
5% $K_2C_2O_4$溶液	6.78	22.42	0.302	0.698
1% CH_3COOK溶液	13.43	74.68	0.180	0.820
2% CH_3COOK溶液	9.26	50.05	0.185	0.815
5% CH_3COOK溶液	7.58	61.12	0.124	0.876
1% K_2CO_3溶液	11.55	71.75	0.161	0.839
2% K_2CO_3溶液	9.75	68.18	0.143	0.857
5% K_2CO_3溶液	6.42	56.75	0.113	0.887
1% KNO_3溶液	16.20	38.02	0.426	0.574
2% KNO_3溶液	12.59	24.33	0.517	0.483
5% KNO_3溶液	7.59	80.20	0.095	0.905
1% KCl溶液	14.14	26.00	0.544	0.456
2% KCl溶液	12.05	25.45	0.473	0.527
5% KCl溶液	10.40	18.96	0.549	0.451
1% KH_2PO_4溶液	13.88	19.23	0.722	0.278
2% KH_2PO_4溶液	15.13	27.23	0.591	0.409
5% KH_2PO_4溶液	15.49	21.66	0.715	0.285

另外，由表3.9可以看出，6种钾盐溶液中，$K_2C_2O_4$溶液、CH_3COOK溶液、K_2CO_3溶液和KNO_3溶液的化学作用灭火比例，除2% KNO_3溶液外，全部大于50%，而2%的KNO_3溶液也具有48.3%的化学作用灭火比例，没有达到

50%有很大的原因是计算误差，说明这4种溶液具有较强的化学灭火效能。虽然2%的KCl溶液的化学灭火比例也达到52.7%，但总体表现不如上述4种钾盐。而KH_2PO_4溶液的化学灭火作用最弱，质量分数为1%~5%区间内的化学作用灭火比例不足50%。

为进一步验证模型的准确性，用质量分数分别为1%、2%和5%的磷酸二氢铵（$NH_4H_2PO_4$）溶液作为对比。$NH_4H_2PO_4$溶液的热容值随温度的变化与纯水的形状类似，水中加入$NH_4H_2PO_4$会降低纯水的热容，并且溶液的热容值随着质量分数的增加而减小，只不过降低的幅度不如钾盐添加剂。不同质量分数的$NH_4H_2PO_4$溶液热容值与温度关系拟合系数由表3.10所示。

表3.10　$NH_4H_2PO_4$溶液热容值与温度的关系拟合系数

灭火剂	$NH_4H_2PO_4$ 溶液		
拟合参数	1%	2%	5%
A	95.05	76.98	101.11
B	−0.13	−0.018	−0.164
$C/(\times 10^{-4})$	2.16	0.386	2.67
R^2	0.978 7	0.985 1	0.987 6

通过Cup-burner实验测得不同质量分数的$NH_4H_2PO_4$溶液最小灭火浓度并转化为体积浓度，并由式（3.11）和式（3.12）计算$NH_4H_2PO_4$溶液灭火剂的物理化学灭火作用比例，结果见表3.11。

表3.11　$NH_4H_2PO_4$溶液灭火剂物理化学灭火作用比例

灭火剂	MEC上限/%	MEC下限/%	n_{EI}（实验）/mol	n_{EI}/mol	抑制作用比例	
					物理作用	化学作用
1% $NH_4H_2PO_4$	10.04	10.88	16.32	16.00	1.02	−0.02
2% $NH_4H_2PO_4$	11.35	10.81	16.86	27.23	0.619	0.381
5% $NH_4H_2PO_4$	13.72	13.62	19.71	14.35	1.37	−0.37

由表3.11的计算结果可知，添加$NH_4H_2PO_4$的细水雾的化学灭火作用远不如钾盐添加剂细水雾，与实验中观察到的现象一致，并且随着$NH_4H_2PO_4$浓度的不同，表现出或促进或抑制细水雾灭火效能的现象，与Joseph研究的结论一致。在扩散火焰外部具有较高的氧气浓度的区域，$NH_4H_2PO_4$分解产生的NH_3可以通过化学反应将氧原子转化为H或OH，导致燃烧强化。另外，作为成熟的灭火剂，在实际应用过程中正确的做法是将$NH_4H_2PO_4$对准火焰

根部进行喷射，说明火焰根部是H和OH浓度较高的区域，NH_3又可以消去H或OH，起到灭火的作用。计算结果中，1%和5%的$NH_4H_2PO_4$细水雾化学灭火作用比例$x^{sc}<0$较好地验证了$NH_4H_2PO_4$添加剂这一特性，说明由模型计算出的结果与实验结果及其他研究人员得到的结论相一致，说明模型具有较好的预测性。

结合表3.9和表3.11不难看出，KH_2PO_4和$NH_4H_2PO_4$溶液的灭火效率都不高，并且对纯水的灭火效率都表现出或提高或降低的特性。这两种盐的共性是都含有$H_2PO_4^-$，这说明KH_2PO_4溶液的灭火效能高于$NH_4H_2PO_4$溶液的是由于K^+的灭火效能强于NH_4^+，同时也说明钾盐添加剂的阴离子对灭火效能存在一定的影响。

然而，由于模型是基于一定的假设，在相对理想的条件下推导出来，并且计算过程也是根据溶液热容值拟合出的曲线参数进行的，具有一定的误差；另外，含钾盐添加剂细水雾灭火过程是一个复杂的物理化学反应，化学灭火作用的发挥受到多种因素的影响。因此，不能单纯地比较某种钾盐溶液在质量分数分别为1%、2%和5%时化学灭火作用的相对大小，在数值上也反映不出这种大小关系，需进行进一步的分析。虽然模型需要进一步的细化，但在评价不同钾盐添加剂细水雾化学灭火有效性方面具有理论意义和工程应用价值。

3.3 小　结

本章在分析钾盐添加剂对纯水细水雾的粒径和雾化效果的影响基础上，应用Cup-burner装置测试了6种含钾盐细水雾抑制熄灭甲烷空气携流扩散火焰最小灭火浓度的上限和下限。依据火焰中能量平衡原理建立了能够描述不同类型灭火剂灭火过程的一般表达式，并在一定的假设条件基础上进行简化，在已测得该灭火剂最小灭火浓度的情况下，得到了能够量化含钾盐添加剂细水雾化学灭火效能的模型。模型中的关键参数热容则通过DSC 200 F3进行实验得到。由模型量化的不同钾盐添加剂化学灭火效能与实验结果基本一致。最后，选用非金属盐$NH_4H_2PO_4$对该量化模型的可靠性进行了论证。

本章主要得到了以下结论：

（1）在纯水细水雾中加入钾盐添加剂基本不会对超声雾化细水雾的粒径大小产生影响，但对纯水的雾化效果影响较大，这种影响主要是不同类型的钾盐添加剂对纯水表面张力造成不同的影响导致的。

（2）本实验所选的6种钾盐添加剂$K_2C_2O_4$、CH_3COOK、K_2CO_3、KNO_3、KCl和KH_2PO_4细水雾的灭火效能都高于纯水，说明含钾盐添加剂细水雾都具有化学灭火作用。最小灭火浓度的不同是由于不同类型的钾盐添加剂发挥化学灭火效能的能力不同。

（3）在火焰中可以忽略化学类添加剂与火焰自由基相互反应的具体动力学步骤，依据能量守恒原理建立火焰热平衡式，得到了描述灭火剂与火焰相互作用的一般式。并根据一定的假设条件进行简化，得到了能够量化不同种类钾盐添加剂化学灭火作用效能的模型。

（4）在纯水中加入钾盐添加剂会降低纯水的热容，并且热容值随着添加剂浓度的增加而降低，不同类型的钾盐添加剂对纯水热容降低的能力不同，不同类型和浓度溶液的热容值随温度的升高而变大。

（5）模型计算的不同钾盐添加剂化学灭火作用的排序为 $K_2C_2O_4 \approx CH_3COOK \approx K_2CO_3 \approx KNO_3 > KCl > KH_2PO_4$，与Cup-burner实验得到的钾盐添加剂对纯水灭火效率提高的排序相一致，并且灭火效能较好的 $K_2C_2O_4$、CH_3COOK、K_2CO_3 和 KNO_3 这4种添加剂的化学灭火作用比例均大于50%。

（6）引入非金属盐 $NH_4H_2PO_4$ 对模型的可靠性进行验证，发现计算结果与Cup-burner实验结果及其他研究人员的研究结论相吻合。KH_2PO_4 与 $NH_4H_2PO_4$ 对纯水灭火效能的提升作用有限的原因是受 $H_2PO_4^-$ 的影响，说明阴离子对钾盐添加剂的化学灭火效能存在一定的影响。

第4章

含钾盐添加剂细水雾抑制熄灭Cup-burner火焰机理的热力学分析

第3章的研究表明，含钾盐添加剂中阴离子种类的不同直接导致了不同钾盐添加剂细水雾化学灭火效能的不同，说明不同的钾盐结构决定了能够产生灭火活性物质的量的多少。对于含同种碱金属阳离子不同阴离子的细水雾的研究，Rosser建立了含$NaHCO_3$和Na_2CO_3细水雾的加热程度和分解程度式，得到这两种添加剂化学效能发挥程度与温度的关系，并开展了碱金属盐挥发性实验来解释一部分盐的化学灭火效能，但方程的建立是基于预混火焰条件的，并且挥发性实验也仅适用于在加热过程中不发生分解的碱金属盐，对于更加接近真实火焰的Cup-burner火焰和加热过程中发生热分解的添加剂来说有一定的局限性。上述研究虽然肯定了碱金属盐的化学灭火作用，但对于灭火机理的研究较少。对于灭火机理的研究，早期的有Firedman通过对撞扩散火焰实验研究了钾蒸气的灭火效能，结合平衡产物计算和可能的反应路径，论证了钾盐的灭火活性物质为KOH。然后，Machale通过更新的数据库重新应用化学平衡计算，进一步说明了钾盐在灭火过程中的活性物质为气态KOH。上述两项研究虽然从理论上说明了钾盐的灭火活性物质可能为KOH，但并没有通过实验的方法验证这一理论的正确性。Huttinger通过吉布斯自由能计算表明，在水蒸气存在的情况下，K_2CO_3及KNO_3在高温条件下更易反应生成KOH，但该结论并未应用于对灭火机理的研究。

本章通过TGA-DSC方法对$K_2C_2O_4$、CH_3COOK、K_2CO_3、KNO_3、KCl和KH_2PO_4的热行为进行分析，推断可能的热分解过程，将含$K_2C_2O_4$、CH_3COOK、K_2CO_3、KNO_3、KCl和KH_2PO_4添加剂细水雾在火焰温度下的热解产物进行XRD及SEM表征，以实验的手段明确钾盐添加剂中能够发挥化学灭火作用的共性物质并通过HSC CHEMISTRY 6.0从理论上对含钾盐添加剂细水雾在一定温度下的热解产物进行计算，验证实验结果的可靠性，讨论水蒸气对钾盐添加剂活性的影响。

4.1 含钾盐添加剂的热行为

4.1.1 TGA-DSC实验方法

化学灭火物质的热分析是测量化学灭火物质的特性参数对温度的依赖关系。热分析不仅可以提供物质热力学参数，还可以提供物质的化学反应动力学参数。目前研究物质热稳定性最常用的方法有DSC、TGA和DTA。化学灭火物质只有在火场温度下发生热分解，产生灭火活性物质，与火焰自由基发生反应，才能发挥其化学灭火作用。利用热分析的方法研究化学灭火物质的分解机理和可能产生的灭火活性物质的研究一直是国内外学者普遍采用的方法。

本节采用瑞士METTELER公司的TGA-DSC同步测定仪对选定的6种钾盐添加剂在空气氛围下进行了热重和差热分析。实验开始前调整试样，保证任意一组实验过程中试样在坩埚内的装填量、装填方式和试样的粒度相对统一，尽量减小上述3个因素对实验结果的影响。参比物为α-Al_2O_3，空气通入速度为50.0 mL · min^{-1}，测试温度范围为室温至800 ℃。仪器实物如图4.1所示。

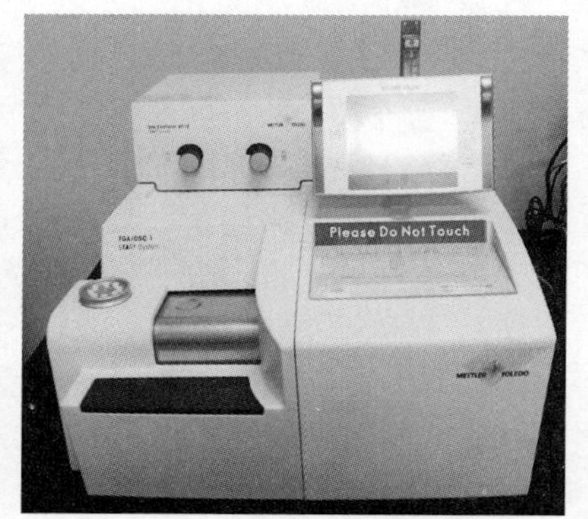

图4.1 TGA-DSC同步测定仪

4.1.2 含钾盐添加剂的热分析实验

1. $K_2C_2O_4$的热分析实验

在升温速率为10 ℃ · min^{-1}实验条件下，$K_2C_2O_4$的TGA-DSC实验结果如图4.2所示。

从图4.2中可以看出，DSC曲线上共有两个吸热峰和一个放热峰。对应的TGA曲线中有两个失重平台。第一个吸热峰出现在84.13~110.32 ℃，峰值温度为102.16 ℃，吸热峰面积（即分解热焓）为228.17 J · g^{-1}，根据TGA曲线出现的平台及失重百分率10.68%可推断实验用$K_2C_2O_4$含有一个结晶水。第二个吸热峰出现在374.25~411.34 ℃，峰顶温度为390.37 ℃，TGA曲线表明该过程没有发生失重，X-4显微熔点仪测试结果显示此温度不是熔点温度，推测可能是$K_2C_2O_4$发生晶型转变而产生的吸热峰。放热峰出现在510.92~613.34 ℃，峰值温度为592.54 ℃，TGA曲线表明在该区间内$K_2C_2O_4$

发生热分解，反应放出大量的热，热焓为446.90 J · g^{-1}。根据以上推断，$K_2C_2O_4$的热分解过程及相关数据见表4.1。

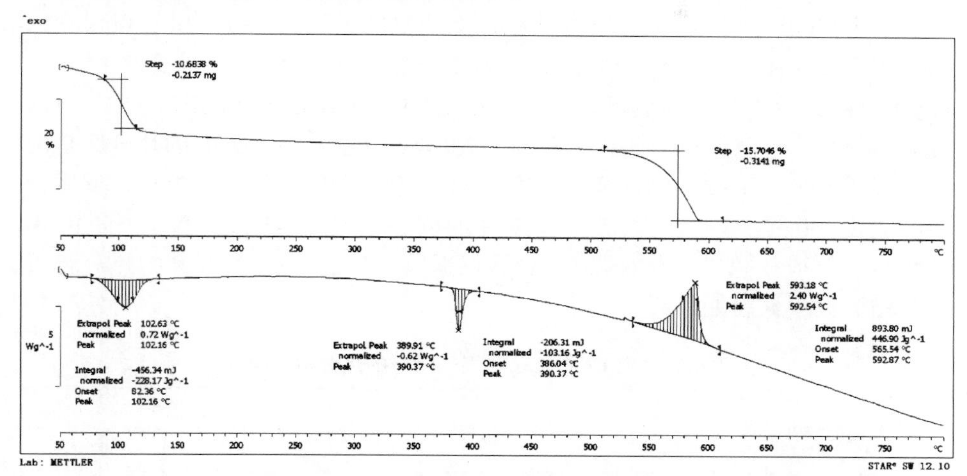

图4.2　$K_2C_2O_4$的TGA-DSC分析曲线

表4.1　$K_2C_2O_4$在空气气氛下的热分解数据

温度范围/℃	热分解过程	失重率/%	
		理论	实际
84.13~110.32	$K_2C_2O_4 \cdot H_2O \rightarrow K_2C_2O_4 + H_2O$	9.783	10.68
510.92~613.34	$K_2C_2O_4 \rightarrow K_2CO_3 + CO$	16.87	15.70

2. CH_3COOK的热分析实验

在升温速率为10 ℃ · min^{-1}实验条件下，CH_3COOK的TGA-DSC实验结果如图4.3所示。

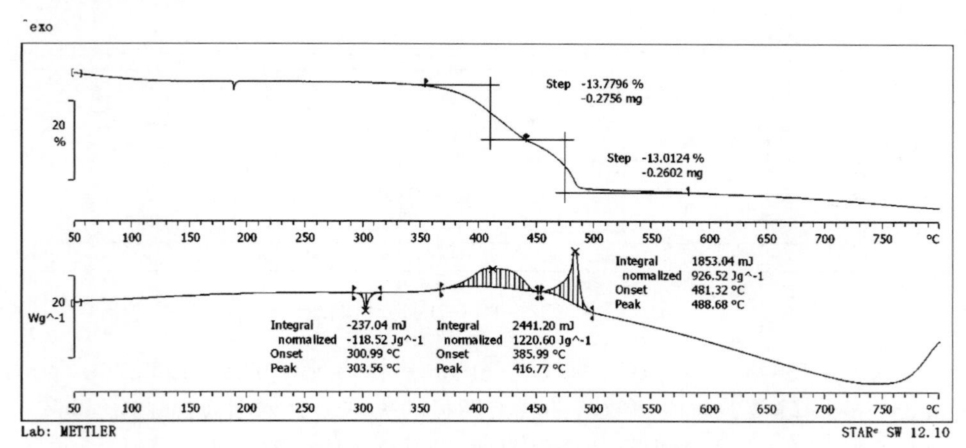

图4.3　CH_3COOK的TGA-DSC分析曲线

从图4.3中可以看出，CH_3COOK的TGA曲线中有一个明显的失重平台，DSC曲线上有一个吸热峰和两个放热峰。吸热峰出现在285.16~316.74 ℃，峰顶温度为303.56 ℃，对应的TGA曲线没有明显的失重，X-4显微熔点仪测试结果显示此温度为CH_3COOK的熔点温度，吸热峰面积（即熔融热焓）为128.43 J · g^{-1}。从TGA曲线可以看出，在313.07~606.85 ℃区间内，CH_3COOK发生热分解，对应的DSC曲线上有两个放热峰，说明CH_3COOK的热分解是两步完成的。第一个放热峰的峰顶温度为416.77 ℃，失重率为13.78%，反应放热焓为1 220.60 J · g^{-1}；第二个放热峰的峰顶温度为488.68 ℃，失重率为13.01%，反应放热焓为926.52 J · g^{-1}。根据以上推断，CH_3COOK的热分解过程及相关数据见表4.2。

表4.2　CH_3COOK在空气气氛下的热分解数据

温度范围/℃	热分解过程	失重率/%	
		理论	实际
313.07~606.85	$2CH_3COOK \rightarrow K_2C_2O_4 + C_2H_6$	15.31	13.78
	$K_2C_2O_4 \rightarrow K_2CO_3 + CO$	16.87	13.01

3. K_2CO_3的热分析实验

在升温速率为10 ℃ · min^{-1}实验条件下，K_2CO_3的TGA-DSC实验结果如图4.4所示。

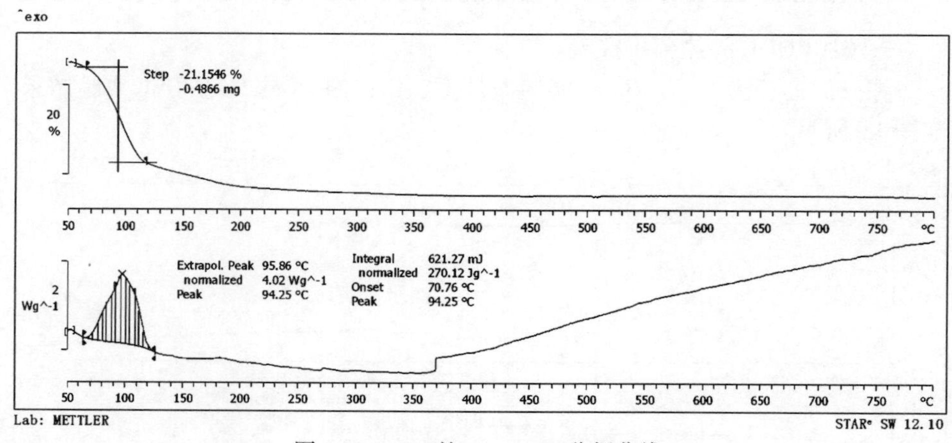

图4.4　K_2CO_3的TGA-DSC分析曲线

从图4.4可以看出，DSC曲线唯一的放热峰出现在62.54~125.27 ℃，在94.25 ℃取得峰值，对应的TGA曲线有明显的失重，失重率为21.15%，可以推断实验用K_2CO_3可能含有两个结晶水，并发生热分解，生成无水K_2CO_3，分解热焓为270.12 J · g^{-1}。由TGA曲线可以看出，无水K_2CO_3在25~800 ℃的温度区间内非常稳定，几乎没有失重，直到901 ℃达到其熔点，并在沸点温度下分解生成K_2O。根据以上推断，K_2CO_3的热分解过程及相关数据见表4.3。

表4.3　K_2CO_3在空气气氛下的热分解数据

温度范围/℃	热分解过程	失重率/%	
		理论	实际
62.54~125.27	$K_2CO_3 \cdot 2H_2O \rightarrow K_2CO_3 + 2H_2O$	20.69	21.15

4. KNO_3的热分析实验

在升温速率为10 ℃ · min^{-1}实验条件下，KNO_3的TGA-DSC实验结果如图4.5所示。

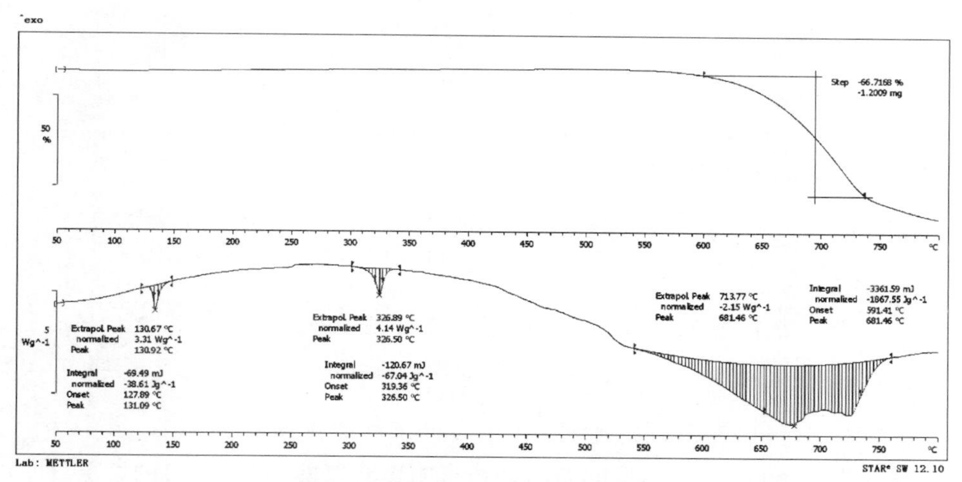

图4.5　KNO_3的TGA-DSC分析曲线

从图4.5可以看出，KNO_3的TGA曲线中有一个明显的失重平台，DSC曲线上有3个明显的吸热峰。第一个吸热峰出现在128.47~150.16 ℃，峰顶温度为130.92 ℃，对应的TGA曲线没有明显的失重，X-4显微熔点仪测试结果显示此温度不是KNO_3的熔点温度，所以是KNO_3的晶型变化所产生的吸热峰，吸热焓为38.61 J · g^{-1}。第二个吸热峰出现在300.14~342.16 ℃，峰顶温度为326.5 ℃，对应的TGA曲线没有明显的失重，X-4显微熔点仪测试结果显示此温度为KNO_3的熔点温度，熔融热焓为67.04 J · g^{-1}。从TGA曲线可以看出，在602.44~740.82 ℃区间内，KNO_3发生热分解，对应的DSC曲线上有一个吸热峰，峰顶温度为681.46 ℃，失重率为66.72%，反应吸收大量的热，热焓为1 867.55 J · g^{-1}。根据以上推断，KNO_3的热分解过程及相关数据见表4.4。

表4.4 KNO_3在空气气氛下的热分解数据

温度范围/℃	热分解过程	失重率/%	
		理论	实际
602.44~740.82	$2KNO_3 \rightarrow 2KNO_2 + O_2$ $4KNO_2 \rightarrow 2K_2O + 2N_2 + 3O_2$	60.54	66.72

5. KCl的热分析实验

在升温速率为10 ℃·min^{-1}实验条件下，KCl的TGA-DSC实验结果如图4.6所示。

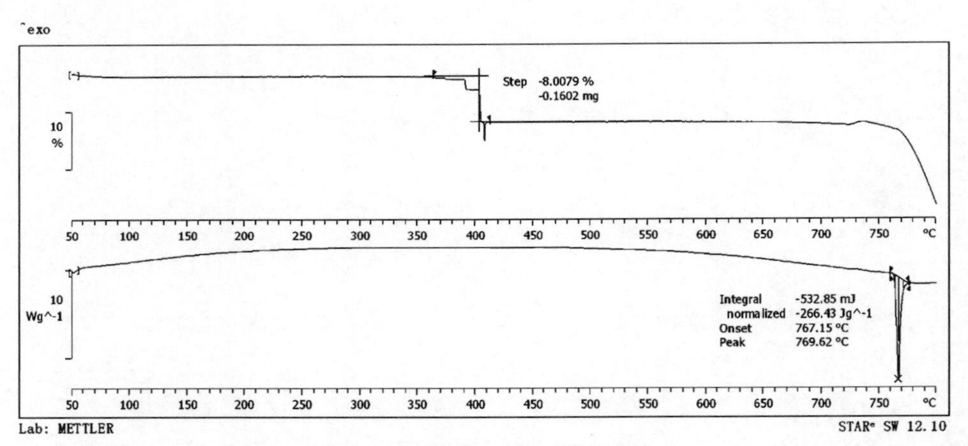

图4.6 KCl的TGA-DSC分析曲线

从图4.6可以看出，DSC曲线上唯一的吸热峰出现在758.61~779.18 ℃，峰顶温度为769.62 ℃，对应的TGA曲线有明显的失重。由于KCl的熔点温度为771 ℃，可以推断该吸热峰为熔点峰，熔融热焓为266.43 J·g^{-1}。由TGA曲线可以看出，KCl在温度达到熔点温度之前非常稳定，几乎没有失重，达到熔点温度后，由于KCl具有较高的饱和蒸气压，一部分挥发成气体的KCl在吹扫气的带动下吹离坩埚，导致失重现象的发生。值得注意的是，在400 ℃左右，TGA曲线出现了一个明显的失重平台，失重率为8.01%，但对应的DSC曲线上没有变化，推测可能的原因是KCl的密度较小，装试样的坩埚在实验过程中没有加盖坩埚盖，导致部分试样被吹扫气体吹走所引起的失重。

6. KH_2PO_4的热分析实验

在升温速率为10 ℃·min^{-1}实验条件下，KH_2PO_4的TGA-DSC实验结果如图4.7所示。

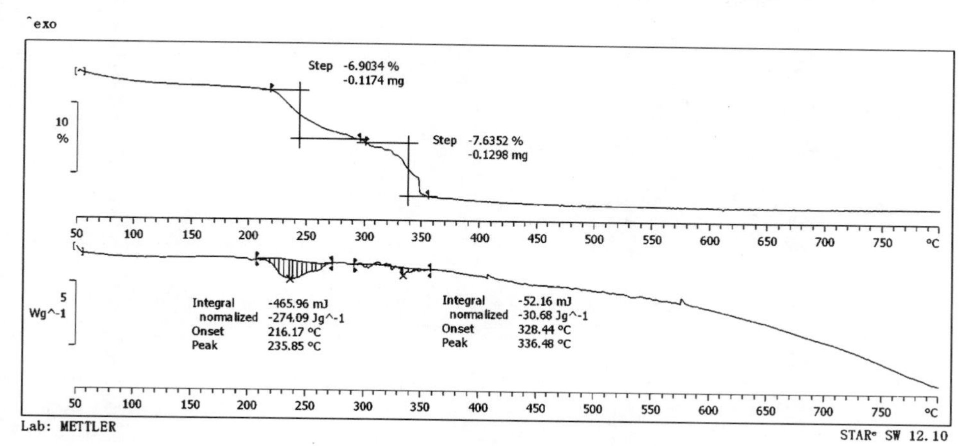

图4.7　KH_2PO_4的TGA-DSC分析曲线

从图4.7可以看出，TGA曲线中有两个失重平台，对应的DSC曲线上有两个吸热峰，说明KH_2PO_4的热分解是分两步完成的。第一个吸热峰出现在207.98~271.01 ℃，峰顶温度为235.85 ℃，失重率为6.9%，反应吸热焓为274.09 J · g^{-1}；第二个吸热峰出现在291.76~358.78 ℃，峰顶温度为336.48 ℃，失重率为7.64%，反应吸热焓为30.68 J · g^{-1}。TGA曲线表明，KH_2PO_4的热分解在360 ℃完成，至实验温度800 ℃时，再无质量损失。根据以上推断，KH_2PO_4的热分解过程及相关数据见表4.5。

表4.5　KH_2PO_4在空气气氛下的热分解数据

温度范围/℃	热分解过程	失重率/%	
		理论	实际
207.98~271.01	$2KH_2PO_4 \rightarrow K_2H_2P_2O_7 + H_2O$	6.62	6.9
291.76~358.78	$K_2H_2P_2O_7 \rightarrow 2KPO_3 + H_2O$	7.09	7.64

4.1.3　含钾盐添加剂的热分析动力学

图4.8为$K_2C_2O_4$、CH_3COOK、K_2CO_3、KNO_3、KCl和KH_2PO_4在5 ℃ · min^{-1}、10 ℃ · min^{-1}、15 ℃ · min^{-1}和20 ℃ · min^{-1}升温速率时的差热曲线。

由图4.8可知，随着升温速率的升高，能够发生的分解反应的钾盐热分解峰向高温方向偏移，分解峰顶逐渐尖锐，与Huttinger的研究一致。不同升温速率下钾盐的分解峰值温度不同，利用Kissinger法可以得到不同K盐的分解活化能。Kissinger式为：

$$\ln\left(\frac{\beta}{T_{\mathrm{P}}'^{2}}\right)=\ln\left(\frac{A_{\mathrm{k}}R}{E_{\mathrm{k}}}\right)-\frac{E_{\mathrm{k}}}{R}\frac{1}{T_{\mathrm{P}}'} \tag{4.1}$$

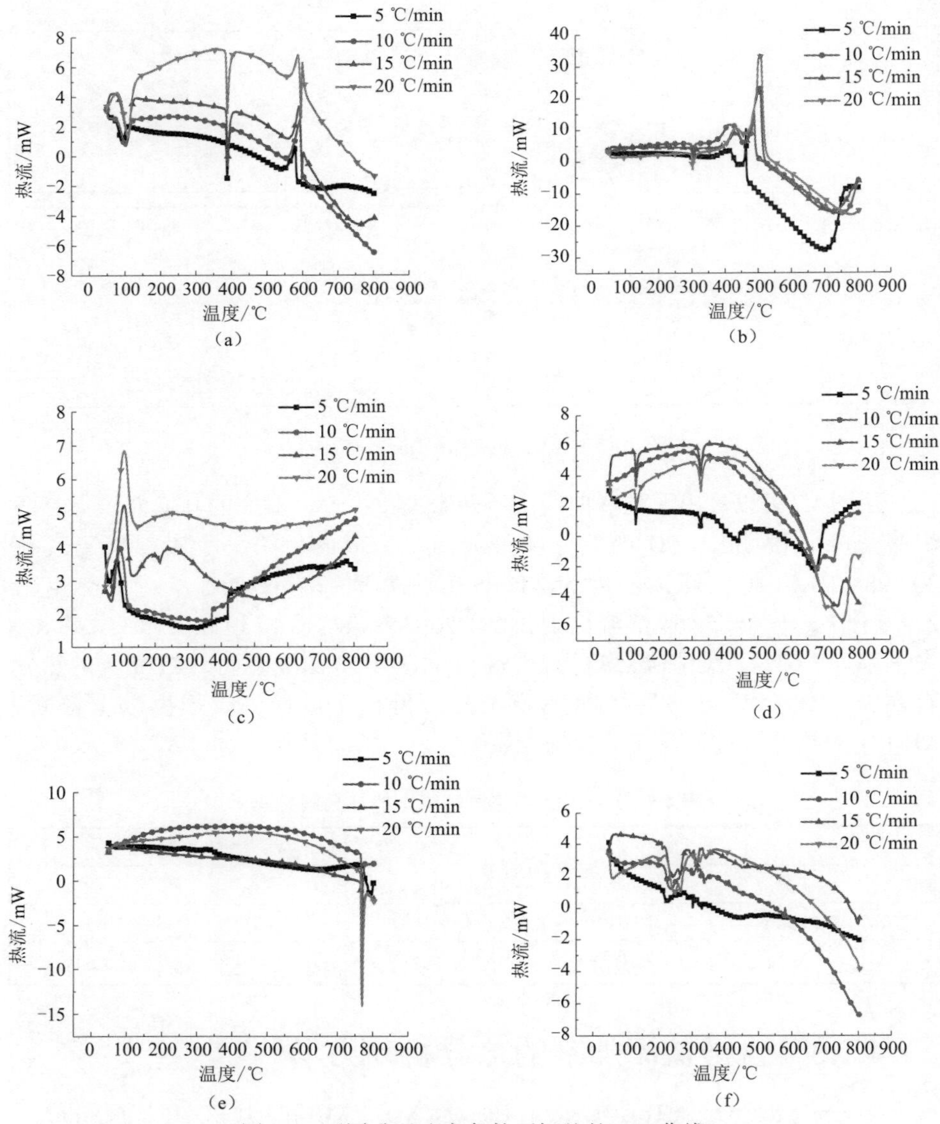

图4.8　不同升温速率条件下钾盐的DSC曲线

(a) $K_2C_2O_4$；(b) CH_3COOK；(c) K_2CO_3；(d) KNO_3；(e) KCl；(f) KH_2PO_4

式中，β为升温速率，℃・min^{-1}；T'_P为峰值温度，K；A_k为指前因子，s^{-1}；E_k为活化能，kJ・mol^{-1}；R为通用气体常数，8.34 J・mol^{-1}・K^{-1}。由$\ln\left(\frac{\beta}{T'^2_P}\right)$对$\frac{1}{T'^2_P}$作图，通过斜率求$E_k$，由截距求$A_k$，得到适当的机理函数。

表4.6为Kissinger法处理5种钾盐添加剂的分解热力学数据。

表4.6　Kissinger法处理5种钾盐添加剂的分解热力学数据

(a) $K_2C_2O_4$

β/(℃·min^{-1})	第一步				第二步			
	T_P/℃	T'_P/K	$1/T'_P$/(×10³)	$\ln(\beta/T'^2_P)$	T_P/℃	T'_P/K	$1/T'_P$/(×10³)	$\ln(\beta/T'^2_P)$
5	93	366	2.732 2	−10.195 8	579.69	852.69	1.172 8	−11.887 4
10	102.16	375.16	2.665 5	−9.552 1	592.54	865.54	1.155 3	−11.224 1
15	107.42	380.42	2.628 7	−9.174 5	594.91	867.91	1.152 1	−10.824 1
20	109.40	382.4	2.615 1	−8.897 2	596.49	869.49	1.150 1	−10.540 1

(b) CH_3COOK

β/(℃·min^{-1})	第一步				第二步			
	T_P/℃	T'_P/K	$1/T'_P$/(×10³)	$\ln(\beta/T'^2_P)$	T_P/℃	T'_P/K	$1/T'_P$/(×10³)	$\ln(\beta/T'^2_P)$
5	415.98	688.98	1.451 4	−11.461	464.65	737.65	1.355 7	−11.597 5
10	416.77	689.77	1.449 8	−10.770 1	488.68	761.68	1.312 9	−10.968 5
15	430.72	703.72	1.421 0	−10.409 8	508.24	781.24	1.280 0	−10.613 7
20	432.51	705.51	1.417 4	−10.117	510.97	783.97	1.275 6	−10.333 0

(c) K_2CO_3

β/(℃·min^{-1})	T_P/℃	T'_P/K	$1/T'_P$/(×10³)	$\ln(\beta/T'^2_P)$
5	85.95	358.95	2.785 9	−10.156 9
10	94.25	367.25	2.722 9	−9.509 5
15	107.29	380.29	2.629 6	−9.173 8
20	107.65	380.65	2.627 1	−8.888 0

(d) KNO_3

β/(℃·min^{-1})	T_P/℃	T'_P/K	$1/T'_P$/(×10³)	$\ln(\beta/T'^2_P)$
5	671.44	944.44	1.058 8	−12.091 7
10	681.46	954.46	1.047 7	−11.419 7
15	740.67	1 013.67	0.986 5	−11.134 6
20	755.68	1 028.68	0.972 1	−10.876 3

(e) KH_2PO_4

β/(℃·min^{-1})	第一步				第二步			
	T_P/℃	T'_P/K	$1/T'_P$/(×10³)	$\ln(\beta/T'^2_P)$	T_P/℃	T'_P/K	$1/T'_P$/(×10³)	$\ln(\beta/T'^2_P)$
5	221.46	494.46	2.022 4	−10.797 5	301.44	574.44	1.740 8	−11.097 4
10	235.85	508.85	1.965 2	−10.161 7	336.48	609.48	1.640 7	−10.522 6
15	240.71	513.71	1.946 6	−9.775 3	344.79	617.79	1.618 7	−10.144 2
20	247.51	520.51	1.921 2	−9.513 9	348.51	621.51	1.609 0	−9.868 6

钾盐添加剂的拟合直线及其热分解热力学数据见表4.7。

表4.7 钾盐添加剂分解热力学数据汇总

钾盐	线性拟合式	R^2	活化能 E_k/（kJ·mol^{-1}）	指前因子 A_k/s^{-1}
$K_2C_2O_4$	y=18.912 88−10.663 07x	0.982 06	88.65	1.74×10^9
	y=51.278 81−53.903 84x	0.874 62	448.16	4.05×10^{26}
CH_3COOK	y=29.506 66−28.013 19x	0.660 78	231.82	1.52×10^{14}
	y=8.095 88−14.527 82x	0.962 07	120.76	0.48×10^5
K_2CO_3	y=8.917 77−6.818 01x	0.894 12	56.67	0.51×10^5
KNO_3	y=−0.364 33−10.839 82x	0.707 98	90.10	7.53
KCl	不分解		—	—
KH_2PO_4	y=15.261 01−12.894 62x	0.981 87	107.18	5.47×10^7
	y=3.432 7−8.377 09x	0.860 28	69.63	259.35

作为热分析动力学中的重要参数，活化能的大小表征该物质的热稳定性，指前因子与化学反应的速率息息相关，只由反应本身决定而与反应温度及系统中的物质浓度无关。由表4.7可以看出，带有结晶水的$K_2C_2O_4$和K_2CO_3失去结晶水的反应活化能不高，说明两种盐的结晶水对温度敏感，很容易脱去。CH_3COOK的第二步热分解反应路径与$K_2C_2O_4$的第二步相同，但活化能低于$K_2C_2O_4$，说明$K_2C_2O_4$作为中间产物比作为原料更容易得到K_2CO_3，但$K_2C_2O_4$的第二步反应具有较大的指前因子，对应着较快的反应速率，弥补了$K_2C_2O_4$活化能数值较大的不足。KNO_3和KH_2PO_4的分解活化能较低，说明这两种钾盐的热稳定性不好，在高温条件下容易发生热分解。另外，由第3章灭火效能的分析可知，KNO_3的化学灭火能力强于KH_2PO_4，说明由KH_2PO_4热分解生成的KPO_3不是很好的灭火活性物质。

由5种钾盐的热分析结果可知，$K_2C_2O_4$、CH_3COOK和KNO_3在火焰温度下可以发生热分解，结合第3章的结论和热分解可能的步骤来看，热解产物K_2CO_3和K_2O可能是灭火过程中的灭火活性物质。但是，K_2CO_3在900 ℃以内仅发生失去结晶水的反应，表现出非常好的稳定性，KCl在达到熔点温度之前也非常稳定，但K_2CO_3和KCl却具有一定的化学灭火效能，一个原因可能是热分析实验是添加剂在无水状态下进行的，而水蒸气的存在能够活化K_2CO_3和KCl，使其生成高效灭火活性物质的反应变得容易发生。因此，需要对含钾盐添加剂细水雾在火焰温度下的热解产物进行分析。

4.2　含钾盐添加剂细水雾加热产物分析

4.2.1　实验方法

含钾盐添加剂细水雾能否在火焰温度下发生分解反应是决定该钾盐添加剂能否生成灭火活性物质的先决条件。根据不同钾盐添加剂的热行为，改进Cup-burner实验系统，对含钾盐添加剂细水雾在不同加热温度下的产物进行表征，实验装置如图4.9所示。

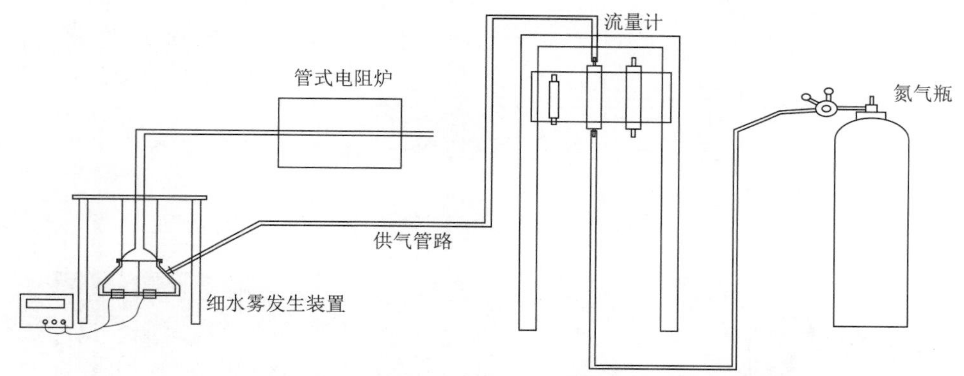

图4.9　含钾盐添加剂细水雾加热产物收集装置示意图

在无火条件下，采用电加热方式模拟火焰温度，收集加热产物。电加热是一种优良的间接加热方式，其优势是结构简单，温度场分布均匀，温度控制精度较高，并且不干扰液滴的反应气氛，不影响加热产物的品质。用于加热的电阻炉为管式电阻炉，如图4.10所示。

用于加热的管式电阻炉为四温区水平式，最高加热温度为1 100 ℃，加热功率为20 kW，温度控制精度±1 ℃，采用REX-C100型智能温控器进行控温，管式电阻炉内置反应管，含钾盐添加剂溶液经超声雾化产生的雾滴直接在反应管内进行反应，反应管采用耐腐蚀耐高温的具有良好传热性并且耐温变的可缓冲软密封刚玉管制作，并且反应管可以径向打开，便于产物的收集。反应管内径为77 mm，长度为300 mm，壁厚为5 mm。实验过程中，控制管式马弗炉的温度，在空气载气驱动下将超声雾化的不同种类和质量浓度的钾盐溶液送入加热管，实验结束后，收集残留在刚玉管内壁的反应产物进行XRD和SEM分析表征。表征测试仪器如图4.11和图4.12所示。

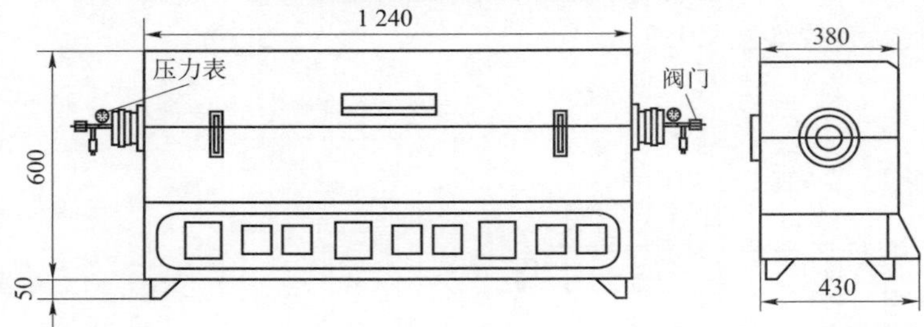

图4.10 管式电阻炉实物及结构图

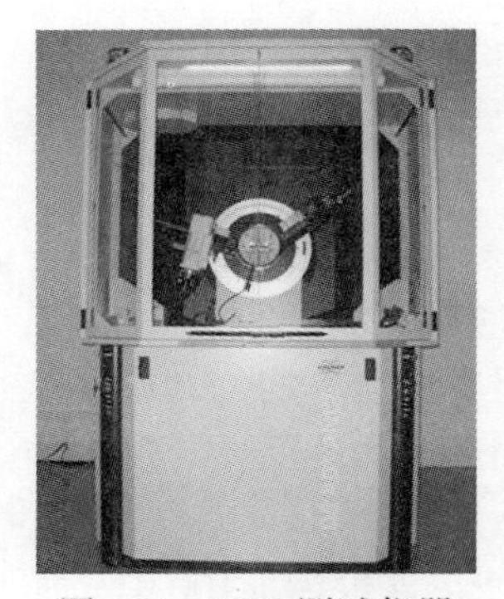

图4.11 XRD测试仪器

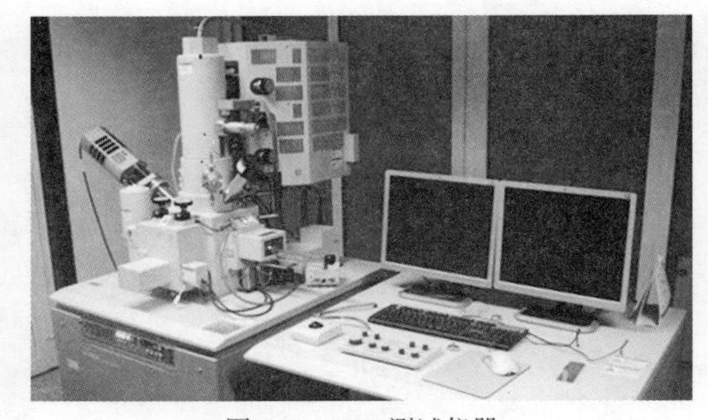

图4.12 SEM测试仪器

本实验在德国Bruker公司的D8-Advance型X射线衍射仪上进行，基本参数为Cu靶K_α射线，$\lambda = 0.154\ 056$ nm，管电压40 kV，管电流300 mA，扫描角度为0°~60°，速度为4°·min^{-1}。

SEM分析主要是利用二次电子信号成像来观察样品的表面形态。本实验应用日立公司生产的S4700型冷场发射扫描电镜来观测加热产物的微观表面结构。实验具体操作步骤为：将双面胶带粘于SEM目标端头，用牙签沾取少量粉末撒向胶带，利用洗耳球吹去多余颗粒，只留表面一层，在样品表面喷金，设定好加速电压，即可在扫描电镜上观察其表面形貌结构，选取合适的放大部位和放大倍数保存扫描电镜图片。

4.2.2　不同温度条件下含钾盐添加剂细水雾加热产物表征

1. $K_2C_2O_4$细水雾热解产物表征

依据热分析实验结果，控制管式炉的温度分别为300 ℃、600 ℃和800 ℃，在空气载气驱动下，将质量浓度为5%的超声雾化$K_2C_2O_4$水雾送入加热管，收集产物进行XRD分析，如图4.13所示。

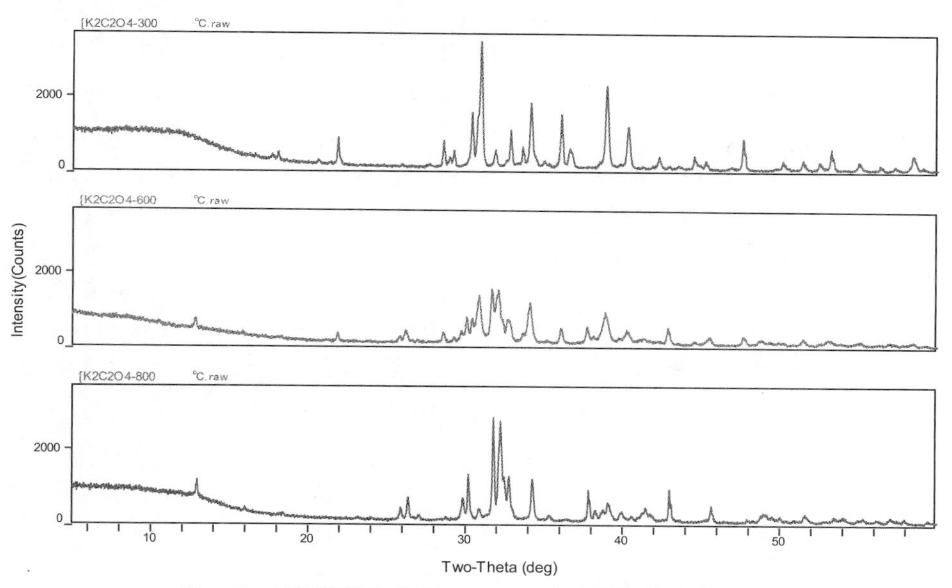

图4.13　不同温度条件下5% $K_2C_2O_4$细水雾加热产物XRD

对照PDF标准卡片可知，经超声雾化的$K_2C_2O_4$溶液在300 ℃条件下所得的颗粒呈现$K_2C_2O_4$的特征衍射峰，无其他杂质相的峰形出现，图谱中主要衍射峰尖锐，说明此温度条件下的$K_2C_2O_4$并未发生分解，水蒸发后的产物为$K_2C_2O_4$，并且结晶度高，晶体结构完整。当温度为600 ℃时，所得的颗粒呈现$K_2C_2O_4$、K_2CO_3和KOH的特征衍射峰，说明产物颗粒可能为K_2CO_3、$K_2C_2O_4$和KOH的混合物。随着温度升高至800 ℃，产物颗粒呈现K_2CO_3和KOH的特征衍射峰，说明产物颗粒中$K_2C_2O_4$完全分解，仅为K_2CO_3和KOH的混合物。对图4.13的XRD图谱分析表明，经超声雾化的$K_2C_2O_4$溶液在高于$K_2C_2O_4$的起始分解温度条件下可以得到K_2CO_3与KOH的混合物。图4.14为产物颗粒的SEM图。

由图4.14可知，$K_2C_2O_4$颗粒形貌的衍变与温度条件存在明显的相关性：300 ℃条件下得到的产物颗粒团聚明显，颗粒大小不一，主要集中在

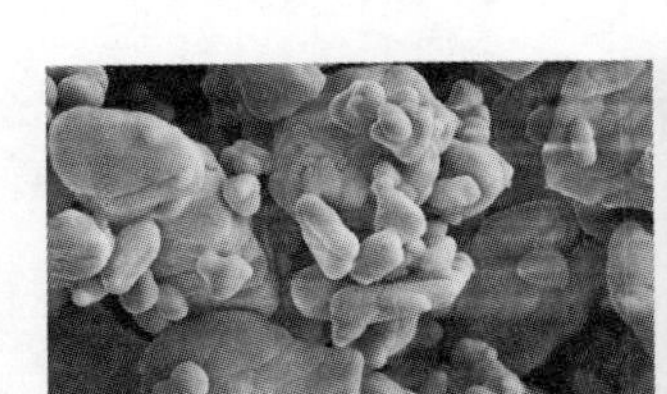

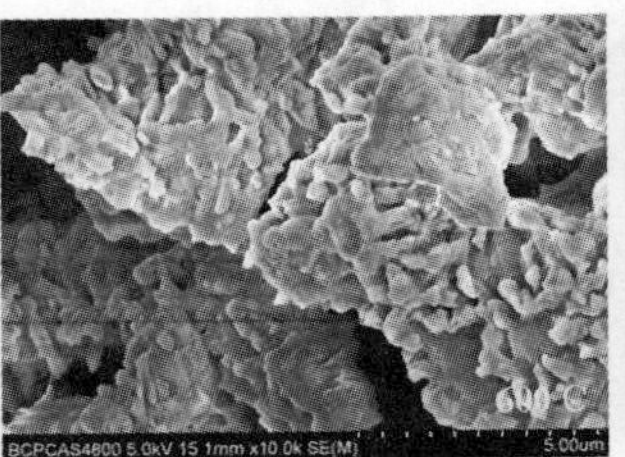

图4.14 不同温度条件下5% $K_2C_2O_4$细水雾加热产物SEM

1~5 μm，在放大倍率为10 000倍时，能清楚地展现出球形形貌。600 ℃条件下的微粒的形貌发生变化，大颗粒的外部聚集着大量的棒状小颗粒，粒径主要集中在1 μm以下，且颗粒的分散较差。几何外观方面，颗粒边角的圆润化程度降低，颗粒间团聚成的层状结构凸显。800 ℃条件下产物微粒的分散性增强，棒状小颗粒逐渐长大，并且各微粒长大程度不一，粒子均匀性变差。几何外观方面，棒状微粒的边角逐渐圆润化，有发展成球形的趋势；放大15 000倍时，可以观察到明显的层状结构。

2. CH_3COOK细水雾热解产物表征

依据热分析实验结果，控制管式炉的温度分别为300 ℃、500 ℃和800 ℃，在空气载气驱动下，将质量浓度为5%的超声雾化CH_3COOK水雾送入加热管，收集产物进行XRD分析，如图4.15所示。

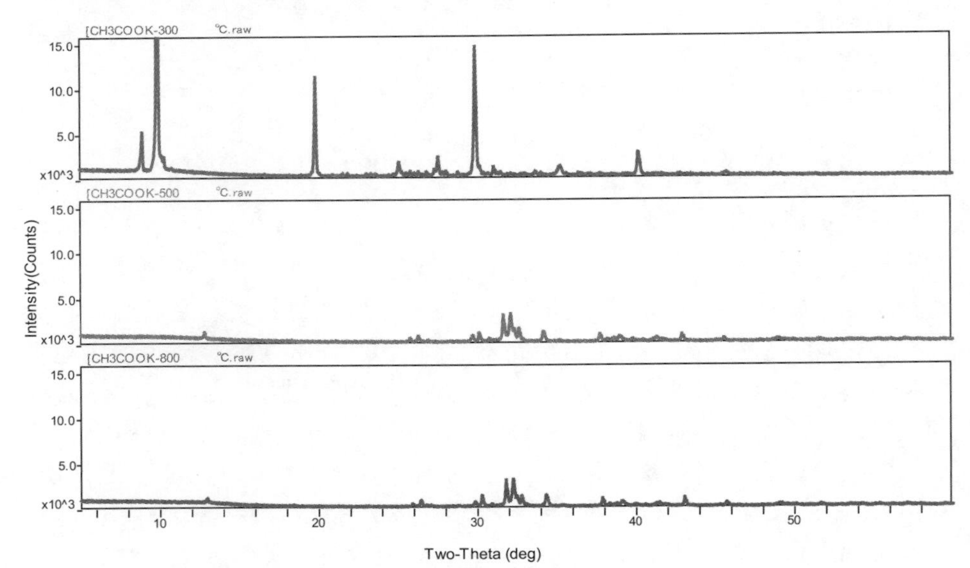

图4.15 不同温度条件下5% CH_3COOK细水雾加热产物XRD

对照PDF标准卡片可知，经超声雾化的CH_3COOK溶液在300 ℃条件下所得的颗粒呈现CH_3COOK的特征衍射峰，产物样品图谱有9个明显衍射峰，无其他杂质相的峰形出现。图谱中主要衍射峰尖锐，说明产物的结晶度高；晶体结构完整，说明在此温度下的CH_3COOK还未发生分解反应。经超声雾化的CH_3COOK溶液在500 ℃条件下所得的颗粒呈现K_2CO_3和KOH的特征衍射峰，说明颗粒可能为K_2CO_3和KOH的混合物。随着温度升高至800 ℃，产物颗粒仍为K_2CO_3和KOH的混合物，且晶型无变化。对图4.15的XRD图谱分析表明，经超声雾化的CH_3COOK溶液在高于起始分解温度条件下可以得到K_2CO_3与KOH的混合物。图4.16为产物颗粒的SEM图。

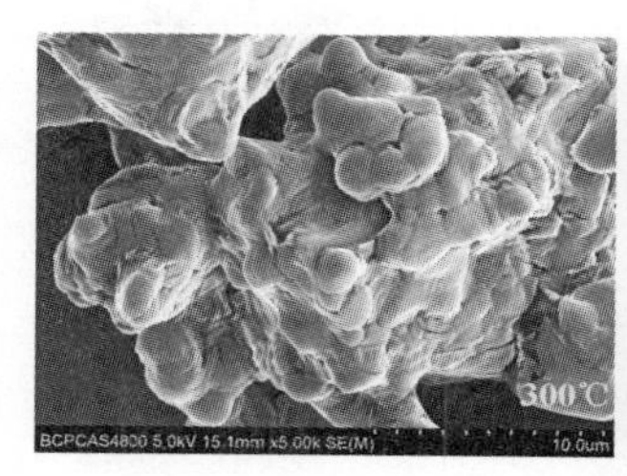

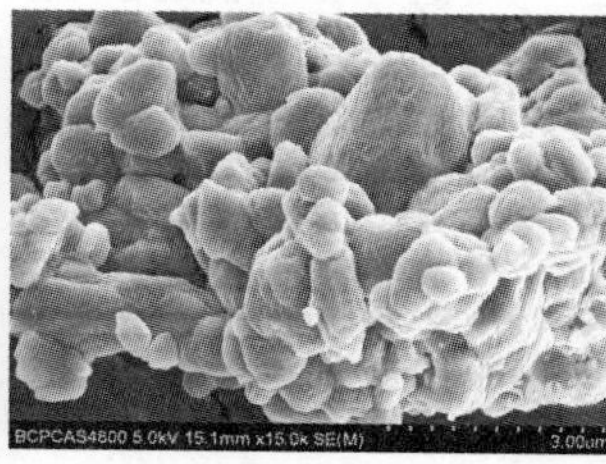

图4.16　不同温度条件下5% CH_3COOK细水雾加热产物SEM

由图4.16可知，CH_3COOK微粒形貌的衍变与温度条件存在明显的相关性：300 ℃条件下得到的颗粒团聚现象严重，在放大倍率为5 000倍时，已能展现出明显的团聚体形貌，并且无法通过SEM照片标定微粒尺寸。500 ℃条件下产物颗粒的团聚现象没有得到改善，但颗粒形貌发生变化，放大15 000倍时可以明显观察到大颗粒表面光滑，周围富集了许多球形小颗粒球形颗粒，颗粒大部分集中在1 μm左右。800 ℃条件下产物微粒的团聚程度有所减小，表现出较好的分散性，颗粒进一步长大，但长大程度不一，颗粒的均匀性变差。几何外观方面，微粒的边角圆润化加剧，放大5 000倍时可以观察到较多的球形化的微粒。

3. K_2CO_3细水雾热解产物表征

依据热分析实验结果，控制管式炉的温度分别为800 ℃、900 ℃和1 000 ℃，在空气载气驱动下，将质量浓度为5%的超声雾化K_2CO_3水雾送入加热管，收集产物进行XRD分析如图4.17所示。

对照PDF标准卡片可知，经超声雾化的K_2CO_3溶液在不同温度条件下所得的颗粒均为KOH和K_2CO_3的特征衍射峰。不同温度下产物样品的XRD图谱非常相似，无其他杂质相的峰形出现，图谱中主要衍射峰尖锐，说明产物的结晶度较好，晶体结构完整。对图4.17所示的XRD图谱分析表明，经超声雾化的K_2CO_3溶液在800~1 000 ℃的条件下可以得到K_2CO_3和KOH颗粒。图4.18为产物颗粒的SEM图。

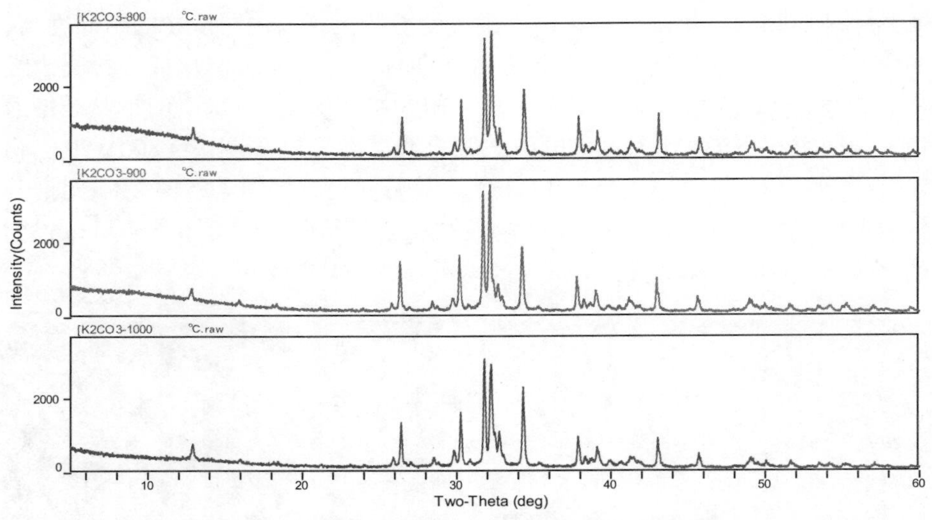

图4.17　不同温度条件下5% K_2CO_3细水雾加热产物XRD

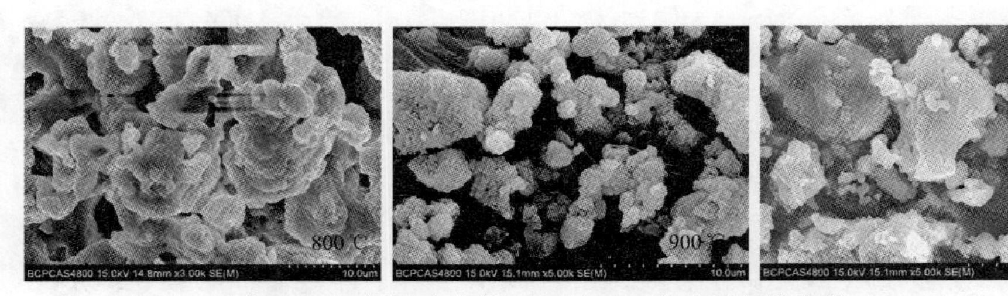

图4.18　不同温度条件下5% K_2CO_3细水雾加热产物SEM

由图4.18可知，不同温度条件下得到的K_2CO_3微粒形貌差异不大。800 ℃条件下得到的微粒呈现典型的微晶聚合体状态，颗粒尺寸大部分集中在5 μm左右，分散性较差；在放大倍率为3 000倍时，已能展现出明显的层状结构。900 ℃条件下的微粒的粒径和几何形状与800 ℃条件下相比几乎没有变化，但表现出较好的分散性。1 000 ℃条件下产物颗粒具有较好的分散性，颗粒几何尺寸具有长大的趋势，但程度不一，颗粒均匀性变差。

4. KNO_3细水雾热解产物表征

依据热分析实验结果，控制管式炉的温度分别为500 ℃、800 ℃和900 ℃，在空气载气驱动下，将质量浓度为5%的超声雾化KNO_3水雾送入加热管，收集产物进行XRD分析，如图4.19所示。

对照PDF标准卡片可知，在500 ℃条件下所得的颗粒呈现KNO_3的特征衍射峰，无其他杂质相的峰形出现，说明产物的结晶度高，晶体结构完整。在800 ℃条件下得到的产物颗粒呈现KO_3、KO_2、KNO_2和KOH的特征衍射峰，说明在此条件下，KNO_3溶液加热产物为KO_3、KO_2、KNO_2和KOH的混合物。在900 ℃条件下的产物颗粒仍为KO_3、KO_2、KNO_2和KOH的混合物，但产物颗粒存在晶体结构上的改变。对图4.19所示的XRD图谱分析表明，经超声雾化的KNO_3溶液在高于起始分解温度条件下的热分解产物为KO_3、KO_2、KNO_2和KOH的混合物。图4.20为产物颗粒SEM图。

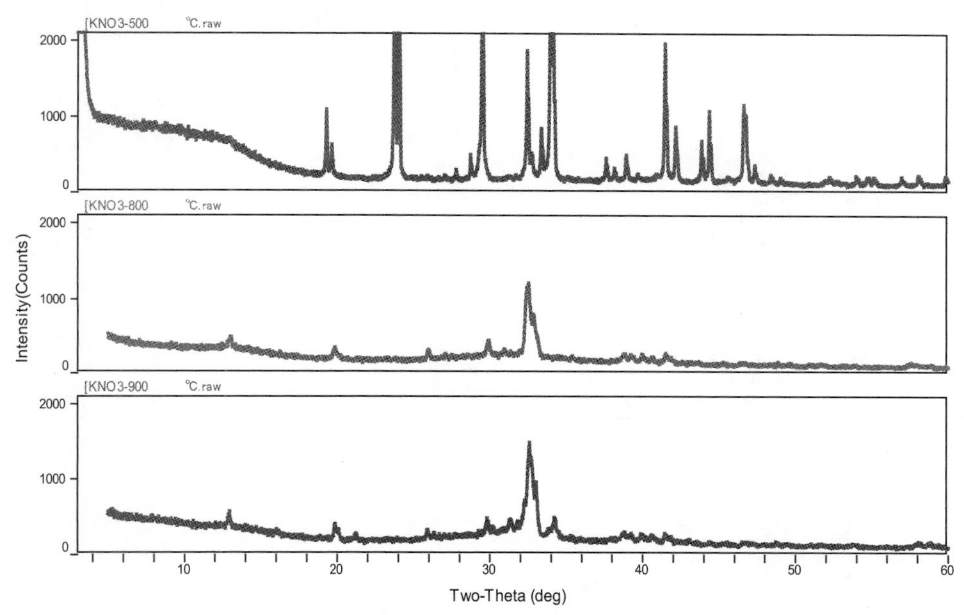

图4.19　不同温度条件下5% KNO_3细水雾加热产物XRD

图4.20　不同温度条件下5% KNO_3细水雾加热产物SEM

由图4.20可知，KNO_3微粒形貌的衍变与温度条件存在明显的相关性：500 ℃条件下得到的产物颗粒具有一定的分散性，但颗粒形貌不规则，粒度分布范围较广。800 ℃条件下产物颗粒为典型的团聚状态，分散性较差，在此条件下的产物颗粒的粒径主要集中在0.5 μm左右，颗粒比表面积较大，有逐渐团聚变粗的趋势。在放大倍率为5 000倍时，已能展现出明显的四方形貌。900 ℃条件下的微粒也表现出较强的团聚性，并且随着颗粒的进一步长大，颗粒的立方体几何形状出现改变，表现为立方体边角圆润，说明微粒有球形化的趋势，放大倍率为35 000倍时，可以明显观察到产物微粒呈现较规则的球形。

5. KCl细水雾热解产物表征

依据热分析实验结果，控制管式炉的温度分别为800 ℃、900 ℃和1 000 ℃，在空气载气驱动下，将质量浓度为5%的超声雾化KCl水雾送入加热管，收集产物进行XRD分析，如图4.21所示。

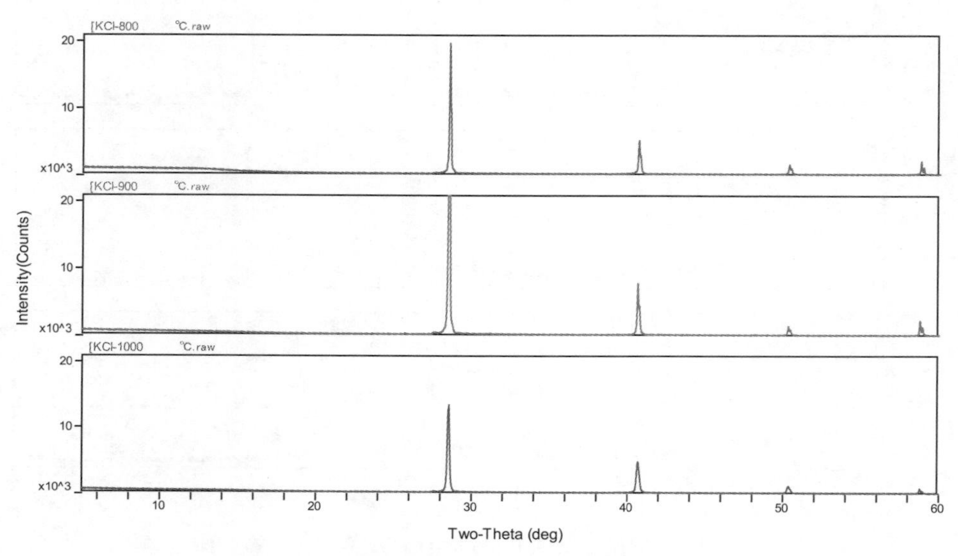

图4.21　不同温度条件下5% KCl细水雾加热产物XRD

对照PDF标准卡片可知，经超声雾化的KCl溶液在不同温度条件下所得的颗粒均呈现KCl的特征衍射峰，且无其他杂质相的峰形出现，图谱中主要衍射峰尖锐，说明产物的结晶度高，晶体结构完整。对图4.21的XRD图谱分析表明，KCl在1 000 ℃以内不会发生分解反应生成其他物质，经超声雾化的KCl溶液在800~1 000 ℃的条件下可以得到的无杂质项，相对纯净的KCl颗粒。图4.22为产物颗粒的扫描电镜SEM图。

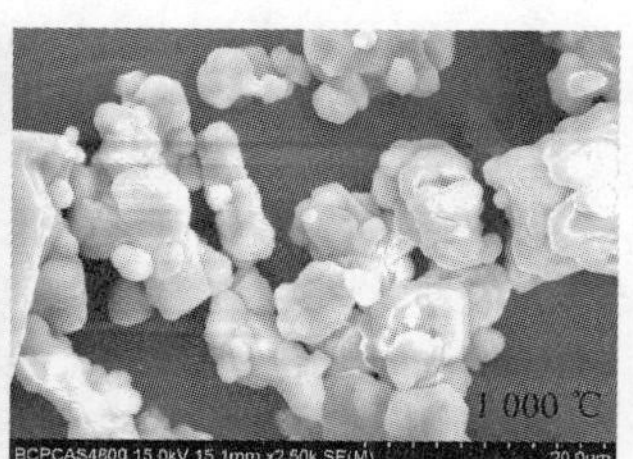

图4.22　不同温度条件下5% KCl细水雾加热产物SEM

由图4.22可知，800 ℃条件下得到的微粒呈现典型的微晶聚合体状态，棱角分明，虽然微粒有一定的聚集，但分散性较好，在放大倍率为2 500倍时已能展现出明显的立方体形貌，晶面显露，微粒尺寸集中在5 μm左右。900 ℃条件下的微粒也表现出较好的分散性，微粒进一步长大，但微粒的立方体几何形状出现改变，表现为立方体边角圆润，说明微粒有球形化的趋势。1 000 ℃条件下产物微粒的粒径继续长大，微粒团聚程度继续减少，但各微粒长大程度不一，导致粒子均匀性变差。几何外观方面，微粒的边角圆润化加剧，放大倍率为8 000倍时，可以明显观察到球形化的微粒。

6. KH_2PO_4细水雾热解产物表征

依据热分析实验结果，控制管式炉的温度分别为300 ℃、500 ℃和800 ℃，在空气载气驱动下，将质量浓度为5%的超声雾化KH_2PO_4水雾送入加热管，收集产物进行XRD分析，如图4.23所示。

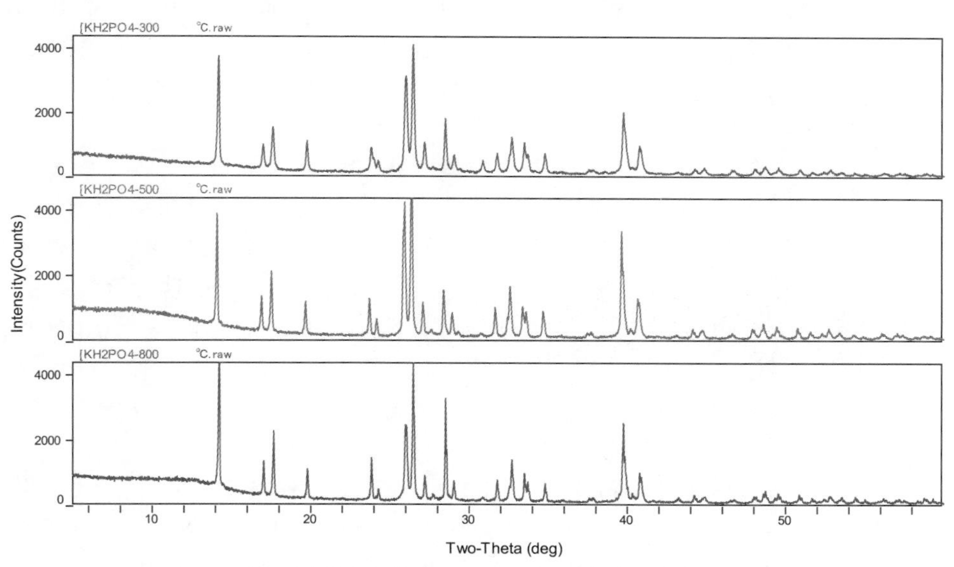

图4.23　不同温度条件下5% KH_2PO_4细水雾加热产物XRD

对照PDF标准卡片可知，经超声雾化的KH_2PO_4溶液在300 ℃条件下所得的颗粒呈现KPO_3和KH_2PO_4的特征衍射峰，说明此时KH_2PO_4还未完全分解。当温度大于500 ℃时，所得产物颗粒主要为KPO_3，无其他杂质相峰形出现，图谱中主要衍射峰尖锐，说明产物结晶度高，晶体结构完整。对图4.23的XRD图谱分析表明，KH_2PO_4在高于起始分解温度条件下分解产物为相对纯净的KPO_3颗粒。图4.24为产物颗粒SEM图。

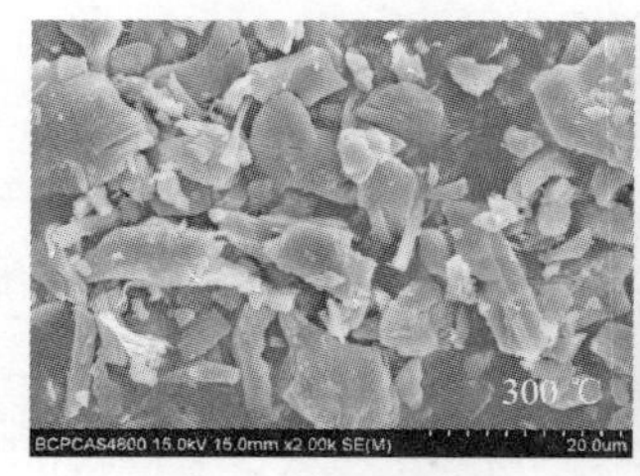

图4.24　不同温度条件下5% KH_2PO_4细水雾加热产物SEM

由图4.24可知，KH_2PO_4溶液在高温条件下的产物颗粒形貌的衍变受温度条件影响不大。测试温度条件下得到的产物颗粒的分散性较好，但颗粒形貌不规则，呈现玻璃态形貌，粒度分布并不均匀，主要集中在5~10 μm。随着温度的升高，颗粒的粒径呈长大的趋势，但形貌并无变化，800 ℃条件下，在放大倍率为2 000倍时，可以清楚地显示颗粒的长方形形貌，并未发展成球形的趋势。

通过对上述6种钾盐添加剂细水雾在不同温度下加热产物的分析可知，化学灭火效能较高的钾盐添加剂细水雾，在模拟火焰温度的加热产物中都含有KOH和钾的氧化物（K_xO_y），如KO_2和KO_3。孔春燕和刘会媛通过热力学计算碱金属氧化物的稳定性，说明K在过量空气中的最终稳定产物只能是KO_2，而本实验中，含KNO_3添加剂细水雾加热产物中存在大量的KO_3，只能来自KO_2的进一步氧化，可以推断钾的氧化物KO_2可能是活性较高的灭火物质。另外，KOH具有较好的稳定性，当钾盐发生热分解并且中间产物的稳定性较差时，KOH既可以作为中间产物继续发生反应，也可以稳定地存在于产物中。陈凡敏的研究也表明，含钾离子的无机物中，低温时只有KOH和K_2CO_3具有活性，它们能够相对容易地在水蒸气气氛下水解生成K_xO_y的化合物。含KH_2PO_4添加剂细水雾的加热产物中虽然含有大量的KPO_3，但其化学灭火效率并不高，一方面是由于KPO_3具有较高的稳定性，在火焰温度下很难打开化学键并释放出钾离子；另一方面，在产物分析中，并未发现KOH或K_xO_y存在，也间接证明了KOH是较好的灭火活性物质。KCl的产物中也未发现KOH或K_xO_y，其化学灭火作用的机理有待进一步研究。

另外，随着温度的升高，产物颗粒的粒径都出现了不同程度的增大，但增长的程度不一。这是由于温度对颗粒晶体的生成与长大存在一定的影响。温度改变了原子的运动内能，低温有利于颗粒晶体的生成，不利于颗粒晶体的长大，一般可以得到平均粒径较小的颗粒；温度升高，相当于提供了颗粒晶体生长的动能，增大了反应传质系数，使颗粒晶体加速生长，引起颗粒晶体长大。

在颗粒晶体长大历程中，一些较小的原生微晶或微粒的表面能较大或表面活性较高，因此，必须通过在大颗粒（母晶）的边缘吸附、结合和长大的自发过程来降低表面能，从而逐步产生了颗粒晶体粒径均匀性较差的二次粒子，导致颗粒晶体粒径分布变宽，出现增长程度不一的现象。

4.2.3　不同浓度条件下含钾盐添加剂细水雾加热产物表征

温度对含钾盐添加剂细水雾加热产物的影响是主要的，但溶液的浓度也是影响加热产物颗粒粒径大小和均匀性的因素之一，这一现象在许多纳米材料制备工艺过程中均被发现。从理论上来说，增大浓度，同样大小的液滴所含溶质相应增加。当液滴进入反应区时，火焰高温环境使液滴中的溶剂快速蒸发，析出溶质，当溶剂蒸发完全时，析出的晶体温度则迅速上升至环境温度而具备化学反应的温度条件。较高的浓度导致产物粒子碰撞、结合的概率大大增加，必然导致加热产物颗粒较大，间接增加了化学灭火颗粒热分解的时间，不利于化学灭火活性物质的生成。此外，液滴直径随溶液的黏度和表面张力的增大而增大，所以当溶液浓度较低时，也有利于产生较小尺寸的液滴。

图4.25为不同质量浓度条件下$K_2C_2O_4$溶液、CH_3COOK溶液和K_2CO_3溶液在800 ℃条件下所得产物的SEM图。

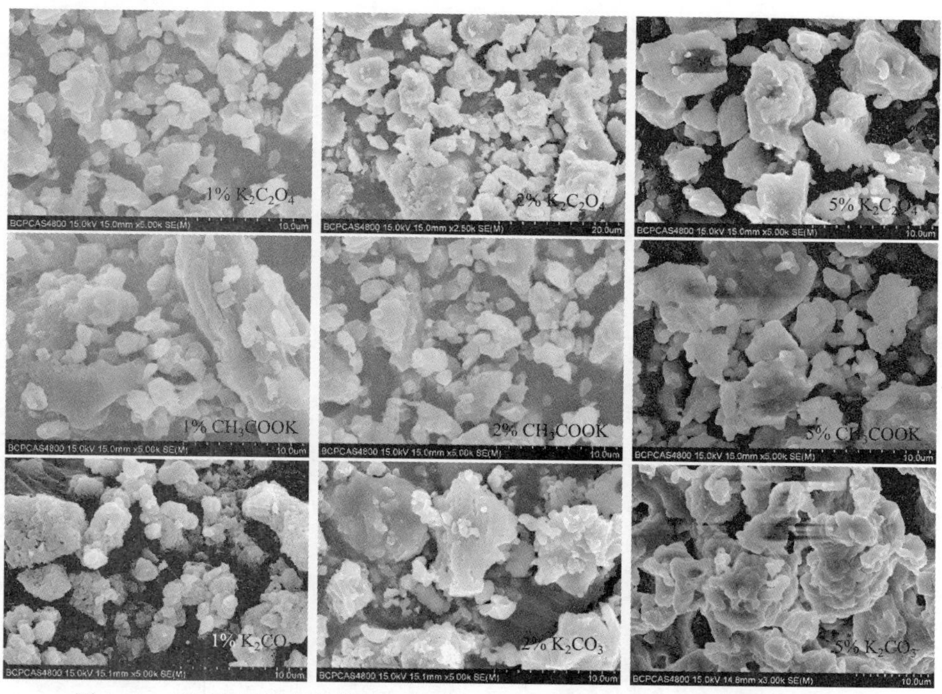

图4.25　不同质量浓度条件下$K_2C_2O_4$、CH_3COOK和K_2CO_3溶液加热产物SEM

由图4.25可知，溶液浓度对产物的形貌与粒度产生影响，总体趋势是随着溶液浓度升高，粒子尺寸增大，团聚明显。当溶液质量分数小于5%时，微粒间的界面较为清晰；质量分数增大时，颗粒间相连现象变得明显，最终团聚在一起形成粒径较大的颗粒。实验结果表明，浓度较低时，得到的产物颗粒的分散性较好，平均粒径相对较小，颗粒的均匀性也相对较好。同样，不同浓度条件下的KNO_3溶液、KCl溶液和KH_2PO_4溶液喷雾热解产物也有类似的规律，在此不再赘述。

4.2.4 不同溶质条件下含钾盐添加剂细水雾加热产物表征

图4.26为质量分数5%的$K_2C_2O_4$溶液、CH_3COOK溶液和K_2CO_3溶液在800 ℃条件下所得产物颗粒的XRD图。

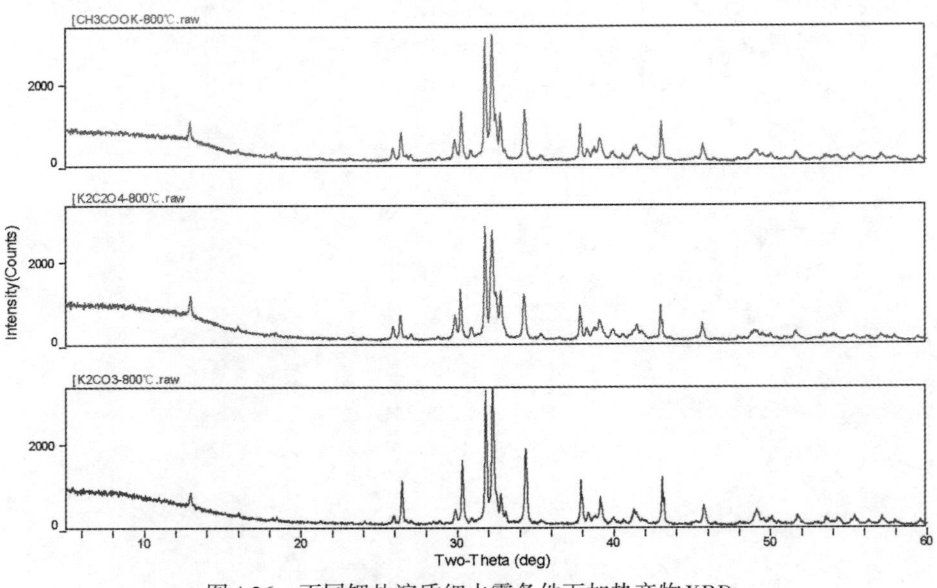

图4.26 不同钾盐溶质细水雾条件下加热产物XRD

由产物XRD的分析可知，$K_2C_2O_4$溶液、CH_3COOK溶液和K_2CO_3溶液在800 ℃条件下的加热产物均为K_2CO_3。但在相同的Cup-burner灭火实验中却表现出不同的灭火有效性，因此，溶液体系的选择是关系到灭火化学物质粒子形貌与性能的重要前提。图4.27为质量分数5%的$K_2C_2O_4$溶液、CH_3COOK溶液和K_2CO_3溶液在800 ℃条件下所得产物颗粒的SEM图。

由于不同钾盐溶液体系中溶质所发生的化学反应和受热分解的机理不同，导致在热分解过程中产生了不同微观形貌的产物。产物颗粒的形貌主要受两方面的影响：一是钾盐溶质的溶解度，二是反应过程中的分解机理，实际上，上述两种影响都可以归结为是钾盐阴离子的影响。

图4.27　不同钾盐溶质溶液体系条件下加热产物SEM

溶液液滴经喷雾热解并形成产物颗粒的机理示意图如图4.28所示。

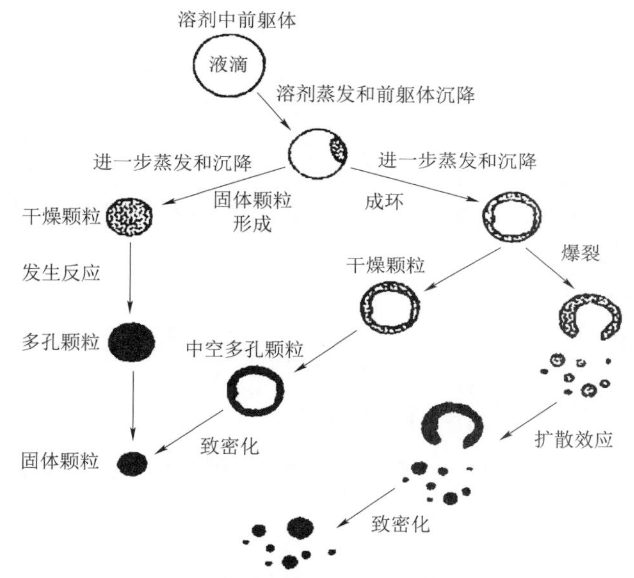

图4.28　溶液液滴热解形成产物颗粒示意图

由图4.28可知，3种溶液体系条件下得到的加热产物颗粒粒径大小不一，因此，不符合液滴粒子转变的ODOP（One-Droplet-One-Particle）机理，即1个液滴产生1个产物粒子。

在$K_2C_2O_4$溶液体系中，经超声雾化后的溶液雾滴进入高温环境后，溶剂从雾滴表面开始蒸发，雾滴延直径方向必然会出现浓度梯度，由于$K_2C_2O_4$在雾滴内来不及扩散，则$K_2C_2O_4$沉淀行为首先发生在最早形成超饱和状态的雾滴表面，形成表面成核。雾滴在收缩变小时，表面成核效应产生表层壳体结构，随着热传导的进程，溶剂进一步蒸发，壳体的内部压力因溶剂挥发和分解产生气体而增大，较厚壳体的透气性较差，最终随内压进一步增大而在壳体的薄弱点冲破束缚，释放压力，将壳体冲开，得到尺寸不一、形状不规则的颗粒。

在CH_3COOK溶液体系中，由于CH_3COOK的溶解度远大于$K_2C_2O_4$的溶解度，当雾化后的雾滴进入高温环境后，溶剂从雾滴表面开始挥发，达到过饱和状态的时间比较长。因此，相比于在初级阶段即出现结晶固化为壳体结构的$K_2C_2O_4$来说，CH_3COOK的壳体表层较厚，直径较小。从图4.27的$K_2C_2O_4$与CH_3COOK溶液产物SEM图来看，CH_3COOK体系加热产物多为类球形颗粒，说明醋酸盐壳体的透气性比草酸盐的好，随着液滴内部热传递的进行，透气性好的壳体溶剂蒸发得更加完全。

在K_2CO_3溶液体系中，产物不是通过溶质的热分解得到的，而是雾化后的雾滴溶剂蒸发完全后，微粒在高温下经历致密化的过程，最终得到致密化的颗粒。从图4.27（K_2CO_3）可以观察到产物颗粒具有较差的分散性。另外，K_2CO_3也具有较大的溶解度，因此，得到的产物颗粒的粒径相对较小。

同理，KNO_3溶液、KCl溶液和KH_2PO_4溶液得到的加热产物颗粒粒径大小不一，也不符合液滴粒子转变的ODOP机理。需要特别指出的是，在KCl溶液体系中，由于溶质本身不含有氧元素，当KCl被加热至熔点温度并熔化后，水蒸气环境中的O元素将与释放出的K^+发生结合，取代溶质结构中的Cl元素。这是一种剧烈的结构重置反应，溶质原有的晶体结构被全面破坏，伴随着产物颗粒爆发的形成过程，如图4.28所示。这个过程导致产物类球形球壳结构完全破裂，破裂的颗粒在高温下经历致密化过程，得到致密化的粒子，这也是产物颗粒不符合ODOP机理的原因。

4.2.5 不同含钾盐添加剂细水雾加热产物晶粒生长动力学

钾盐溶液体系加热产物颗粒的形成过程是：溶液在一定的高温条件下发生物理或化学反应而生成产物晶核，晶核在反应体系中会发生一系列连续变化，直至离开高温体系环境，这个过程通常包括晶粒的再结晶和生长。再结晶是吞噬缺陷晶或准晶的自发过程，晶粒生长也存在小晶粒缩小直至消失而促进大晶粒生长的普遍规律，界面自由能的降低为晶粒正常生长的驱动力。晶粒的尺寸与化学灭火剂的灭火效能有重要关系，研究晶粒生长动力学的目的是研究钾盐高温热解产物颗粒的尺寸与火焰温度的关系及对钾盐添加剂细水雾灭火效能的影响。

传统晶粒生长动力学认为，晶体结构基元向晶界面沉积的长大过程，符合台阶模型，晶核生长活化能是其生长原动力，生长过程受扩散控制，较高的温度能有效提高结构基元的扩散速率。Hillert最早开始以晶粒为对象研究其生长过程，并提出了晶粒生长动力学理论。根据Hillert的理论，正常晶粒生长动力学公式可表示为：

$$D^n - D_0^n = kt\{\exp[-E/(RT)]\}\{1 - \exp[-\Delta F_2/(RT)]\} \tag{4.2}$$

式中，D为经过t时间加热后的平均晶粒直径；n为晶粒生长动力学指数；D_0为初始晶粒平均直径；k为受扩散影响的晶粒生长速率常数；E为晶粒生长活化能；ΔF_2为非晶态与晶态之间摩尔自由能差；R与T分别为气体常数和绝对温度。一般情况下，相变驱动力很大，即$\Delta F_2 \gg RT$，且$D \gg D_0$，式（4.2）可简化为：

$$D^n = kt\exp[-E/(RT)] \tag{4.3}$$

对上式两端同时取对数，有：

$$n\ln D = \ln k + \ln t - E/(RT) \tag{4.4}$$

在中低温条件下，纳米晶粒长大的初始过程中，因晶面接触面较大，可忽略扩散控制影响，可认为近似恒速生长；较高温度条件下，晶粒长大过程尤其是中后期阶段，大多数呈指数化增长，可通过不同时间的等温加热过程求取生长指数n。对于不同时间等温加热过程，式（4.4）中k和T为常数，因此，$\ln D$和$\ln t$呈线性关系，其斜率为晶粒生长指数n的倒数。式（4.4）中晶粒平均粒径D难以精确测定，采用XRD法经Scherrer公式估算为普遍采用的方法：

$$D_c = \frac{k\lambda}{\beta'\cos\theta} \tag{4.5}$$

式中，修正系数k为常数，对于立方体结构，k一般取值为0.943；半高宽β'转化为弧度制；λ为所用单色X射线的波长。

对6种质量分数为5%的钾盐溶液进行不同时间的等温加热：$K_2C_2O_4$、CH_3COOK和KH_2PO_4溶液的加热温度为800 ℃，K_2CO_3、KCl和KNO_3溶液的加热温度为1 000 ℃，分别加热300 s、600 s、1 200 s和1 800 s，获得24个等温加热的样品颗粒并进行XRD分析，采用Scherrer公式估算平均晶粒直径，结果见表4.8。

表4.8　不同钾盐溶液不同时间的等温加热产物晶粒粒径　nm

实验溶液	产物粒径			
	300 s	600 s	1 200 s	1 800 s
$K_2C_2O_4$溶液	29.9	36.2	46.3	52.6
CH_3COOK溶液	38.5	48.0	54.2	58.8
KNO_3溶液	24.3	34.9	42.6	68.0

续表

实验溶液	产物粒径			
	300 s	600 s	1 200 s	1 800 s
K_2CO_3溶液	44.7	49.7	61	64.4
KH_2PO_4溶液	41.8	65.2	89.9	139.1
KCl溶液	53.1	70.2	73.9	85.6

根据实验结果，对每种实验溶液以ln$t$为横坐标、ln$D$为纵坐标作图，并对数据点进行线性拟合，得到拟合结果，见表4.9。线性相关性R^2的数值表明拟合的相关度较高，说明拟合所得直线的可信度较高。根据斜率为n的倒数，计算n值并取整。

表4.9　不同钾盐溶液加热产物的ln$t$与ln$D$拟合结果

实验溶液	拟合式	R^2	斜率	n
$K_2C_2O_4$溶液	$y = 0.319\ 33x + 1.565\ 76$	0.995 82	0.319 33	3.131 557
CH_3COOK溶液	$y = 0.231\ 23x + 2.354\ 53$	0.968 92	0.231 23	4.324 698
KNO_3溶液	$y = 0.526\ 97x + 0.162\ 87$	0.907 89	0.526 97	1.897 641
K_2CO_3溶液	$y = 0.215\ 34x + 2.558\ 84$	0.969 67	0.215 34	4.643 819
KH_2PO_4溶液	$y = 0.637\ 17x + 0.085\ 16$	0.967 52	0.637 17	1.569 44
KCl溶液	$y = 0.243\ 87x + 2.616\ 95$	0.890 87	0.243 87	4.100 545

由式（4.4）可知，对于不同温度下的等时间加热过程，$n$ln$D$与$1/T$呈线性关系，其斜率为$-E/R$。对6种质量分数为5%的钾盐溶液进行不同温度的等时间加热：加热时间为1 800 s，加热温度分别800 ℃、900 ℃、1 000 ℃和1 100 ℃，获得24个等时间加热的样品颗粒并进行XRD分析，采用Scherrer公式估算平均晶粒直径，结果见表4.10。

表4.10　不同钾盐溶液不同温度的等时间加热产物晶粒粒径　　nm

实验溶液	产物粒径			
	800 ℃	900 ℃	1 000 ℃	1 100 ℃
$K_2C_2O_4$溶液	52.6	61.3	63.4	70.6
CH_3COOK溶液	58.8	63.7	69.7	71.5
KNO_3溶液	24.4	48.9	68.0	108.4
K_2CO_3溶液	57.7	60.3	64.4	67.1
KH_2PO_4溶液	139.1	152.8	173.9	193.4
KCl溶液	54.5	75.4	85.6	115.2

根据实验结果，n值由表4.9取整得到。对每种实验溶液以$1/T$为横坐标、$n\ln D$为纵坐标作图，并对数据点进行线性拟合，结果见表4.11。线性相关性R^2的数值表明，拟合的相关度较高，说明拟合所得直线的可信度较高。由拟合直线的斜率求得式（4.2）中的kt值与依据斜率计算得到的活化能E的数值也列于表4.11中。

表4.11　不同钾盐溶液加热产物的$1/T$与$n\ln D$拟合结果

实验溶液	拟合式	R^2	$E/(J\cdot mol^{-1})$	$\ln k$	kt
$K_2C_2O_4$溶液	$y = 14.960\,33 - 2\,432.283\,68x$	0.940 47	20 222.01	7.464 788	$1.343\,7\times10^4$
CH_3COOK溶液	$y = 19.309\,2 - 2\,404.549\,73x$	0.969 97	19 991.43	11.813 66	$2.126\,5\times10^4$
KNO_3溶液	$y = 17.056\,1 - 8\,487.889\,27x$	0.985 75	70 568.31	9.560 558	$1.720\,9\times10^4$
K_2CO_3溶液	$y = 23.078\,33 - 2\,267.785\,28x$	0.976 41	18 854.37	15.582 79	$2.804\,9\times10^4$
KH_2PO_4溶液	$y = 12.274\,78 - 1\,949.319\,94x$	0.973 72	16 206.65	4.779 238	$0.860\,3\times10^4$
KCl溶液	$y = 46.403\,05 - 8\,323.435\,74x$	0.960 93	69 201.04	38.907 51	$7.003\,4\times10^4$

由表4.11中活化能的结果可知，对于活化能较小的$K_2C_2O_4$、CH_3COOK、K_2CO_3和KH_2PO_4溶液，其加热产物的晶粒尺寸受温度条件影响较大，晶核生长阻力较小，加热产物颗粒的表面活性较高，在整个再结晶及晶粒长大过程中，主要以界面扩散为主。而对于较大活化能的KCl和KNO_3溶液来说，加热产物的晶粒尺寸不易受到温度影响。

因此，等温加热的时间越长或等时间加热的温度越高，所得加热产物的平均晶粒尺寸呈现上升的态势，这是晶界迁移的结果，并且温度是晶粒平均尺寸增加的主要因素。在模拟大部分火焰温度的800～1 100 ℃范围内，假设超声雾化的钾盐溶液雾滴经过反应管的时间相同，则不同钾盐溶液加热产物晶粒的生长速率与动力学方程列于表4.12。

表4.12　不同钾盐溶液加热产物晶粒生长速率与动力学方程

实验溶液	产物晶粒的生长速率与动力学方程
$K_2C_2O_4$溶液	$D^3 = 1.343\,7\times10^4\exp[-20\,222.01/(RT)]$
CH_3COOK溶液	$D^4 = 2.126\,5\times10^4\exp[-19\,991.43/(RT)]$
KNO_3溶液	$D^2 = 1.720\,9\times10^4\exp[-70\,568.31/(RT)]$
K_2CO_3溶液	$D^5 = 2.804\,9\times10^4\exp[-18\,854.37/(RT)]$
KH_2PO_4溶液	$D^2 = 0.860\,3\times10^4\exp[-16\,206.65/(RT)]$
KCl溶液	$D^4 = 7.003\,4\times10^4\exp[-69\,201.04/(RT)]$

综上所述，含$K_2C_2O_4$、CH_3COOK、K_2CO_3和KH_2PO_4添加剂细水雾在火焰温度下分解得到的产物颗粒粒径受温度影响较大，在温度较高的火场或加热时间较长条件下，倾向于产生大颗粒的产物，不利于化学灭火作用的发挥。而含KCl和KNO_3添加剂细水雾在火焰温度下的热解产物颗粒粒径与上述4种添加剂相比，受温度影响较小，火场温度与灭火剂在火场存在的时间对其化学灭火活性物质粒径的影响相对较小。

4.3 含钾盐添加剂细水雾在一定条件下的化学热力学分析

4.3.1 含钾盐添加剂细水雾灭火的一般过程

由图3.9可知，在水雾密度（图中ρ_s<0.05）较低的区域并没有出现钾盐溶液的化学灭火作用，而是出现在钾盐添加剂细水雾与CH_4火焰相互作用一段时间之后，即钾盐的化学灭火作用发生在高水雾密度和低火焰速度的区域，说明钾盐的化学灭火作用是通过气相反应（Homogeneous）而非固体颗粒的表面反应(Heterogeneous)。如果化学灭火作用是在颗粒表面发生反应，由于固体颗粒的尺寸足够小，自由基扩散至颗粒表面的速度非常快，则化学作用应该发生在溶质比较少的区域，而在本实验中，当开始溶质较少时，含钾盐添加剂溶液和纯水的灭火效果相差不大，直到溶质达到某一浓度时才有明显的区别。另外，由3.3.3节的分析可知，含钾盐添加剂细水雾当溶剂水完全蒸发后，析出的溶质粉体颗粒非常小，颗粒在Cup-burner低速火焰中由于具有比较长的存活时间，很容易发生热分解，生成气态灭火活性物质。

因此，钾盐添加剂气态抑制效果的出现是通过含钾盐细水雾颗粒在火焰中释放出的气态化学灭火物质来实现的。完全发挥含钾盐添加剂细水雾的化学灭火效能一般包含以下4个步骤，对应4个特征时间：

① 溶液由某一温度加热至沸点，对应的时间为t_1；

② 溶液蒸发，溶质熔化或热分解，对应的时间为t_2；

③ 熔化或分解后的物质生成气态灭火活性物质，对应的时间为t_3；

④ 气态灭火活性物质与火焰自由基发生反应，对应的时间为t_4。

只有当含钾盐添加剂细水雾雾滴在火焰中的停留时间$t_r \geqslant t_1 + t_2 + t_3 + t_4$时，化学灭火作用才能发生，否则，就不能在严格意义上称作化学灭火。上述4个特征时间中的最大值决定着化学灭火剂对火焰的抑制能力及凝聚相灭火剂对灭火起着决定性作用的灭火机理。

由图3.14可知，超声雾化细水雾的粒径小于5 μm并且火焰温度非常高，t_1

可以近似为0。Freidman将钾蒸气（K）直接添加进入对撞火焰中，却没发现任何的化学抑制作用，Freidman认为这个结果的出现是由于K生成气态KOH（t_3）的时间过长。但是，如果这个原因存在，直接添加KOH的灭火效果应优于添加碳酸钾（K_2CO_3）、溴化钾（KBr）、碘化钾（KI）等物质，因为这些物质还需要在火焰温度下生成气态KOH，但实际的实验结果是灭火效率并没有明显的不同，这就说明t_3的数值很小，也是不需要进行KOH溶液灭火实验的原因之一。另外，包含K和KOH的基本反应式（4.6）和式（4.7）的速率快于CH_4火焰中链分支反应的速率。

$$KOH + H \rightarrow K + H_2O \tag{4.6}$$

$$K + OH + M \rightarrow KOH + M \tag{4.7}$$

将基本反应式（4.6）和式（4.7）合并，得到链终止反应式（4.8）为：

$$H + OH + M \rightarrow H_2O + M \tag{4.8}$$

反应式（4.8）的速率取决于式（4.6）和式（4.7）中较慢的反应速率，但快于CH_4燃烧过程中的基元反应式（4.9）和CH_4燃烧过程中自身的链终止反应式（4.10）：

$$H + OH + M \rightarrow H_2O + M \tag{4.9}$$

$$H + H + M \rightarrow H_2 + M \tag{4.10}$$

钾盐添加剂发挥化学灭火作用的实质是有钾盐参与的链终止反应式（4.8）与CH_4燃烧过程中的链传递反应式（4.11）之间的竞争：

$$H + O_2 \rightarrow O + OH \tag{4.11}$$

综上所述，可以认为气态灭火活性物质与火焰自由基发生反应的时间t_4非常小，即特征时间t_3和t_4所包含的气相反应时间比液滴/颗粒的蒸发/分解时间t_1和t_2要短很多。因此，在4个特征时间里，蒸发/分解时间t_2是起决定性作用的时间，可以认为当$t_r \geqslant t_2$时，含钾盐添加剂细水雾具有化学灭火作用。溶液蒸发伴随着溶质分解这个过程，需要的时间取决于含钾盐添加剂溶液雾滴在高温环境中的存在时间（Residence Time）。Fleming的研究表明，CH_4/空气预混火焰中纯水的存在时间为1～2 ms；对撞扩散火焰中，当火焰拉伸率为400 s^{-1}时，纯水的存在时间约2.5 ms，拉伸率为100 s^{-1}时，存在时间约10 ms；而Cup-burner火焰的存在时间大于等于100 ms。因此，使用不同的方法评价颗粒的化学效能时，存在较大的差异。与预混火焰相比，有文献报道的同种化学灭火物质在对撞火相关灭火实验中表现出来的化学作用都比较强。由于Fleming是基于温度不变的均一温度场计算得到的雾滴存在时间，对于Cup-burner实验来说，因为液滴在通过火焰时经过的是非均匀的温度场，含添加剂的雾滴颗粒在一个相对低温的区域开始蒸发/分解，然后更小的颗粒才会到达高温区域继续蒸发，并且蒸发速率越来越快，因此得到的存在时间比实际的存在时间略大。

Cup-burner扩散火焰中的吹熄现象的实质为负反馈机制：雾滴在t_r时间内形成的气态灭火活性物质降低了火焰传播速率。火焰传播速率越低，钾盐颗粒在热环境中的存在时间就越长，气态灭火活性物质在火焰中的浓度就越高，导致扩散火焰不能达到其临界存在条件而继续传播。在负反馈机制中，需假设气态灭火活性物质能够完全发挥化学灭火能力。化学类灭火剂抑制反应的强弱取决于颗粒在火焰中的存在时间是否大于t_2；如果存在时间小于t_2，则灭火剂表现出来的灭火作用就只有热作用了。

在特征时间t_2里，经超声雾化的钾盐溶液细水雾雾滴在火焰的高温环境下，溶剂水快速连续地蒸发，导致雾滴在短时间内形成很高的过饱和度并得以维持，与此同时，成核过程快速进行。同样，在高温环境下，原子的迁移加剧，也有利于溶质的扩散及晶粒在界面的生长。由于结晶的最终速率取决于过饱和度，为温度的函数，火焰高温环境下溶剂的快速蒸发易导致体系爆发性成核，又由于晶核的数量足够多，使得随后的晶粒的长大过程耗时减少，因此钾盐溶液的结晶过程近似为瞬间进行，只需考虑热力学条件即可。

4.3.2 化学热力学理论基础

灭火过程是一个复杂的多元复相体系，通过热力学平衡计算手段可以预测反应结果，明确火焰温度如何影响化学反应的进行程度。

研究化学反应的热力学可行性及反应的平衡情况，首先需要建立反应标准吉布斯自由能变化（ΔG^θ）与化学平衡常数（K_p）之间的数学关系，即通过化学反应的等温式（4.12）进行评估：

$$\Delta G_T^\theta = -RT\ln K_p \tag{4.12}$$

本章采用吉布斯自由能函数法推导化学反应的热力学参数。吉布斯自由能函数法是当今国际上通用的简化计算方法之一。该方法以经典计算为导出基础，并且未做任何的假设，因此所得结果与经典计算完全一致。

已知

$$\Delta G_T^\theta = \Delta H_T^\theta - T\Delta S_T^\theta \tag{4.13}$$

由式（4.12）和式（4.13）得出：

$$-RT\ln K_p = \Delta H_T^\theta - T\Delta S_T^\theta \tag{4.14}$$

或

$$R\ln K_p = -\frac{\Delta H_T^\theta}{T} + \Delta S_T^\theta \tag{4.15}$$

对式（4.15）进行恒等变换，得到：

$$R\ln K_p = -\frac{\Delta H_T^\theta - \Delta H_{T_0}^\theta}{T} + \Delta S_T^\theta - \frac{\Delta H_{T_0}^\theta}{T} \tag{4.16}$$

式中，T_0为参照温度；ΔH_T^θ 和$\Delta H_{T_0}^\theta$ 分别为化学反应在T及T_0时刻的标准反应热效应；ΔS_T^θ 为化学反应在温度为T时刻的标准反应熵差。

由基尔霍夫（Kirchhoff）式，得到标准反应热效应ΔH_T^θ与温度的关系式：

$$\mathrm{d}\Delta H_T^\theta = \Delta c_p \mathrm{d}T \tag{4.17}$$

对式（4.17）在参照温度T_0与T之间积分：

$$\int_{T_0}^{T} \mathrm{d}\Delta H_T^\theta = \int_{T_0}^{T} \Delta c_p \mathrm{d}T$$

$$\begin{aligned} \Delta H_T^\theta - \Delta H_{T_0}^\theta &= \int_{T_0}^{T} \sum (n_i c_{p,i})_{\text{product}} \mathrm{d}T - \int_{T_0}^{T} \sum (n_i c_{p,i})_{\text{reactant}} \mathrm{d}T \\ &= \int_{T_0}^{T} \sum (n_i \mathrm{d}H_i)_{\text{product}} - \int_{T_0}^{T} \sum (n_i \mathrm{d}H_i)_{\text{reactant}} \\ &= \sum n_i (H_T^\theta - H_{T_0}^\theta)_{\text{product}} - \sum n_i (H_T^\theta - H_{T_0}^\theta)_{\text{reactant}} \\ &= \Delta (H_T^\theta - H_{T_0}^\theta) \end{aligned} \tag{4.18}$$

式中，$(H_T^\theta - H_{T_0}^\theta)$是纯物质的标准摩尔相对焓；$\Delta(H_T^\theta - H_{T_0}^\theta)$为化学反应的相对焓差，表示生成物的相对焓之和减去反应物的相对焓之和。式（4.18）将标准反应热效应之差转换为纯物质的相对焓差。

温度为T条件下的标准反应熵差ΔS_T^θ可表示为：

$$\Delta S_T^\theta = \sum (n_i S_{i,T}^\theta)_{\text{product}} - \sum (n_i S_{i,T}^\theta)_{\text{reactant}} \tag{4.19}$$

式（4.19）中的$S_{i,T}^\theta$为纯物质i在温度为T时刻的标准摩尔熵。由式（4.19）可知，标准反应熵差也可以转换为纯物质的标准摩尔熵差。

取式（4.16）右端前两项，结合式（4.18）和式（4.19），得到：

$$-\frac{\Delta H_T^\theta - \Delta H_{T_0}^\theta}{T} + \Delta S_T^\theta = \Delta\left(-\frac{\Delta H_T^\theta - \Delta H_{T_0}^\theta}{T} + S_T^\theta\right) = \Delta\left(-\frac{G_T^\theta - H_{T_0}^\theta}{T}\right) \tag{4.20}$$

定义$\left(-\frac{G_T^\theta - H_{T_0}^\theta}{T}\right)$为物质的吉布斯自由能函数$\phi_T$，有：

$$\phi_T = -\frac{G_T^\theta - H_{T_0}^\theta}{T} = -\frac{H_T^\theta - H_{T_0}^\theta}{T} + \Delta S_T^\theta \tag{4.21}$$

对任意化学反应的吉布斯自由能函数变化为：

$$\Delta\phi_T = \Delta\left(-\frac{G_T^\theta - H_{T_0}^\theta}{T}\right) = -\frac{\Delta H_T^\theta - \Delta H_{T_0}^\theta}{T} + \Delta S_T^\theta \tag{4.22}$$

式（4.22）中，$\Delta\phi_T$为化学反应的吉布斯自由能函数，由式（4.18）及式

(4.19)，反应的吉布斯自由能函数$\Delta\phi$可由物质的吉布斯能函数ϕ_T得到：

$$\Delta\phi_T = \sum(n_i\phi_{i,T})_{\text{product}} - \sum(n_i\phi_{i,T})_{\text{reactant}} \tag{4.23}$$

将式（4.22）代入式（4.16），有：

$$\mathrm{R}\ln K_p = \Delta\phi_T - \frac{\Delta H^\theta_{T_0}}{T} \tag{4.24}$$

或

$$\Delta G^\theta_T = \Delta H^\theta_{T_0} - T\Delta\phi_T \tag{4.25}$$

由于大多数的热力学数据都是基于298 K条件的，因此，参照温度T_0取298 K，得出物质吉布斯自由能函数法的表达式为：

$$\Delta G^\theta_T = \Delta H^\theta_{298} - T\Delta\phi_T \tag{4.26}$$

生成物和反应物在不同温度条件下的H^θ和ϕ值可由热力学数据手册提供，式（4.26）是一种热力学参数的简便计算方法，在保证精确的前提下，可以使化学反应的ΔG^θ变得简单准确。

4.3.3 化学热力学分析

由之前的分析可知，$K_2C_2O_4$与CH_3COOK的热分解产物为K_2CO_3，因此，选取K_2CO_3、KNO_3、KCl和KH_2PO_4进行热力学分析。

4.3.3.1 K_2CO_3的化学热力学分析

K_2CO_3在水蒸气气氛下可能发生的化学反应及反应路径为：

$$K_2CO_3 + H_2O = 2KOH + CO_2 \tag{4.27}$$

$$K_2CO_3 = K_2O + CO_2 \tag{4.28}$$

$$2KOH = K_2O + H_2O \tag{4.29}$$

$$K_2O + H_2O = 2KOH \tag{4.30}$$

应用式（4.26）对反应式（4.27）~式（4.30）的ΔG^θ进行计算，所用热力学参数及计算结果列于表4.13。

表4.13 反应式（4.27）~式（4.30）的热力学参数表

（a）反应式（4.27）（ΔH^θ_{298} = 149.139 kJ）

T/K	$\phi(K_2CO_3)$	$\phi(H_2O)$	$\phi(KOH)$	$\phi(CO_2)$	$\Delta\phi_T$	ΔG^θ/kJ	备注
298	155.519	188.724	79.287	213.635	27.966	140.805	
300	155.522	188.725	79.288	213.636	27.965	140.750	
400	160.209	190.057	81.966	215.178	28.844	137.601	

续表

T/K	$\phi(K_2CO_3)$	$\phi(H_2O)$	$\phi(KOH)$	$\phi(CO_2)$	$\Delta\phi_T$	ΔG^θ/kJ	备注
500	169.481	192.597	87.266	218.230	30.684	133.797	
522	171.871	193.231	88.590	219.011	31.089	132.911	KOH（α）
522	171.871	193.231	88.590	219.011	31.089	132.911	KOH(β)
600	180.345	195.481	95.030	221.778	36.012	127.532	
673	188.631	197.621	100.784	224.451	39.767	122.376	KOH熔点
673	188.631	197.621	100.784	224.451	39.767	122.376	液态KOH
700	191.695	198.413	103.380	225.440	42.092	119.675	
800	203.076	201.285	112.380	229.058	49.457	109.573	
900	214.292	204.057	120.537	232.568	55.293	99.375	
1 000	225.261	206.716	127.987	235.946	59.934	89.196	
1 100	235.956	209.262	134.840	239.187	63.649	79.125	
1 174	243.690	211.066	139.532	241.485	65.793	71.898	K_2CO_3熔点
1 174	243.690	211.066	139.532	241.485	65.793	71.898	液态K_2CO_3
1 200	246.881	211.700	141.181	242.292	66.073	69.851	
1 300	258.796	214.039	147.079	245.268	66.591	62.571	
1 400	270.160	216.285	152.592	248.124	66.863	55.531	

（b）反应式（4.28）（$\Delta H_{298}^\theta = 244.367$ kJ）

T/K	$\phi(K_2CO_3)$	$\phi(K_2O)$	$\phi(CO_2)$	$\Delta\phi_T$	ΔG^θ/kJ	备注
298	155.519	94.140	213.635	152.256	348.134	
300	155.522	94.142	213.636	152.256	347.829	
400	160.209	97.256	215.178	152.225	332.616	
500	169.481	104.040	218.230	152.789	317.112	
600	180.345	111.502	221.778	152.935	301.745	
700	191.695	119.157	225.440	152.902	286.475	
800	203.076	126.714	229.058	152.696	271.349	

续表

T/K	$\phi(K_2CO_3)$	$\phi(K_2O)$	$\phi(CO_2)$	$\Delta\phi_T$	ΔG^θ/kJ	备注
900	214.292	134.062	232.568	152.338	256.402	
1 000	225.261	141.162	235.946	151.847	241.659	
1 100	235.956	148.008	239.187	151.239	227.143	

（c）反应式（4.29）（ΔH_{298}^θ = 393.506 kJ）

T/K	$\phi(KOH)$	$\phi(K_2O)$	$\phi(H_2O)$	$\Delta\phi_T$	ΔG^θ/kJ	备注
298	79.287	94.140	188.724	124.290	207.329	
300	79.288	94.142	188.725	124.291	207.080	
400	81.966	97.256	190.057	123.381	195.015	
500	87.266	104.040	192.597	122.105	183.315	
522	88.590	105.682	193.231	121.733	180.822	KOH（α）
522	88.590	105.682	193.231	121.733	180.822	KOH（β）
600	95.030	111.502	195.481	116.923	174.213	
673	100.784	117.090	197.621	113.143	168.222	KOH熔点
673	100.784	117.090	197.621	113.143	168.222	液态KOH
700	103.380	119.157	198.413	110.810	166.800	
800	112.380	126.714	201.285	103.239	161.776	
900	120.537	134.062	204.057	97.045	157.027	
1 000	127.987	141.162	206.716	91.904	152.463	
1 100	134.840	148.008	209.262	87.590	148.018	

（d）反应式（4.30）（ΔH_{298}^θ = −244.367 kJ）

T/K	$\phi(K_2O)$	$\phi(H_2O)$	$\phi(KOH)$	$\Delta\phi_T$	ΔG^θ/kJ	备注
298	94.140	188.724	79.287	−124.290	−207.329	
300	94.142	188.725	79.288	−124.291	−207.080	
400	97.256	190.057	81.966	−123.381	−195.015	
500	104.040	192.597	87.266	−122.105	−183.315	
522	105.682	193.231	88.590	−121.733	−180.822	KOH(α)
522	105.682	193.231	88.590	−121.733	−180.822	KOH(β)
600	111.502	195.481	95.030	−116.923	−174.213	

续表

T/K	$\phi(K_2O)$	$\phi(H_2O)$	$\phi(KOH)$	$\Delta\phi_T$	ΔG^θ/kJ	备注
673	117.090	197.621	100.784	−113.143	−168.222	KOH熔点
673	117.090	197.621	100.784	−113.143	−168.222	液态KOH
700	119.157	198.413	103.380	−110.810	−166.800	
800	126.714	201.285	112.380	−103.239	−161.776	
900	134.062	204.057	120.537	−97.045	−157.027	
1 000	141.162	206.716	127.987	−91.904	−152.463	
1 100	148.008	209.262	134.840	−87.590	−148.018	

对不同温度下的ΔG^θ进行线性拟合，得到在298～1 100 K条件下，反应式（4.27）～式（4.30）的标准吉布斯自由能变化结果如图4.29所示。

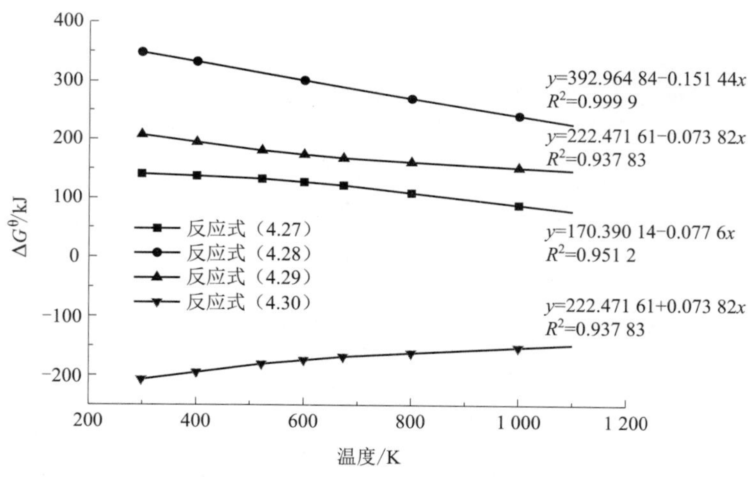

图4.29 K_2CO_3在水蒸气条件下反应标准吉布斯自由能变化

反应式（4.27）～式（4.30）拟合所得直线的置信概率R^2值较高，说明按拟合关系式计算所取温度范围内不同温度条件下ΔG^θ的精确度较高。由图4.29可知，当有水蒸气存在时，可以降低打开K_2CO_3化学键的难度。KOH可以由反应式（4.27）直接生成，或是通过反应式（4.28）生成中间产物K_2O，再通过反应式（4.30）得到。虽然反应式（4.30）的标准吉布斯自由能小于0，不通过任何外部条件就可以自发进行反应，但前提是必须通过反应式（4.28）生成K_2O。由于反应式（4.28）的标准吉布斯自由能较大，反应发生所需的外部条件苛刻，因此，生成KOH的反应更倾向于反应式（4.27），也说明在水蒸气气化条件下K_2CO_3的水解反应先发生的可能性大于分解反应，与McKee等人研究的用C还原碳酸盐的机理一致。另外，反应式（4.30）的标准吉布斯自由能小于0也说明K_2O不能稳定地存在，只要有H_2O存在，就会转化成KOH。

应用化学热力学计算软件HSC CHEMISTRY 6.0对含K_2CO_3添加剂细水雾与CH_4/空气燃烧体系相互作用的产物进行平衡计算，得到平衡产物随体系温度变化的结果，如图4.30所示。

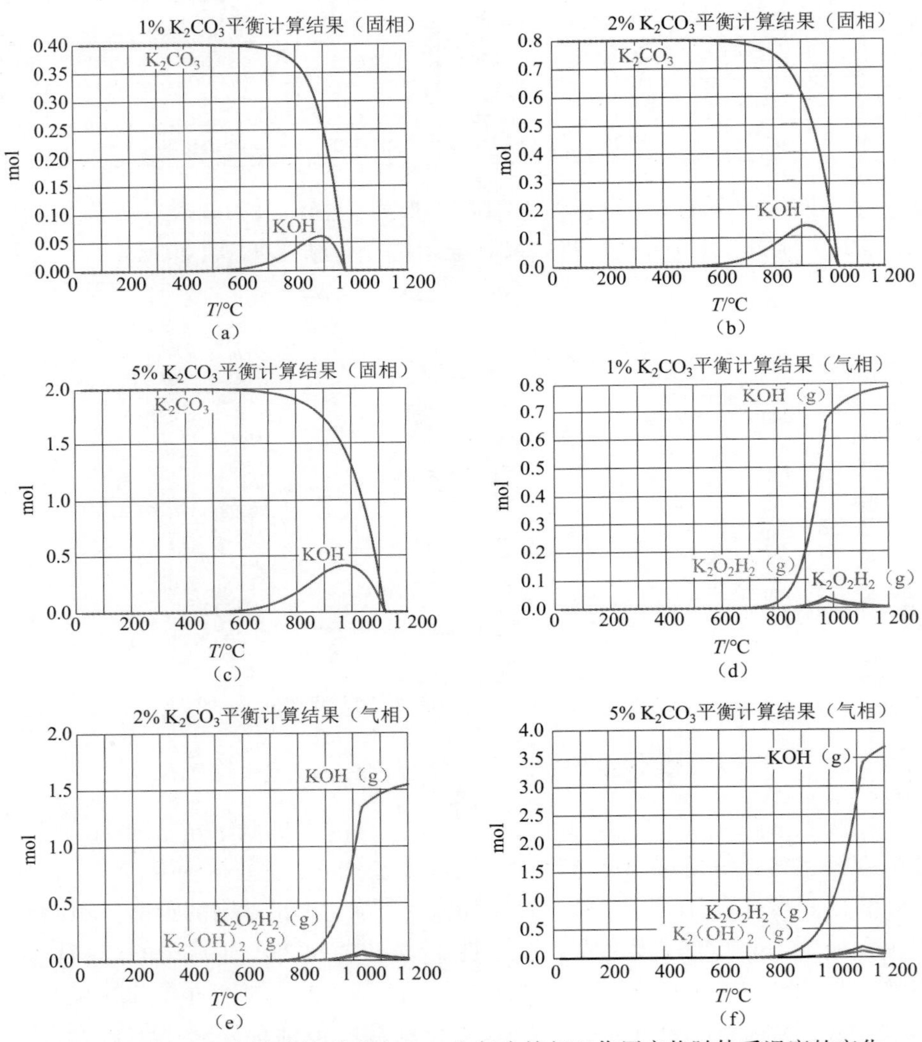

图4.30　含K_2CO_3添加剂细水雾与CH_4/空气火焰相互作用产物随体系温度的变化

由图4.30（a）~图4.30（c）可知，随着反应体系温度的升高，固态K_2CO_3颗粒的量减小，固态KOH的量出现先增加后减小的现象，这是由于水蒸气的存在增加了K_2CO_3的活性，在火焰温度下发生了K_2CO_3的水解反应式(4.27)，生成大量的KOH，而当温度高于KOH熔点温度404 ℃时，固态KOH逐渐熔融，因此固态KOH含量会降低。由K_2CO_3-KOH体系相图4.31可知，随着体系中KOH摩尔含量的增加，固态K_2CO_3-KOH混合物转变成熔融态混合物的温度逐渐降低，当KOH的摩尔含量为89.7%时，体系混合物熔点温度达到最低。即水蒸气条件下，K_2CO_3活性增加的实质是由于体系中KOH的体积含量不断增加，降低了固态K_2CO_3转换成熔融态K_2CO_3的温度，降低了打开K_2CO_3化学键并释放出K^+的“难度”。

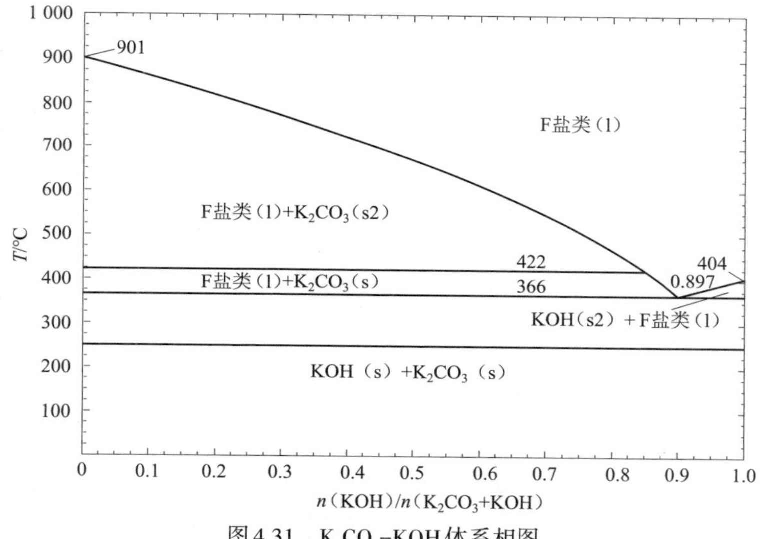

图4.31　K_2CO_3-KOH体系相图
（数据来自FTsalt-FACT盐类数据库）

由于KOH的熔点较低，随着体系温度的不断增加，越来越多的KOH熔化并蒸发成气态KOH，导致凝聚相KOH的量不断减小。由图4.30（d）~图4.30（f）可知，当含K_2CO_3添加剂细水雾与CH_4/空气燃烧体系达到化学平衡时，体系中含量最多的物质为气态的KOH、KOH的气态二聚体$K_2O_2H_2$及$K_2(OH)_2$等物质。当体系温度为800 ℃时，可以看出体系中稳定存在的固态物质为K_2CO_3和KOH的混合物，与实验得到的结论一致。但是，在平衡计算中，当温度达到1 000 ℃左右时，体系中几乎不存在固态的K_2CO_3和KOH，与实验结论存在不一致的现象。这是由于实验是在一端开口的管式马弗炉装置中进行的，反应管与外部环境之间具有一定的热交换，马弗炉的智能温控器设定的温度略高于反应管中的实际温度，因此，实验结果与计算结果存在一定的偏差。

含K_2CO_3添加剂细水雾与CH_4/空气燃烧体系相互作用产物的平衡计算结果列于表4.14中。

表4.14 含K_2CO_3添加剂细水雾与CH_4/空气燃烧体系相互作用产物的平衡计算结果

物质	体积分数/%			物质	体积分数/%		
	1	2	5		1	2	5
$H_2O(g)$	39.8	39	36.6	$KOH(g)$	0.785	1.54	3.69
$N_2(g)$	31.6	31.6	31.6	$K_2O_2H_2(g)$	4.58×10^{-3}	1.76×10^{-2}	9.92×10^{-2}
$O_2(g)$	7.76	7.76	7.76	$K_2(OH)_2(g)$	2.54×10^{-3}	9.76×10^{-3}	5.49×10^{-2}
$CO_2(g)$	0.72	1.12	2.32	$K(g)$	4.14×10^{-4}	8.25×10^{-4}	2.06×10^{-3}
$OH(g)$	9.08×10^{-3}	9.00×10^{-3}	8.75×10^{-3}	$K_2CO_3(g)$	8.09×10^{-6}	4.94×10^{-5}	6.14×10^{-4}
$H_2(g)$	1.65×10^{-4}	1.62×10^{-4}	1.53×10^{-4}	$KO(g)$	2.85×10^{-5}	5.66×10^{-5}	1.40×10^{-4}
$O(g)$	7.00×10^{-5}	7.02×10^{-5}	7.07×10^{-5}	$K_2O(g)$	3.70×10^{-8}	1.46×10^{-7}	8.88×10^{-7}
$HO_2(g)$	3.77×10^{-5}	3.73×10^{-5}	3.60×10^{-5}	$K_2O_2(g)$	1.30×10^{-8}	5.10×10^{-8}	3.08×10^{-7}
$CO(g)$	7.54×10^{-6}	1.18×10^{-5}	2.45×10^{-5}	$KH(g)$	1.19×10^{-9}	2.35×10^{-9}	5.66×10^{-9}
$H_2O_2(g)$	2.21×10^{-6}	2.16×10^{-6}	2.02×10^{-6}	$K_2(g)$	2.57×10^{-11}	1.02×10^{-10}	6.21×10^{-10}
$H(g)$	1.48×10^{-6}	1.47×10^{-6}	1.44×10^{-6}	K_2CO_3	1.00×10^{-36}	1.00×10^{-36}	1.00×10^{-36}
$HCO(g)$	2.28×10^{-16}	3.52×10^{-16}	7.09×10^{-16}	KO_2	1.00×10^{-36}	1.00×10^{-36}	1.00×10^{-36}
$CH_4(g)$	8.57×10^{-28}	1.28×10^{-27}	2.34×10^{-27}	K_2O	1.00×10^{-36}	1.00×10^{-36}	1.00×10^{-36}
$CH_3(g)$	1.57×10^{-28}	2.38×10^{-28}	4.50×10^{-28}	K_2O_2	1.00×10^{-36}	1.00×10^{-36}	1.00×10^{-36}
$CH_2(g)$	1.39×10^{-30}	2.14×10^{-30}	4.19×10^{-30}	K	1.00×10^{-36}	1.00×10^{-36}	1.00×10^{-36}
$CH(g)$	5.88×10^{-32}	9.14×10^{-32}	1.85×10^{-31}	KOH	1.00×10^{-36}	1.00×10^{-36}	1.00×10^{-36}
$C(g)$	4.01×10^{-31}	6.31×10^{-31}	1.32×10^{-30}	$C_2H_4(g)$	1.00×10^{-36}	1.00×10^{-36}	1.00×10^{-36}
$C_2H_2(g)$	1.00×10^{-36}	1.00×10^{-36}	1.00×10^{-36}	$C_2H_5(g)$	1.00×10^{-36}	1.00×10^{-36}	1.00×10^{-36}
$C_2H_3(g)$	1.00×10^{-36}	1.00×10^{-36}	1.00×10^{-36}	$C_2H_6(g)$	1.00×10^{-36}	1.00×10^{-36}	1.00×10^{-36}

由表4.14可知，含K_2CO_3添加剂细水雾与CH_4/空气燃烧体系达到化学平衡时，与火焰中主要自由基OH、H和O的浓度相当的含K的化合物有气态KOH、$K_2O_2H_2$、$K_2(OH)_2$、K、KO、K_2O等，并且浓度随着溶液中K_2CO_3质量分数的增加而增大。平衡产物中存在一定数量的气态K_2CO_3，说明K_2CO_3具有一定的挥发性，有利于K_2CO_3发挥化学灭火效能。

4.3.3.2　KNO_3的化学热力学分析

KNO_3在水蒸气气氛下可能发生的化学反应及反应路径为：

$$2KNO_3 = K_2O + NO + NO_2 + O_2 \tag{4.31}$$

$$2KNO_3 = 2KNO_2 + O_2 \tag{4.32}$$

$$2KNO_2 = K_2O + NO + NO_2 \tag{4.33}$$

由于KNO_2的标准吉布斯自由能在高于298 K温度条件下是不适用的，因此，热力学计算依据反应式（4.31）的路径进行。KNO_3在水蒸气气氛下可能发生的反应为：

$$2KNO_3 + H_2O = 2KOH + NO + NO_2 + O_2 \tag{4.34}$$

应用式（4.26）对反应式（4.31）及式（4.34）的ΔG^θ进行计算，所用热力学参数及计算结果列于表4.15。

表4.15　反应式（4.31）及式（4.34）的热力学参数表

（a）反应式（4.31）（ΔH^θ_{298} = 745.129 kJ）

T/K	$\phi(KNO_3)$	$\phi(K_2O)$	$\phi(NO)$	$\phi(NO_2)$	$\phi(O_2)$	$\Delta\phi_T$	ΔG^θ/kJ	备注
298	132.884	94.140	210.664	239.911	205.016	483.963	600.908	
300	132.886	94.142	210.665	239.912	205.017	483.964	599.940	
400	136.826	97.256	211.837	241.415	206.189	483.045	551.911	
401	136.891	97.324	211.859	241.445	206.211	483.057	551.423	$KNO_3(\alpha)$
401	136.891	97.324	211.859	241.445	206.211	483.057	551.423	$KNO_3(\beta)$
500	147.348	104.040	214.071	244.371	208.433	476.219	507.020	
600	158.427	111.502	216.598	247.804	210.982	470.032	463.110	
607	159.197	112.038	216.777	248.052	211.163	469.636	460.060	KNO_3熔点
607	159.197	112.038	216.777	248.052	211.163	469.636	460.060	液态KNO_3
700	171.358	119.157	219.157	251.350	213.567	460.515	422.769	

（b）反应式（4.34）（ΔH^θ_{298} = 500.762 kJ）

T/K	$\phi(KNO_3)$	$\phi(H_2O)$	$\phi(KOH)$	$\phi(NO)$	$\phi(NO_2)$	$\phi(O_2)$	$\Delta\phi_T$	ΔG^θ/kJ	备注
298	132.884	188.724	79.287	210.664	239.911	205.016	359.67	393.58	
300	132.886	188.725	79.288	210.665	239.912	205.017	359.67	392.86	
400	136.826	190.057	81.966	211.837	241.415	206.189	359.66	356.90	

续表

T/K	$\phi(KNO_3)$	$\phi(H_2O)$	$\phi(KOH)$	$\phi(NO)$	$\phi(NO_2)$	$\phi(O_2)$	$\Delta\phi_T$	ΔG^θ/kJ	备注
401	136.891	190.082	82.019	211.859	241.445	206.211	359.69	356.53	$KNO_3(\alpha)$
401	136.891	190.082	82.019	211.859	241.445	206.211	359.69	356.53	$KNO_3(\beta)$
500	147.348	192.597	87.266	214.071	244.371	208.433	354.11	323.71	
522	149.785	193.231	88.590	214.627	245.126	208.994	353.13	316.43	$KOH(\alpha)$
522	149.785	193.231	88.590	214.627	245.126	208.994	353.13	316.43	$KOH(\beta)$
600	158.427	195.481	95.030	216.598	247.804	210.982	353.11	288.90	
607	159.197	195.686	95.615	216.777	248.052	211.163	353.14	286.41	KNO_3熔点
607	159.197	195.686	95.615	216.777	248.052	211.163	353.14	286.41	液态KNO_3
673	167.867	197.621	100.784	218.466	250.393	212.869	349.94	265.25	KOH熔点
673	167.867	197.621	100.784	218.466	250.393	212.869	349.94	265.25	液态KOH
700	171.358	198.413	103.380	219.157	251.350	213.567	349.71	255.97	

对不同温度下的ΔG^θ进行线性拟合，得到在298～700 K条件下，反应式（4.31）及式（4.34）的标准吉布斯自由能变化结果，如图4.32所示。

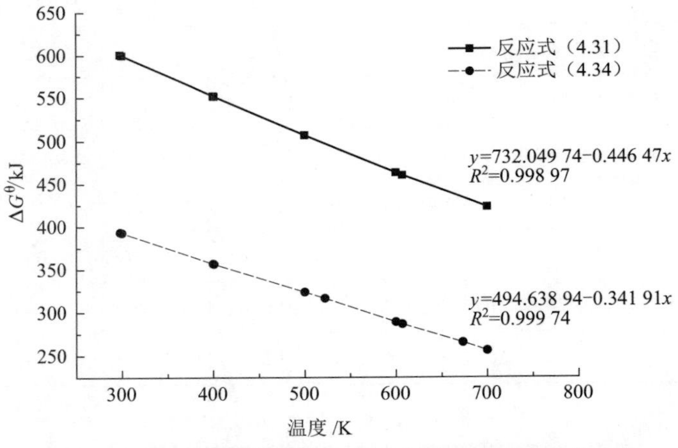

图4.32　KNO_3在水蒸气条件下反应标准吉布斯自由能变化

反应式（4.31）及式（4.34）拟合所得直线的置信概率R^2值较高，说明按拟合关系式计算所取温度范围内不同温度条件下ΔG^θ的精确度较高。由图4.32可知，当有水蒸气存在时，KNO_3更易发生分解反应，生成的K_2O可以自发地发生水解反应并生成KOH。KNO_3的活性始于其分解反应式（4.21），

KNO_2可能为其反应过程中的中间产物。虽然热力学计算表明反应式（4.31）具有较高的ΔG^θ值，但热分析实验可以证明这个反应的存在。

应用HSC CHEMISTRY 6.0对含KNO_3添加剂细水雾与CH_4/空气燃烧体系相互作用的产物进行平衡计算，得到产物随体系温度变化的结果如图4.33所示。

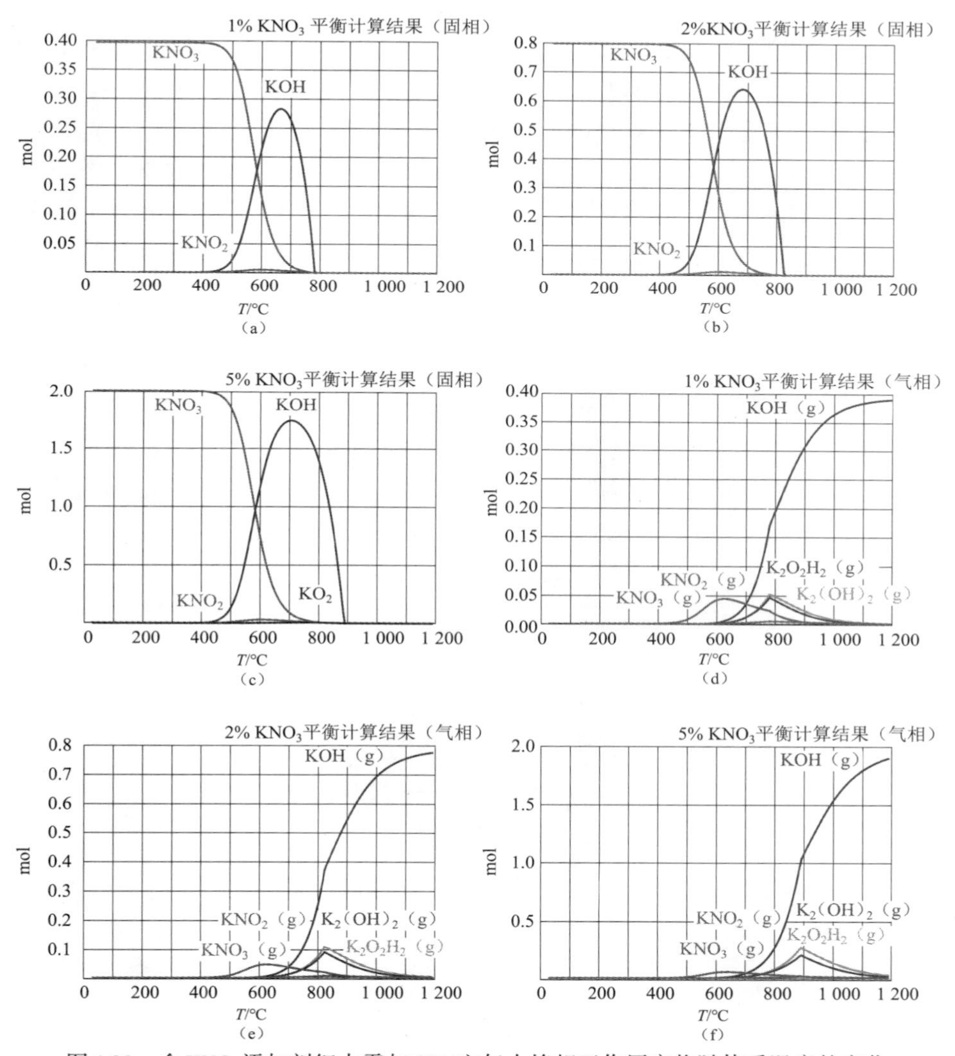

图4.33　含KNO_3添加剂细水雾与CH_4/空气火焰相互作用产物随体系温度的变化

由图4.33（a）~图4.33（c）可知，随着反应体系温度的升高，固态KNO_3颗粒的量减小，固态KOH的量出现先增加后减小的现象并且平衡产物中KOH的量多于K_2CO_3体系平衡产物中KOH的量。由反应式（4.31）及式（4.34）可以看出，水蒸气的存在明显增加了KNO_3的活性，使KNO_3更容易发生分解反应并释放出灭火活性物质。当体系温度在800～1 000 ℃范围内时，KNO_3体系的平衡产物中存在一定量的KNO_3、KNO_2、KOH与KO_2的混合物，与实验结果相一致。Liu通过热力学计算表明，K在过量空气中的稳定产物是KO_2，KO_2可以再与过量的空气发生反应，生成KO_3。由于管式马弗炉在半开放状态下会进入大量的空气，空气中的O_2与产物中的KO_2发生化学反应，因此，XRD实验表明，在水蒸气条件下，KNO_3发生的复杂分解反应的最终产物为KOH、KO_2、KO_3的混合物。

由图4.33（d）～图4.33（f）可知，KNO_3体系达到化学平衡时，除含量较多的气态的KOH及气态KOH的二聚体$K_2O_2H_2$及$K_2(OH)_2$等物质外，还有少量的气态KNO_3和KNO_2，说明这两种物质具有一定的挥发性，有利于KNO_3化学灭火效能的发挥。

KNO_3-KOH体系相图如图4.34所示。

由KNO_3-KOH体系相图结构可知，KNO_3-KOH混合物体系中混合物的熔点低于K_2CO_3-KOH混合物，说明KNO_3在KOH存在的条件下能在更低的温度下打开K—N化学键并释放出K，理论上比K_2CO_3具有更好的化学灭火效能。当气态KOH在体系中的体积分数达到31.3%～63.8%时，KNO_3-KOH混合物的熔点相对较低，说明此区间内的KNO_3更容易发挥化学灭火效能。

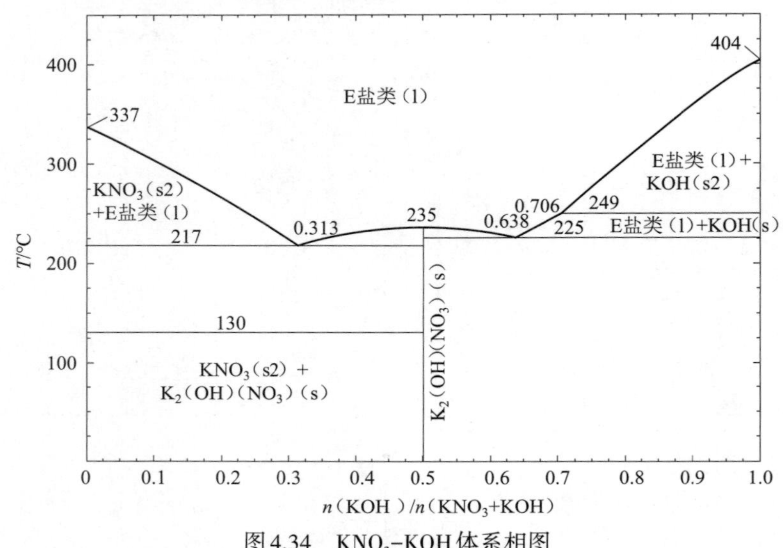

图4.34　KNO_3-KOH体系相图

（数据来自FTsalt-FACT盐类数据库）

含KNO_3添加剂细水雾与CH_4/空气燃烧体系相互作用产物的平衡计算结果列于表4.16中。

表4.16　含KNO_3添加剂细水雾与CH_4/空气燃烧体系相互作用产物平衡计算结果

物质	体积分数/%			物质	体积分数/%		
	1	2	5		1	2	5
$H_2O(g)$	40	39.4	37.6	KOH(g)	0.395	0.784	1.91
$N_2(g)$	31.8	32.0	32.6	$K_2O_2H_2(g)$	1.16×10^{-3}	4.52×10^{-3}	2.64×10^{-2}
$O_2(g)$	8.23	8.73	10.2	$K_2(OH)_2(g)$	6.42×10^{-4}	2.51×10^{-3}	1.47×10^{-2}
$CO_2(g)$	0.32	0.32	0.32	K(g)	2.05×10^{-4}	4.05×10^{-4}	9.86×10^{-4}
NO(g)	4.6×10^{-2}	4.76×10^{-2}	5.2×10^{-2}	$KNO_3(g)$	7.23×10^{-5}	1.55×10^{-4}	4.64×10^{-4}
OH(g)	9.24×10^{-3}	9.32×10^{-3}	9.52×10^{-3}	$KNO_2(g)$	7.78×10^{-4}	1.62×10^{-3}	4.54×10^{-3}
$NO_2(g)$	1.9×10^{-4}	2.02×10^{-4}	2.36×10^{-4}	KO(g)	1.45×10^{-5}	2.95×10^{-5}	7.69×10^{-5}
$H_2(g)$	1.61×10^{-4}	1.55×10^{-4}	1.38×10^{-4}	$K_2O(g)$	9.33×10^{-9}	3.72×10^{-8}	2.32×10^{-7}
O(g)	7.22×10^{-5}	7.46×10^{-5}	8.14×10^{-5}	$K_2O_2(g)$	3.37×10^{-9}	1.38×10^{-8}	9.22×10^{-8}
$HO_2(g)$	3.95×10^{-5}	4.09×10^{-5}	4.48×10^{-5}	KH(g)	5.84×10^{-10}	1.13×10^{-9}	2.56×10^{-9}
CO(g)	3.26×10^{-6}	3.18×10^{-6}	2.96×10^{-6}	$K_2(g)$	6.29×10^{-12}	2.44×10^{-11}	1.42×10^{-10}
$H_2O_2(g)$	2.29×10^{-6}	2.31×10^{-6}	2.37×10^{-6}	KNO_3	1.00×10^{-36}	1.00×10^{-36}	1.00×10^{-36}
H(g)	1.46×10^{-6}	1.44×10^{-6}	1.37×10^{-6}	KNO_2	1.00×10^{-36}	1.00×10^{-36}	1.00×10^{-36}
N(g)	1.53×10^{-12}	1.54×10^{-12}	1.57×10^{-12}	KO_2	1.00×10^{-36}	1.00×10^{-36}	1.00×10^{-36}
HCO(g)	9.74×10^{-17}	9.26×10^{-17}	8.07×10^{-17}	K_2O	1.00×10^{-36}	1.00×10^{-36}	1.00×10^{-36}
$CH_4(g)$	3.43×10^{-28}	2.96×10^{-28}	1.96×10^{-28}	K_2O_2	1.00×10^{-36}	1.00×10^{-36}	1.00×10^{-36}
$CH_3(g)$	6.37×10^{-29}	5.62×10^{-29}	3.99×10^{-29}	K	1.00×10^{-36}	1.00×10^{-36}	1.00×10^{-36}
$CH_2(g)$	5.73×10^{-31}	5.18×10^{-31}	3.94×10^{-31}	KOH	1.00×10^{-36}	1.00×10^{-36}	1.00×10^{-36}
CH(g)	2.45×10^{-32}	2.27×10^{-32}	1.84×10^{-32}	$C_2H_4(g)$	1.00×10^{-36}	1.00×10^{-36}	1.00×10^{-36}
C(g)	1.69×10^{-31}	1.61×10^{-31}	1.40×10^{-31}	$C_2H_5(g)$	1.00×10^{-36}	1.00×10^{-36}	1.00×10^{-36}
$C_2H_2(g)$	1.00×10^{-36}	1.00×10^{-36}	1.00×10^{-36}	$C_2H_6(g)$	1.00×10^{-36}	1.00×10^{-36}	1.00×10^{-36}
$C_2H_3(g)$	1.00×10^{-36}	1.00×10^{-36}	1.00×10^{-36}				

由表4.16可知，含KNO_3添加剂细水雾与CH_4/空气燃烧体系达到化学平衡时，与火焰中主要自由基OH、H和O的浓度相当的含K的化合物有气态KOH、$K_2O_2H_2$、$K_2(OH)_2$、K、KO、K_2O等，并且浓度随着溶液中KNO_3质量分数的增加而增大。但是，KOH及K_xO_y化合物在平衡产物中总体的量不如K_2CO_3体系的多，即与K_2CO_3体系相比，在特征时间t_4内参与气相反应的灭火

活性物质的量较少。气态KNO_3在平衡产物中的量多于K_2CO_3体系中的气态K_2CO_3，弥补了在KNO_3平衡产物中灭火活性物质的不足，表现在实验结果中，则是含KNO_3添加剂细水雾的化学灭火效能与含K_2CO_3添加剂细水雾相差不大。

4.3.3.3 KCl的化学热力学分析

KCl在水蒸气气氛下可能发生的化学反应及反应路径为：

$$KCl + H_2O = KOH + HCl \tag{4.35}$$

应用式（4.26）对反应式（4.35）的ΔG^θ进行计算，所用热力学参数及计算结果列于表4.17。

表4.17 反应式（4.35）热力学参数表（$\Delta H_{298}^\theta = 161.774$ kJ）

T/K	ϕ(KCl)	$\phi(H_2O)$	ϕ(KOH)	ϕ(HCl)	$\Delta\phi_T$	ΔG^θ/kJ	备注
298	82.550	188.724	79.287	186.744	–5.243	163.336	
300	82.551	188.725	79.288	186.775	–5.213	163.338	
400	84.589	190.057	81.966	187.918	–4.762	163.679	
500	88.463	192.597	87.266	190.073	–3.721	163.635	
522	89.431	193.231	88.590	190.605	–3.467	163.584	KOH(α)
522	89.431	193.231	88.590	190.605	–3.467	163.584	KOH（β）
600	92.863	195.481	95.030	192.492	–0.822	162.267	
673	96.139	197.621	100.784	194.270	1.294	160.903	KOH熔点
673	96.139	197.621	100.784	194.270	1.294	160.903	液态KOH
700	97.350	198.413	103.380	194.927	2.544	159.993	
800	101.764	201.285	112.380	197.290	6.621	156.477	
900	106.045	204.057	120.537	199.551	9.986	152.787	
1000	110.174	206.716	127.987	201.703	12.8	148.974	
1044	111.943	207.836	131.002	202.603	13.826	147.340	KCl熔点
1044	111.943	207.836	131.002	202.603	13.826	147.340	液态KCl
1100	115.441	209.262	134.840	203.748	13.885	146.501	
1200	121.306	211.700	141.181	205.692	13.867	145.134	
1300	126.741	214.039	147.079	207.544	13.843	143.778	
1400	131.804	216.285	152.592	209.310	13.813	142.436	

对不同温度下的ΔG^{θ}进行线性拟合，得到在298～1 400 K条件下，反应式（4.35）的标准吉布斯自由能变化结果，如图4.35所示。

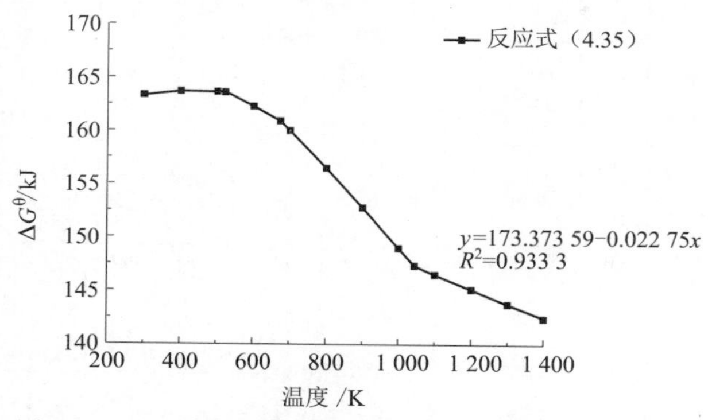

图4.35　KCl在水蒸气条件下反应标准吉布斯自由能变化

反应式（4.35）拟合所得直线的置信概率R^2值较高，说明按拟合关系式计算所取温度范围内不同温度条件下ΔG^{θ}的精确度较高。由热分析实验可知，当温度高于1 044 K时，固态KCl熔化，可以加速KCl的水解反应；另外，由于碱金属卤化物具有较高的饱和蒸气压，因此，一部分加速水解的反应可能来自气相水解。KOH是KCl活化过程中唯一可能的产物，与McKee和Verra等人的研究结论一致。Verra认为K_2O是KCl在汽化水蒸气条件下发生反应的第一步产物，但在水蒸气存在的条件下，K_2O会迅速转化成KOH，因此K_2O只能是反应的中间产物。

应用HSC CHEMISTRY 6.0对含KCl添加剂细水雾与CH_4/空气燃烧体系相互作用的产物进行平衡计算，得到产物随体系温度变化的结果，如图4.36所示。

由图4.36（a）～图4.36(c）可知，固体物质中只有KCl的量随体系温度的升高而减小，并没有稳定的固体KOH生成，XRD产物分析中也并未出现KOH特征衍射峰，说明虽然反应式（4.35）具有相对较低的ΔG^{θ}，但需要达到一定的温度条件会使反应变得容易发生。之前的分析表明，气态KOH是KCl在水蒸气存在的条件下唯一可能的产物，图4.36（e）～图4.36(f）表明，KCl体系的气态平衡产物中出现了一定的量的气态KOH，这是由于KCl具有较高的饱和蒸气压，因此，大量的固体KCl在火焰温度下转换为气态KCl，加速了KCl的水解反应，弥补了火场温度达不到使反应式（4.35）发生的不足。

KCl-KOH混合物体系相图如图4.37所示。

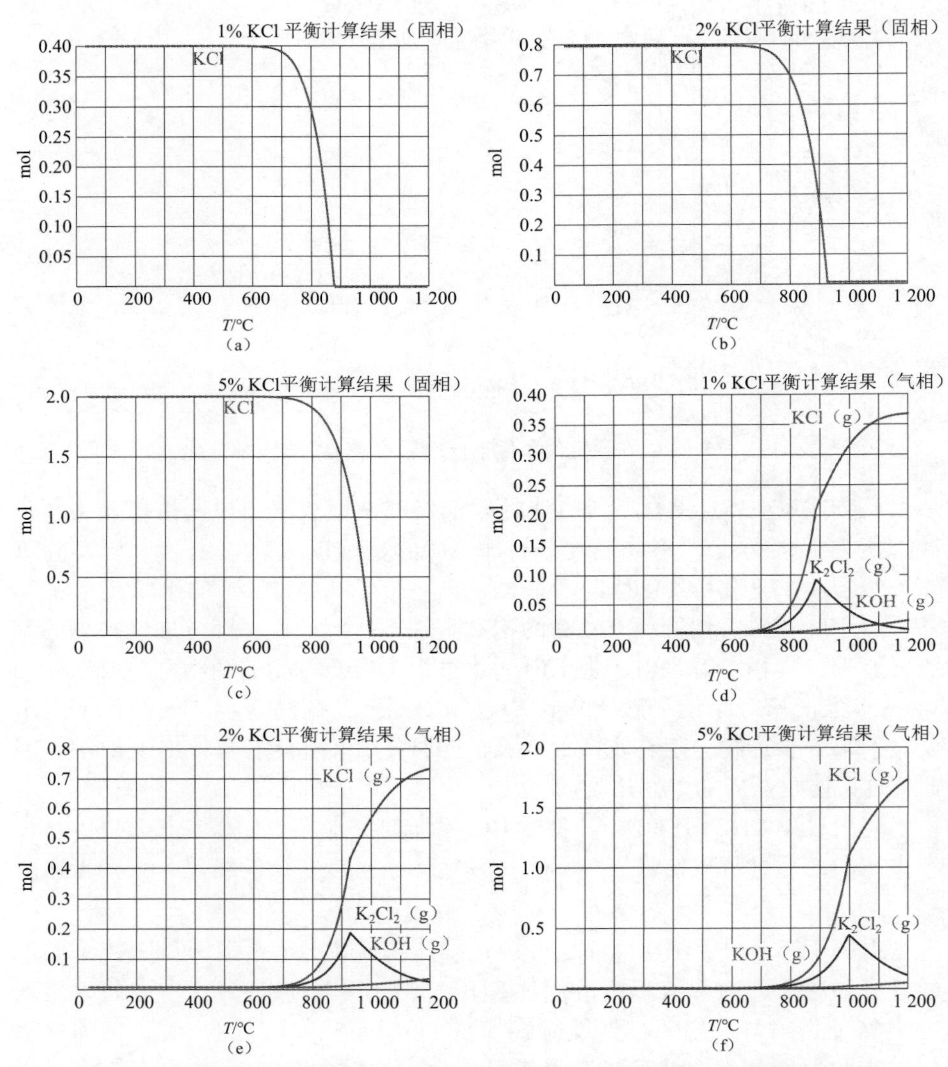

图4.36　含KCl添加剂细水雾与CH_4/空气火焰相互作用产物随体系温度的变化

相图结构表明，体系中KOH的存在对KCl具有一定的活化作用。体系中KOH-KCl混合物的熔点随KOH体积分数的增加而降低，虽然体系达到平衡时气态KOH的量较小，但10%的KOH即可使混合物熔点温度降低60%左右，说明KOH-KCl体系中的KOH不但能够提供化学灭火活性物质，对K—Cl键也存在削弱作用，使KCl更易提供K，发挥一定的化学灭火效能。

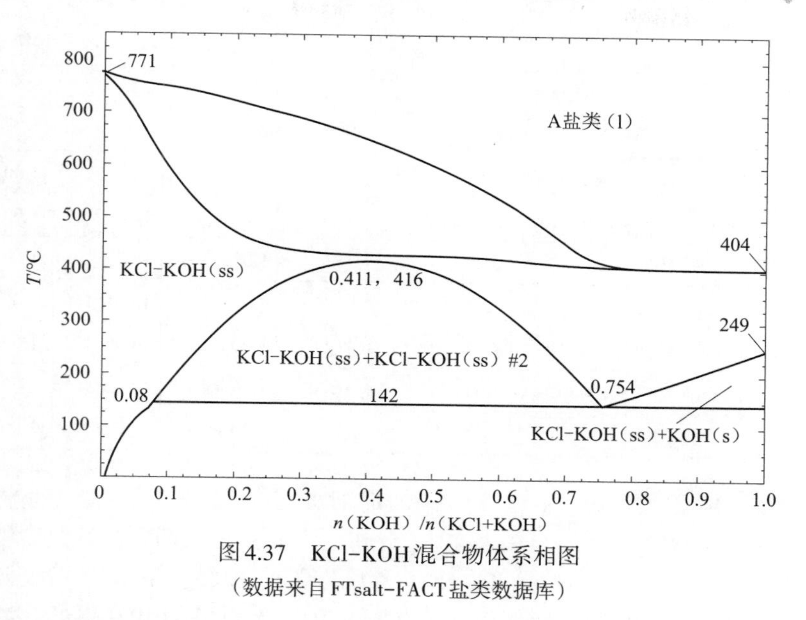

图4.37　KCl-KOH混合物体系相图

（数据来自FTsalt-FACT盐类数据库）

含KCl添加剂细水雾与CH_4/空气燃烧体系相互作用产物的平衡计算结果列于表4.18中。

表4.18　含KCl添加剂细水雾与CH_4/空气燃烧体系相互作用产物平衡计算结果

物质	体积分数/%			物质	体积分数/%		
	1	2	5		1	2	5
$H_2O(g)$	40.2	39.8	38.6	$KOH(g)$	1.99×10^{-2}	2.79×10^{-2}	4.23×10^{-2}
$N_2(g)$	31.6	31.6	31.6	$K_2O_2H_2(g)$	2.95×10^{-6}	5.80×10^{-6}	1.34×10^{-5}
$O_2(g)$	7.76	7.76	7.76	$K_2(OH)_2(g)$	1.64×10^{-6}	3.21×10^{-6}	7.41×10^{-6}
$CO_2(g)$	0.32	0.32	0.32	$K(g)$	1.04×10^{-5}	1.46×10^{-5}	2.26×10^{-5}
$HCl(g)$	1.99×10^{-2}	2.79×10^{-2}	4.24×10^{-2}	$KCl(g)$	0.371	0.735	1.75
$OH(g)$	9.11×10^{-3}	9.06×10^{-3}	8.92×10^{-3}	$K_2Cl_2(g)$	4.72×10^{-3}	1.85×10^{-2}	0.105
$H_2(g)$	1.66×10^{-4}	1.64×10^{-4}	1.59×10^{-4}	$KO(g)$	7.17×10^{-7}	1.01×10^{-6}	1.56×10^{-6}
$O(g)$	6.99×10^{-5}	6.99×10^{-5}	6.98×10^{-5}	$K_2O(g)$	2.35×10^{-11}	4.23×10^{-11}	6.41×10^{-11}
$HO_2(g)$	3.79×10^{-5}	3.77×10^{-5}	3.71×10^{-5}	$K_2O_2(g)$	8.26×10^{-12}	1.64×10^{-11}	3.90×10^{-11}
$CO(g)$	3.35×10^{-6}	3.35×10^{-6}	3.35×10^{-6}	$KH(g)$	3.02×10^{-11}	4.67×10^{-11}	1.11×10^{-10}
$H_2O_2(g)$	2.24×10^{-6}	2.22×10^{-6}	2.15×10^{-6}	$K_2(g)$	1.63×10^{-14}	3.23×10^{-14}	7.67×10^{-14}
$H(g)$	1.48×10^{-6}	1.47×10^{-6}	1.45×10^{-6}	KCl	1.00×10^{-36}	1.00×10^{-36}	1.00×10^{-36}
$HCO(g)$	1.02×10^{-16}	1.01×10^{-16}	9.98×10^{-17}	KO_2	1.00×10^{-36}	1.00×10^{-36}	1.00×10^{-36}

续表

物质	体积分数/%			物质	体积分数/%		
	1	2	5		1	2	5
$CH_4(g)$	3.90×10^{-28}	3.82×10^{-28}	3.59×10^{-28}	K_2O	1.00×10^{-36}	1.00×10^{-36}	1.00×10^{-36}
$CH_3(g)$	7.10×10^{-29}	6.99×10^{-29}	6.67×10^{-29}	K_2O_2	1.00×10^{-36}	1.00×10^{-36}	1.00×10^{-36}
$CH_2(g)$	6.27×10^{-31}	6.21×10^{-31}	6.02×10^{-31}	K	1.00×10^{-36}	1.00×10^{-36}	1.00×10^{-36}
CH(g)	2.63×10^{-32}	2.62×10^{-32}	2.58×10^{-32}	KOH	1.00×10^{-36}	1.00×10^{-36}	1.00×10^{-36}
C(g)	1.79×10^{-31}	1.78×10^{-31}	1.78×10^{-31}	$C_2H_4(g)$	1.00×10^{-36}	1.00×10^{-36}	1.00×10^{-36}
$C_2H_2(g)$	1.00×10^{-36}	1.00×10^{-36}	1.00×10^{-36}	$C_2H_5(g)$	1.00×10^{-36}	1.00×10^{-36}	1.00×10^{-36}
$C_2H_3(g)$	1.00×10^{-36}	1.00×10^{-36}	1.00×10^{-36}	$C_2H_6(g)$	1.00×10^{-36}	1.00×10^{-36}	1.00×10^{-36}

由表4.18的数据可知，含KCl添加剂细水雾与CH_4/空气燃烧体系达到化学平衡时，与火焰中主要自由基OH、H和O的浓度相当的含K的化合物有气态KOH、$K_2O_2H_2$、$K_2(OH)_2$、K、KO、K_2O、KCl、K_2Cl_2等，并且浓度随着溶液中KCl质量分数的增加而增大。但是，KOH及K_xO_y化合物在平衡产物中总体的量不如K_2CO_3和KNO_3体系的多，即在特征时间t_4内参与气相反应的灭火活性物质的量较少。但由于KCl具有较强的挥发性，KCl体系的平衡产物中含有大量的气态KCl和K_2Cl_2等物质，使KCl的活性较高，表现在实验结果中，则是含KCl添加剂细水雾也具有一定程度的化学灭火效能。

4.3.3.4 KH_2PO_4的化学热力学分析

KH_2PO_4在高温时有无水蒸气的条件下只可能发生的化学反应及反应路径为：

$$nKH_2PO_4=(KPO_3)_n+nH_2O \tag{4.36}$$

因此，KH_2PO_4与水蒸气不能发生任何形式的反应，在高温下发生热分解反应生成稳定的玻璃态物质$(KPO_3)_n$。由于KPO_3热力学参数的缺失，无法应用式（4.26）对反应式（4.36）的ΔG^θ进行计算，但从热分析实验结果来看，KH_2PO_4的分解温度较低并且分解反应具有较低的活化能，说明反应式（4.36）的发生相对容易。

应用HSC CHEMISTRY 6.0对含KH_2PO_4添加剂细水雾与CH_4/空气燃烧体系相互作用的产物进行平衡计算，得到产物随体系温度变化的结果，如图4.38所示。

由图4.38（a）～图4.38（c）可知，随着体系温度的升高，固态KH_2PO_4的量在逐渐减小，并且KH_2PO_4减少量与固态KPO_3的增量基本一致，并无其他固态物质生成，与XRD实验结果一致。KH_2PO_4体系的气态平衡产物中有10^{-8}量级的气态KOH，但气态KOH并没有随着溶液中KH_2PO_4质量分数的增加而发生变化。

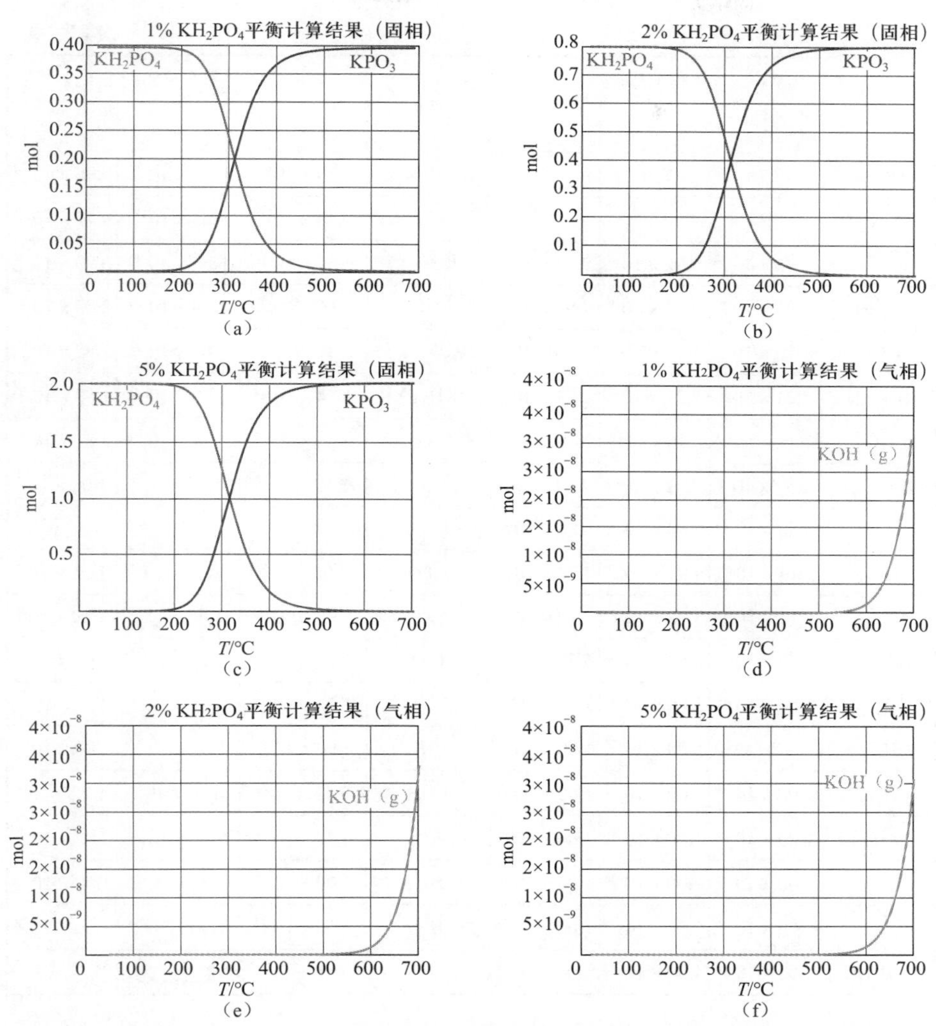

图4.38　含KH_2PO_4添加剂细水雾与CH_4/空气火焰相互作用产物随体系温度的变化

含KH_2PO_4添加剂细水雾与CH_4/空气燃烧体系相互作用产物的平衡计算结果列于表4.19中。

表4.19　含KH_2PO_4添加剂细水雾与CH_4/空气燃烧体系相互作用产物平衡计算结果

物质	体积分数/%			物质	体积分数/%		
	1	2	5		1	2	5
$H_2O(g)$	40.6	40.6	40.6	$KOH(g)$	3.21×10^{-8}	3.28×10^{-8}	3.33×10^{-8}
$N_2(g)$	31.6	31.6	31.6	$K_2O_2H_2(g)$	9.48×10^{-15}	9.92×10^{-15}	1.02×10^{-14}

续表

物质	体积分数/%			物质	体积分数/%		
	1	2	5		1	2	5
$O_2(g)$	7.76	7.76	7.76	$K_2(OH)_2(g)$	9.26×10^{-15}	9.69×10^{-15}	9.96×10^{-15}
$CO_2(g)$	0.32	0.32	0.32	$K(g)$	4.58×10^{-15}	4.69×10^{-15}	4.75×10^{-15}
$OH(g)$	9.96×10^{-6}	9.96×10^{-6}	9.96×10^{-6}	$KO(g)$	6.65×10^{-16}	6.80×10^{-16}	6.90×10^{-16}
$H_2(g)$	4.92×10^{-9}	4.92×10^{-9}	4.92×10^{-9}	$K_2O(g)$	1.86×10^{-25}	1.94×10^{-25}	2.00×10^{-25}
$O(g)$	1.70×10^{-9}	1.70×10^{-9}	1.70×10^{-9}	$K_2O_2(g)$	7.31×10^{-24}	7.65×10^{-24}	7.87×10^{-24}
$HO_2(g)$	2.21×10^{-7}	2.21×10^{-7}	2.21×10^{-7}	$KH(g)$	1.74×10^{-23}	1.78×10^{-23}	1.80×10^{-23}
$CO(g)$	2.46×10^{-11}	2.46×10^{-11}	2.46×10^{-11}	$K_2(g)$	3.54×10^{-32}	3.71×10^{-32}	3.81×10^{-32}
$H_2O_2(g)$	2.52×10^{-8}	2.52×10^{-8}	2.52×10^{-8}	KH_2PO_4	2.17×10^{-4}	4.34×10^{-4}	1.08×10^{-3}
$H(g)$	6.88×10^{-13}	6.88×10^{-13}	6.88×10^{-13}	KPO_3	0.4	0.8	2.0
$P_2O_5(g)$	5.14×10^{-18}	4.91×10^{-18}	4.78×10^{-18}	H_3PO_4	3.66×10^{-7}	7.15×10^{-7}	1.76×10^{-6}
$HCO(g)$	7.12×10^{-27}	7.12×10^{-27}	7.12×10^{-27}	KO_2	8.08×10^{-10}	1.65×10^{-9}	4.19×10^{-9}
$P_2O_3(g)$	6.79×10^{-33}	6.50×10^{-33}	6.32×10^{-33}	K_2O	1.99×10^{-21}	4.16×10^{-21}	1.07×10^{-20}
$CH_4(g)$	1.00×10^{-36}	1.00×10^{-36}	1.00×10^{-36}	K_2O_2	4.22×10^{-19}	8.83×10^{-19}	2.27×10^{-18}
$CH_3(g)$	1.00×10^{-36}	1.00×10^{-36}	1.00×10^{-36}	K	1.00×10^{-36}	1.00×10^{-36}	1.00×10^{-36}
$CH_2(g)$	1.00×10^{-36}	1.00×10^{-36}	1.00×10^{-36}	KOH	3.33×10^{-7}	6.80×10^{-7}	1.72×10^{-6}
$CH(g)$	1.00×10^{-36}	1.00×10^{-36}	1.00×10^{-36}	P_2O_5	4.35×10^{-12}	8.32×10^{-12}	2.02×10^{-11}
$C(g)$	1.00×10^{-36}	1.00×10^{-36}	1.00×10^{-36}	$C_2H_5(g)$	1.00×10^{-36}	1.00×10^{-36}	1.00×10^{-36}
$C_2H_3(g)$	1.00×10^{-36}	1.00×10^{-36}	1.00×10^{-36}	$C_2H_6(g)$	1.00×10^{-36}	1.00×10^{-36}	1.00×10^{-36}
$C_2H_4(g)$	1.00×10^{-36}	1.00×10^{-36}	1.00×10^{-36}				

由表4.19的数据可知，含KH_2PO_4添加剂细水雾与CH_4/空气燃烧体系达到化学平衡时，存在一定量的气态KOH、$K_2O_2H_2$、$K_2(OH)_2$、K、KO、K_2O等，并且浓度基本不受溶液中KH_2PO_4质量分数增加的影响。气态KOH及K_xO_y化合物在平衡产物中总体的量远低于K_2CO_3、KNO_3和KCl体系，平衡产物中KPO_3的“一家独大”也可以看作是含KH_2PO_4添加剂细水雾化学灭火效能不如其他钾盐添加剂的主要原因。

综上所述，含不同类型钾盐添加剂细水雾与火焰相互反应后，平衡产物中气态KOH、K及K_xO_y化合物的量的多少与钾盐溶液细水雾化学灭火效能的排序相一致，且其中气态KOH的含量最多，说明气态KOH为产生灭火活性物质的关键组分。另外，平衡产物中气态KOH的存在对K_2CO_3、KNO_3、KCl

添加剂的活性有一定的增强作用，通过降低K_2CO_3、KNO_3、KCl的熔点温度，达到破坏晶格结构，增强其参与火焰化学反应的目的。虽然KCl-H_2O体系的平衡产物中气态KOH的含量较少，但KCl具备一定的挥发性，平衡产物中气态KCl体积分数较高，加速了气相水解反应的进行。KH_2PO_4体系的平衡产物单一，并且气态KOH的量极少，相应地，含KH_2PO_4添加剂细水雾的化学灭火效能较差。

4.4 含钾盐添加剂粉体的Cup-burner灭火实验

由之前的分析可知，气态KOH有助于K_2CO_3、KNO_3、KCl添加剂活性的发挥，理论计算表明，气态KOH主要来自钾盐添加剂在水蒸气环境下的水解反应。本节通过设计实验，探讨有无水蒸气条件对K_2CO_3、KNO_3、KCl及KH_2PO_4化学灭火效能的影响，验证热力学理论计算的结果。

4.4.1 实验装置及方法

对Cup-burner实验系统进行改进，去掉细水雾发生及收集系统部分，换为小型干粉压力储罐，使整套装置适用于测量干粉灭火剂的最小灭火浓度。系统简图如图4.39所示。

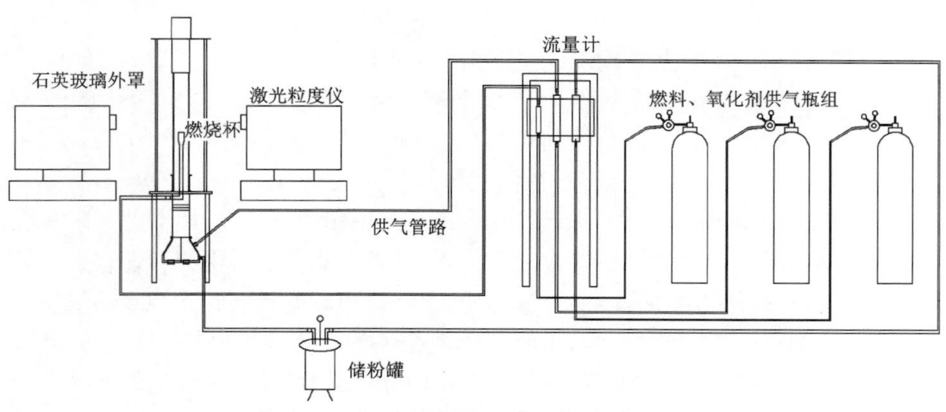

图4.39 干粉灭火剂最小灭火浓度测量系统

小型干粉压力储罐的进气口连接带有减压阀的空气瓶，使用空气作为供应干粉至火焰区的气体，通过调节减压阀的压力来调节供粉量。小型干粉压力储罐主要包括进气口、出气口、泄压口、压力表和安全阀。进气口连接的管路直通罐底，并在接近罐底的地方设置成伞状，同时，在每条支路上设置三个出气口，保证粉体能在供粉气的带动下在罐内进行充分预混后，再由出气口进入火焰反应区内。在小型干粉压力储罐与Cup-burner实验系统本体之间设置一个稳压罐，作用是尽量减小供粉气体对CH_4火焰燃烧的影响。小型干粉压力储罐实物及进气管结构如图4.40所示。

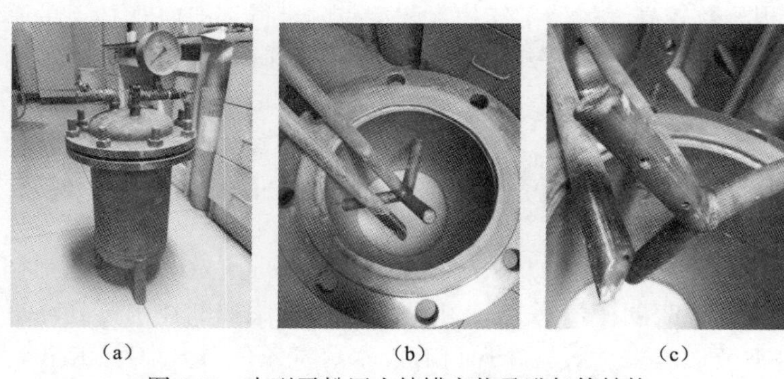

（a）　　（b）　　（c）

图4.40　小型干粉压力储罐实物及进气管结构

（a）小型干粉压力储罐；（b）进气管；（c）进气管底部

燃料部分选择CH_4，流量为0.32 L·min^{-1}；载气为空气，流量为40 L·min^{-1}，改变载气流中干粉的量，观察Cup-burner火焰的情况，直至火焰熄灭。灭火不成功的认定方法同第2章中纯水细水雾灭火实验。通过测量小型干粉压力储罐中干粉量的改变，计算不同类型粉体的最小灭火浓度，每次干粉浓度发生改变时，Cup-burner火焰维持燃烧60 s后进行下一次改变。

用于灭火的粉体选用K_2CO_3、KNO_3、KCl和KH_2PO_4。由第2章的分析可知，为了能使粉体在携流气体的带动下进入火焰反应区，需将粉体的粒径控制在62 μm以下，而未经任何处理的粉体颗粒粒径普遍大于100 μm，并不符合要求，因此，实验前需对待测粉体进行细化处理。

采用长沙天创粉末技术有限公司生产的GQM-10/15-4实验用球磨机来实现粉体的粉碎细化。杜欣和宋福党的研究表明，原料的种类、球磨机转速、投料量和球磨时间对粉体的细化效果存在一定的影响，当球磨机转速为200 r·min^{-1}、投料量为1 000 g、球磨时间为2 h时，所得粉体的细化效果最好。为尽量降低原料对细化效果的影响，将球磨后的不同钾盐粉体用ZBSX-92A型震击式标准振筛机进行筛分，得到粉碎细化后不同钾盐粉体的粒径分布，见表4.20。

将4种钾盐添加剂粉体中小于等于38 μm的部分用BT-9300型激光粒度仪进行粒度测试。实验过程为：取少量粉体放入烧杯中，加入80 mL无水乙醇制备成悬浮液，放入超声波分散器中进行分散，再取少量分散液加入测试槽中进行测试。设置乙醇介质的折射率为1.361，遮光率为10～20，根据不同的钾盐粉体设置颗粒折射率，连续测试5次取平均值，得到4种钾盐添加剂粉体的粒径分布，列于表4.21中。

表4.20　不同钾盐添加剂粉体细化筛分后粒径分布 %

粉体种类	粉体粒度分布				
	≤38 μm	38 ~ 63 μm	63 ~ 125 μm	125 ~ 250 μm	>250 μm
K_2CO_3	83.7	14.5	1.5	0.3	0.0
KNO_3	85.8	10.2	1.4	0.6	0.0
KCl	80.3	17.7	1.0	1.0	0.0
KH_2PO_4	72.4	18.6	8.4	0.6	0.0

表4.21　不同钾盐添加剂粉体的粒径测试结果

粉体种类	D_{50}/μm	D_{90}/μm
K_2CO_3	11.93	28.50
KNO_3	10.23	20.14
KCl	11.57	23.68
KH_2PO_4	10.39	21.41

由结果可知，经粉碎细化的4种钾盐添加剂粉体的粒径较为平均，粉体粒径对灭火效能的影响可以忽略不计，并且粉体的粒径小于等于62 μm，可以被携流气体带入火焰反应区。

4.4.2　结果与讨论

图4.41给出的是不同类型钾盐添加剂粉体与扩散火焰相互作用时的火焰颜色和外形。

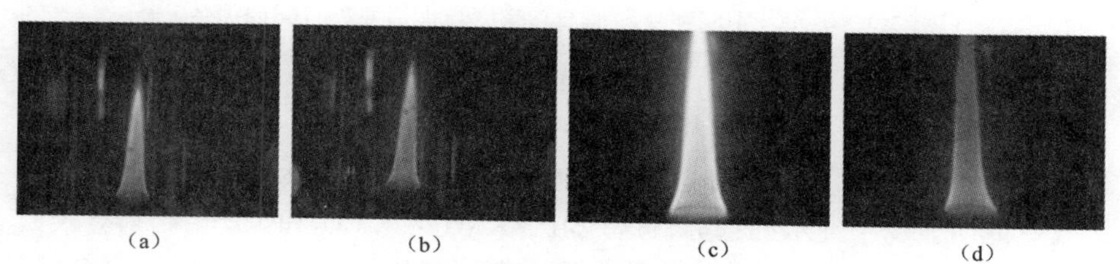

（a）　（b）　（c）　（d）

图4.41　不同钾盐添加剂粉体作用下火焰颜色与外形

（a）K_2CO_3粉体；（b）KNO_3粉体；（c）KCl粉体；（d）KH_2PO_4粉体

由图4.41可知，与纯水细水雾相比，加入钾盐粉体后，火焰的外形与颜色均发生显著变化。由于火焰受到钾盐粉体的抑制作用，火焰高度明显降低，并且在燃烧杯口和石英玻璃管壁附着大量固体颗粒，同时出现焰色反应的现象。由于不同钾盐添加剂粉体在火焰温度下的表现不同，导致参与燃烧抑制反应的机制不同，所发生的焰色反应并不完全相同。

图4.42为不同钾盐添加剂粉体抑制熄灭CH_4扩散火焰的粉体密度与灭火时间关系图。

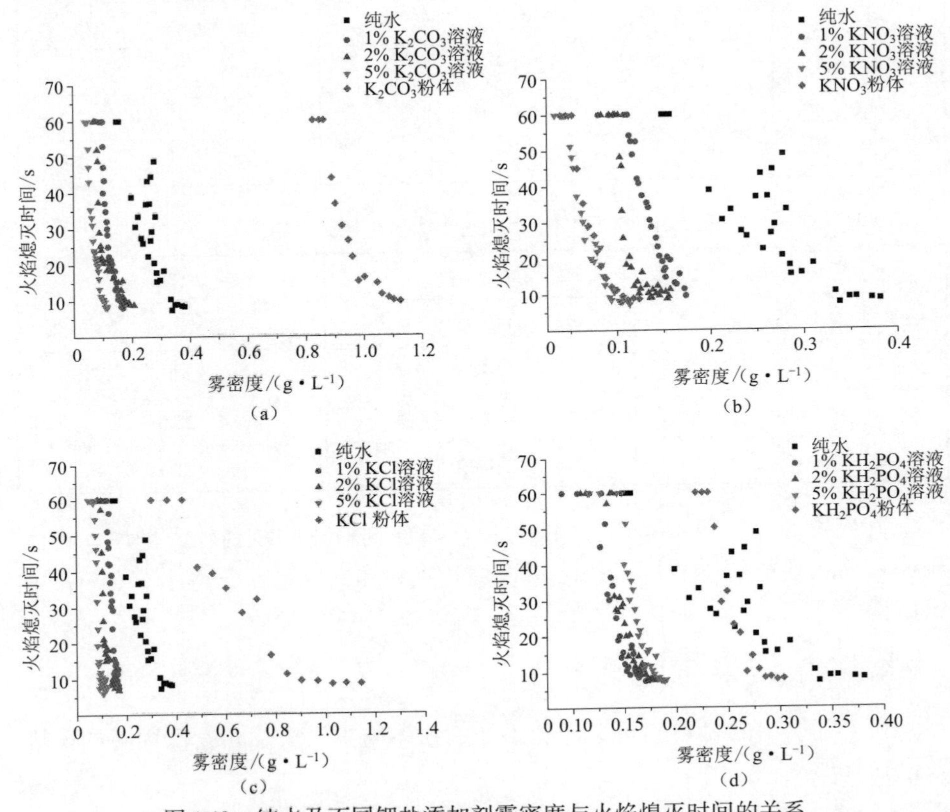

图4.42 纯水及不同钾盐添加剂雾密度与火焰熄灭时间的关系

(a) K_2CO_3；(b) KNO_3；(c) KCl溶液；(d) KH_2PO_4

由图4.42可知，在无水蒸气环境中，KNO_3干粉具有一定的化学灭火作用，KH_2PO_4干粉的灭火效率与纯水细水雾相差不多，而K_2CO_3和KCl干粉的灭火效能明显弱于纯水细水雾，这是由于KNO_3与K_2CO_3和KCl相比具有较低的熔点和热分解温度，并且在火焰温度下能直接生成K_xO_y灭火活性物质，因此具有较好的化学灭火效能。KH_2PO_4的热分解温度较低，分解吸热有助于抑制火焰，并且分解后产生大量稳定的白色玻璃态物质覆盖在燃烧杯燃气管路口，也对火焰的燃烧起到一定的抑制作用。K_2CO_3和KCl在CH_4火焰温度条件下相对稳定，KCl的熔点较低并且具有一定的挥发性，因此，从灭火效能上来看略占优势。虽然CH_4火焰温度在1 000 ℃左右，高于K_2CO_3的熔点，但在大量K_2CO_3粉体的作用下，火焰温度基本维持在K_2CO_3的熔点温度以下，很难打开K_2CO_3的化学键而发挥其化学灭火效能。

然而，在水蒸气存在的条件下，K_2CO_3和KCl添加剂细水雾的化学灭火效能明显优于纯水细水雾，说明在火焰温度下，水蒸气对K_2CO_3和KCl有一定的活化作用，与之前的理论分析结果相一致。含5% KNO_3添加剂细水雾的灭火效能与KNO_3干粉差不多，说明高温下水蒸气对KNO_3也具有一定的活化作用，在细水雾中继续增加KNO_3的质量分数会使KNO_3溶液细水雾的灭火效能强于KNO_3干粉。水蒸气条件下KH_2PO_4的灭火效能也略好于单独使用纯水细水雾或KH_2PO_4干粉，说明KH_2PO_4与K_2CO_3和KCl一样，与水蒸气具有协同灭火作用，只是协同作用的效果不如K_2CO_3和KCl的明显。

纯水、不同钾盐添加剂细水雾与不同钾盐添加剂粉体的最小灭火浓度实验结果列于表4.22。这里的最小灭火浓度只取上限值，与纯水细水雾灭火相比，灭火效率提高的百分比作为参考值列于表中。

表4.22　纯水、不同钾盐添加剂细水雾与不同钾盐添加剂粉体的最小灭火浓度

g·L^{-1}

灭火剂	MEC	提升百分比/%	灭火剂	MEC	提升百分比/%
纯水	0.266	0	1%KCl溶液	0.133	50
1% K_2CO_3溶液	0.114	57.14	2%KCl溶液	0.112	57.89
2% K_2CO_3溶液	0.085	68.05	5%KCl溶液	0.097	63.53
5% K_2CO_3溶液	0.052	80.45	KCl干粉	0.781	−193.61
K_2CO_3干粉	0.961	−261.28	1%KH_2PO_4溶液	0.133	50
1% KNO_3溶液	0.157	40.98	2%KH_2PO_4溶液	0.146	45.11
2% KNO_3溶液	0.118	55.64	5%KH_2PO_4溶液	0.154	42.11
5% KNO_3溶液	0.069	74.06	KH_2PO_4干粉	0.255	41.35
KNO_3干粉	0.090	66.17			

由表中数据可知，质量分数为5%的K_2CO_3和KCl溶液细水雾将K_2CO_3和KCl粉体的灭火效率分别提升94.59%和87.58%，说明水蒸气对K_2CO_3的活化作用比KCl明显。质量分数为5%的KNO_3溶液细水雾将KNO_3粉体的灭火效率提升23.33%，水蒸气的活化作用不如K_2CO_3和KCl明显，但质量分数为1%、2%和5%的KNO_3溶液细水雾分别将KNO_3粉体的灭火效率提升−74.44%、−31.11%和23.33%，说明水蒸气对KNO_3活化作用具有增加的趋势，继续增加溶液中KNO_3的质量分数，则水蒸气的活化作用将会变得明显。虽

然KH_2PO_4与纯水结合具有一定的协同灭火作用，质量分数为1%、2%和5%的KH_2PO_4溶液细水雾的比KH_2PO_4粉体的灭火效率提升47.84%、42.75%和39.61%；比纯水细水雾的灭火效率提升50%、45.11%和41.35%，说明水蒸气几乎对KH_2PO_4不具有活化作用。

4.5 含钾盐添加剂细水雾灭火有效性综合分析

由之前的分析可知，含钾盐添加剂细水雾化学灭火效能的发挥主要是在火焰温度下生成灭火活性物质的关键组分KOH后，转化为灭火活性物质K_xO_y，通过阻断火焰链式反应而灭火。该结论可以用图4.43所示的示意图表示。

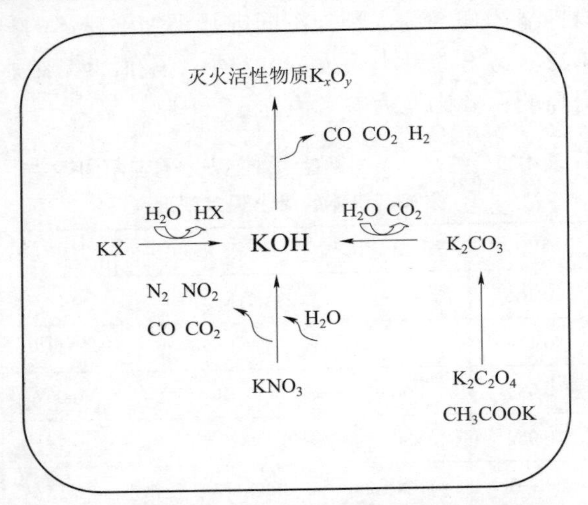

图4.43 钾盐添加剂发挥化学灭火效能示意图

不同含钾盐添加剂细水雾化学灭火效能的优劣取决于反应过程中气态KOH量的多少。图4.44给出的是K_2CO_3、KNO_3、KCl和KH_2PO_4四种钾盐添加剂细水雾在火焰温度下达到化学平衡时含K的主要平衡产物量。由表4.14、表4.16、表4.18和表4.19可知，随着溶质质量分数的增加，含K平衡产物的量呈增加的趋势，因此，选用溶质质量分数为5%的情况进行分析。

由图4.44可以看出，在平衡产物中，K_2CO_3与KNO_3能够生成大量的KOH（g）类物质，KCl的平衡产物中也有少量的KOH（g）类物质存在，虽然平衡时产物中KOH（g）类物质很少，但相比于其他K_xO_y类化合物，KOH（g）类物质的数量还是相对较多的。4种钾盐添加剂细水雾平衡产物中气态KOH量的多少与这4种添加剂细水雾的化学灭火效能排序基本一致，说明在含钾盐添加剂细水雾灭火过程中，气态KOH是关键的灭火组分。

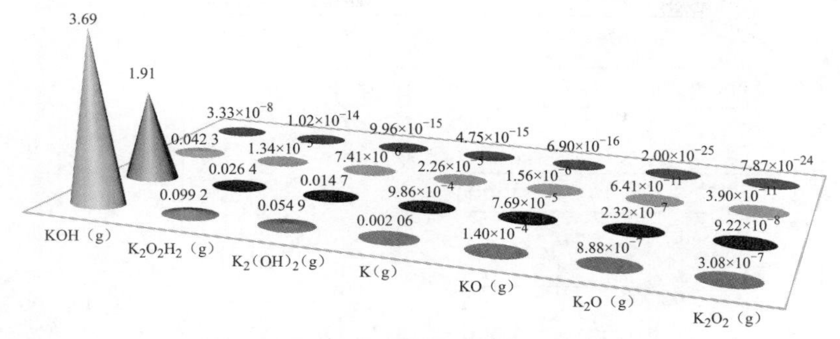

图4.44　不同钾盐添加剂在火焰温度下达到平衡时主要平衡产物的量

但在实际的灭火有效性实验中，含相同质量分数的KNO_3与K_2CO_3细水雾的灭火效能较为接近。主要原因是KNO_3具有较低的熔点和分解温度，一方面可以在较低的温度下熔融，破坏晶格能，释放出K，并与火焰自由基直接反应生成K_xO_y类化合物；另一方面，低于一般火焰温度的分解温度及分解所需的活化能较低，使KNO_3颗粒在火场中很容易发生分解反应，生成灭火活性组分。另外，由SEM实验结果可知，KNO_3溶液在火焰温度下的加热产物颗粒具有球形化的趋势，也有利于颗粒灭火效能的发挥。

含KCl添加剂细水雾的灭火有效性不及KNO_3和K_2CO_3细水雾，但之间的差异并没有如图4.44中气态KOH量的差异那样明显，这主要是由于KCl本身具有与一般火场温度差不多的熔点和较高的饱和蒸气压，因此，相比于其他类型的钾盐添加剂具有更好的挥发性。由化学平衡计算也可以看出，平衡组分中大部分的物质为气态KCl。而当固态KCl转变为熔融态或气态时，破坏了原有的离子晶体结构，参与到火焰化学反应中，弥补了灭火关键物质气态KOH量少的不足。并且，SEM实验中也观察到了球形化的趋势，这些综合表现在实验现象中则是与含KNO_3和K_2CO_3细水雾具有相差不大的灭火有效性。

含KH_2PO_4添加剂细水雾中的溶质KH_2PO_4虽然具有较低的分解温度和活化能，但由于生成的产物中气态KOH与K_xO_y化合物的含量极低，只生成相对稳定的KPO_3，在火焰温度下难以打开化学键释放出K，因此，化学灭火效能较差。

由以上的分析不难看出，不同阴离子类型钾盐添加剂的化学灭火效能受多种因素影响，例如熔点、饱和蒸气压、热分解温度、溶解度及表面张力等。因此，根据不同因素的重要性对其进行归类，有助于在实际工程应用中在不进行实体灭火实验的前提下对钾盐添加剂进行初步的筛选。

综合来看，可将影响钾盐添加剂细水雾灭火剂应用的因素分为三大类：决定性因素、竞争性因素和应用类因素，如图4.45所示。

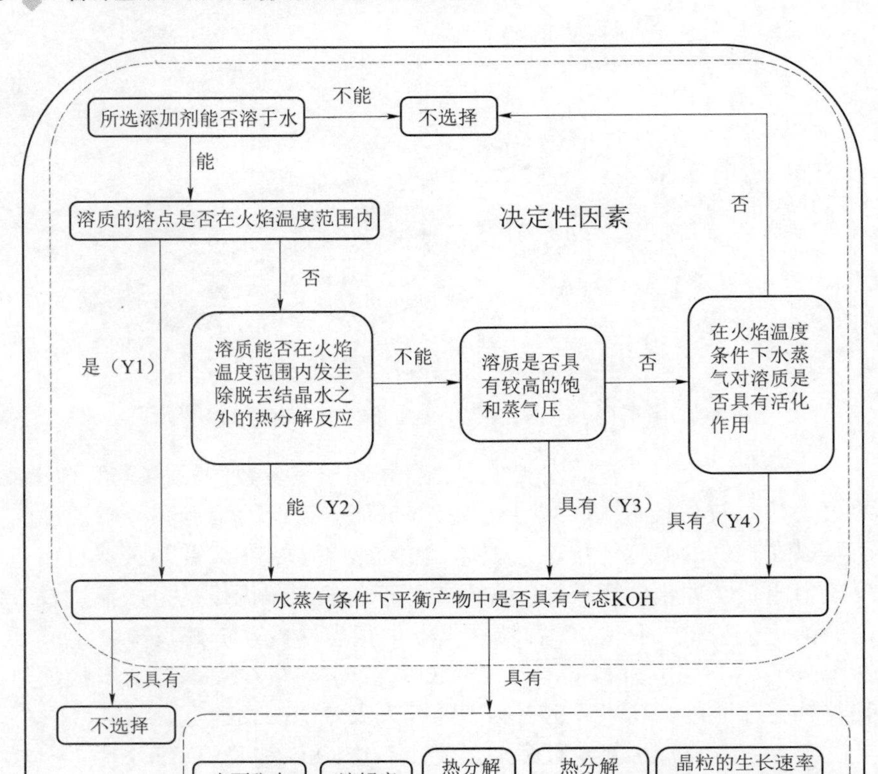

图4.45　影响钾盐添加剂细水雾应用的因素

在决定性因素中，添加剂具有较好的水溶性是毋庸置疑的，并且在水蒸气条件下平衡产物中是否具有气态KOH是化学灭火效能优劣的核心问题。另外，只需再满足添加剂溶质的熔点（Y1）、起始热分解温度及生成具有化学灭火效能物质的能力（Y2）、添加剂溶质的饱和蒸气压（Y3）和在高温水蒸气条件下的活性（Y4）中的任意一个条件，即可认为该钾盐是潜在的细水雾添加剂。从理论上来说，假设生成气态KOH的量一定的情况下，满足Y1～Y4中的条件越多，添加剂的化学灭火效能越好，但实际实验结果却不尽然。一方面，是由于不同的钾盐添加剂在火焰平衡状态中产生气态KOH的量不同，不能达到假设条件中的情形；另一方面则是受到竞争性因素的影响。除之前的分析之外，溶解度越大，则产物颗粒的粒径越小，并且具有球形化的趋势，但是，较高的溶解度也导致溶质在火焰温度下不容易析出，削弱添加剂的化学灭火效能。热分解反应的指前因子对应添加剂的化学反应速率，较大的指前因子有利于添加剂化学灭火效能的发挥。晶粒生长速率对温度的敏感性决定着灭火活性物质颗粒粒径的大小，产物颗粒的粒径对温度不是特别敏感的添加剂更有利于生成小颗粒的灭火活性物质。而表面张力对灭火效能的影响主要是影响细水雾的质量流率，并且表面张力越低，越有利于细水雾灭火。对于可溶性有机溶质，例如乙酸（CH_3COOH）和草酸（$H_2C_2O_4$），都具有降低水的表面张力作用，因此，$K_2C_2O_4$和CH_3COOK较同类无机盐具有更好的灭火有效性。

综上所述，钾盐添加剂灭火有效性主要取决于决定性因素，但也是在竞争性因素的作用下综合得出的。因此，对钾盐类添加剂进行筛选时，需综合考虑上述两种因素，再通过应用性因素，在进一步缩小范围的基础上进行灭火实验，可以有效地减少不必要的实验量，节约实验成本。

4.6 小　　结

本章应用TGA-DSC法对$K_2C_2O_4$、CH_3COOK、K_2CO_3、KNO_3、KCl和KH_2PO_4进行了热分析，得到6种钾盐添加剂在不同温度下的热行为。改进Cup-burner实验系统，对含添加剂细水雾在一定温度下的加热产物进行收集并对其进行XRD和SEM表征。通过不同钾盐添加剂在水蒸气环境下可能的反应路径进行标准吉布斯自由能ΔG^θ计算，得到钾盐添加剂在水蒸气条件下发生反应的难易程度。然后，通过化学热力学计算软件HSC CHEMISTRY 6.0对实际实验条件下的反应平衡产物进行定量计算，得到灭火活性物质的量。接着通过添加剂粉体灭火效能实验，说明水蒸气对K_2CO_3、KNO_3、KCl和KH_2PO_4的活化作用程度。最后对含钾盐添加剂细水雾灭火有效性进行综合分析，提出在不进行灭火实验条件下细水雾添加剂筛选的一般方法。

本章主要得到以下结论：

（1）$K_2C_2O_4$、CH_3COOK、KNO_3和KH_2PO_4受热会发生分解，热分解温度区间分别为510.92～613.34 ℃、313.07～606.85 ℃、602.44～740.82 ℃和207.98～358.78 ℃，低于一般火场温度，具有成为较好的化学添加剂的潜质。KCl和K_2CO_3在室温至800 ℃温度范围内不发生热分解，但KCl在758.61～779.18 ℃区间内存在熔点峰。另外，KNO_3在300.14～342.16 ℃温度区间内也存在熔点峰，KNO_3既具有较低的熔点又具有较低的热分解温度，是6种钾盐中最具化学灭火潜力的添加剂。

（2）含$K_2C_2O_4$、CH_3COOK和K_2CO_3添加剂细水雾在高于起始分解温度的条件下的产物为K_2CO_3和KOH的混合物；含KNO_3添加剂细水雾在高于起始分解温度条件下的产物为KO_3、KO_2、KNO_2和KOH的混合物；含KCl添加剂细水雾在高于起始分解温度条件下的产物为KCl；含KH_2PO_4添加剂细水雾在高于起始分解温度条件下的产物为KPO_3，并且灭火效能较高的钾盐添加剂细水雾在火焰温度下的热解产物中都含有KOH和K_xO_y化合物。

（3）加热温度、添加剂的质量分数和种类对加热产物微观形貌存在一定的影响：随着温度的升高，产物颗粒的粒径都出现了不同程度的增大，但增长的程度不一；而随着溶液质量分数的增加，产物颗粒粒径增大，团聚明显。不同钾盐添加剂的阴离子决定了钾盐溶解度的不同，则热分解的物理化学过程中产物颗粒的形成方式不同，最终导致同种产物具有不同的微观形貌。

（4）等温加热的时间越长或等时间加热的温度越高，所得的加热产物的平均晶粒尺寸呈现上升的态势，并且温度是晶粒平均尺寸增加的主要因素。在模拟大部分火焰温度的800～1 100 ℃范围内，由于含$K_2C_2O_4$、CH_3COOK、K_2CO_3和KH_2PO_4添加剂细水雾的加热产物晶粒生长过程中的活化能较低，产物颗粒粒径受温度影响较大，倾向于产生大颗粒的化学灭火活性中间产物；含KCl和KNO_3添加剂细水雾的加热产物晶粒生长过程中的活化能较大，产生化学灭火活性中间物质的粒径受温度的影响相对较小。

（5）水蒸气在火焰高温环境下对K_2CO_3、KNO_3和KCl具有一定的活化作用，并且K_2CO_3、KNO_3和KCl在高温下都可以与水蒸气发生水解反应生成KOH。水蒸气对KH_2PO_4不具有活化作用，KH_2PO_4在有无水蒸气条件下所形成的都是聚合玻璃体，活性较差。同时，PO_4^{3-}也不能在水蒸气气氛下水解生成挥发产物，PO_4^{3-}仅能和阳离子结合，停留在燃料表面。

（6）钾盐添加剂在抑制火焰的过程中发挥关键作用的物质是气态KOH，灭火活性物质是通过气态KOH与火焰自由基的相互作用生成的K_xO_y化合物，阻断火焰链式反应而达到灭火的效果。钾盐添加剂的熔点和挥发性对灭火关键组分气态KOH的生成具有重要的影响，钾盐添加剂的熔点越低，挥发性越强，在水蒸气环境下生成气态KOH的可能性越大。

（7）K_2CO_3、KNO_3、KCl和KH_2PO_4与水蒸气具有一定的协同灭火作用，并且协同作用最强的是K_2CO_3和KCl添加剂。在添加剂质量分数小于5%时，KNO_3的协同作用不如K_2CO_3和KCl明显，但随着KNO_3在溶液中质量分数的增加，协同作用和水蒸气的活化作用具有增大的趋势。KH_2PO_4与水蒸气的协同作用程度最小，与单独使用KH_2PO_4粉体和纯水细水雾的灭火效能差别不大。

（8）影响钾盐添加剂细水雾应用的因素分为决定性因素、竞争性因素和应用性因素，并且决定性因素是该添加剂是否被选择并作为细水雾添加剂的主要因素。在进行细水雾添加剂的初步筛选时，根据备选添加剂的热分析结果和理论计算明确决定性因素，并结合竞争性因素和应用性因素综合得出筛选方案，在进一步缩小范围的基础上再进行灭火实验验证。

第5章

含钾盐添加剂细水雾抑制熄灭Cup-burner火焰机理的动力学分析

第4章的研究表明，不同钾盐添加剂对火焰发挥抑制作用的关键组分为气态KOH，钾盐添加剂化学灭火效能的优劣与火焰中气态KOH的浓度有关，不同钾盐添加剂在火焰中形成气态KOH的量对于添加剂的选择具有重要意义。另外，对于钾盐类添加剂的选型来说，气态KOH如何与火焰自由基发生相互作用同样十分重要。本章将通过数值模拟的方法对气态KOH与CH_4/空气火焰自由基相互作用过程进行深入的研究。

对Cup-burner实验进行有效建模的目的是解决不同实验条件下灭火剂最小灭火浓度一致性的问题，以及对不同种类灭火剂抑制燃烧过程主要机理的深度研究，减少成本较高的实体实验量，设计出有效性更好的灭火剂。国内外的研究人员设计了多种模型来计算一些灭火剂的最小灭火浓度。现象学模型假设任意灭火剂熄灭Cup-burner火焰时的绝热火焰温度是一致的。在此条件下，忽略惰性气体灭火剂的加入所引起反应物浓度变化，可以得到惰性气体灭火剂的最小灭火浓度与灭火剂热容和燃料性质的一般关系。一维活化能渐进模型可以粗略计算灭火剂的热作用和化学作用对火焰结构的影响。另外，通过建立预混或非预混火焰模型并用数值模拟的方法也可以确定灭火剂的最小灭火浓度。但是，上述模型中，无论是预混或是非预混火焰，计算灭火条件所依据的是火焰形态的变化，模型烦琐，数值计算过程耗时耗力，即计算灭火剂的最小灭火浓度是在较高的计算成本条件下进行的，不利于推广和应用。

本章的目的是建立一个能够量化不同灭火剂最小灭火浓度的简化模型。模型建立的假设条件为不同流体经过Cup-burner时的动力学内在相似性。这种相似性体现在不同流体流入和流出Cup-burner时，气态介质的输运性质没有发生根本的变化，即不同流体的雷诺数（Reynolds number）、施密特数（Schmidt number）和李维斯数（Lewis number）基本不变。因此，Cup-burner的反应区域可以认为是一个完全混合搅拌器（Perfectly Stirred Reactor,

PSR）模型。PSR为典型的理想燃烧过程，流体在输运和混合过程中的变化基本可以忽略，反应状态取决于PSR内化学反应时间和流体有效停留时间的竞争关系。Liu应用PSR模型计算了几种惰性气体灭火剂的最小灭火浓度，并得到了环境温度、湿度及大气压力等实验中不容易控制的参数对最小灭火浓度的影响。Zhang在Liu研究的基础上，在PSR模型中加入哈龙灭火剂的反应机理，计算结果与实验结果基本吻合，说明PSR模型在已知化学反应机理的前提下研究化学类灭火剂动力学机理的可行性。

在之前的研究中，仅用PSR模型预测了惰性气体灭火剂及哈龙灭火剂的最小灭火浓度，对于钾盐添加剂细水雾类的化学灭火剂，对火焰中气态KOH的最小灭火浓度及灭火机理的动力学研究较少。本章中，应用PSR模型钾盐添加剂细水雾与CH_4/空气Cup-burner实验进行有效建模，应用大型气相动力学软件CHEMKIN计算气态KOH的最小灭火浓度并根据结果推测钾盐添加剂可能的抑制火焰化学反应机理。

5.1　PSR模型概述

5.1.1　PSR模型的基本描述

PSR模型包含一个反应器、一个入口和一个出口，如图5.1所示。

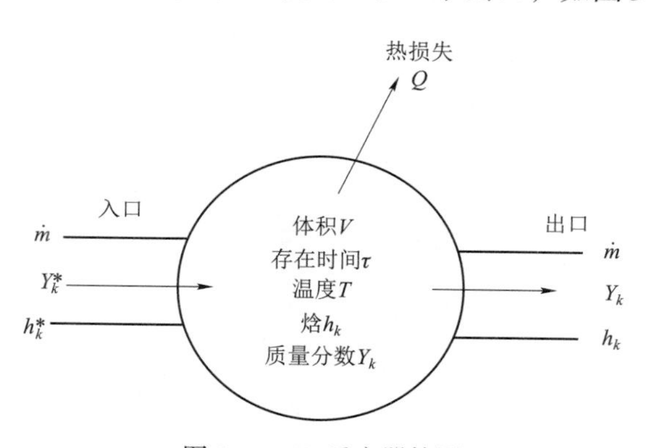

图5.1　PSR反应器简图

充分混合的燃料和氧化剂以稳态流的形式由入口进入反应器。假设内部混合无限快，且反应器内部空间均匀，即忽略气体混合过程，反应物转化为生成物的速率由化学反应速率控制而不是混合过程。这样的假设减小了计算强度，反应器内的燃烧过程能够用详细化学反应机理来描述。PSR模型的3个特征参数为入口混合物组成、温度和混合物存在时间。反应器内部状态通过数值求解积分与微分形式的能量和物质守恒式来计算。

考虑PSR为稳态过程，能量和物质守恒式可分别简化为：

$$\dot{m}(Y_k - Y_k^*) - \dot{\omega}_k W_k V = 0 \tag{5.1}$$

$$\dot{m}\sum_{k=1}^{K}(Y_k h_k - Y_k^* h_k^*) + Q = 0 \tag{5.2}$$

式中，$\dot{m}$为质量流量；Y_k为第k种物质的质量分数（共有k种物质）；$\dot{\omega}_k$为单位体积化学反应的摩尔生成速率；W_k为第k种物质的相对分子质量；V为反应器体积；h_k为焓；Q为反应器热损失。上标*表示入口条件。本章中反应器为绝热，有$Q=0$。

反应存在时间τ取决于反应器体积和质量流量，有：

$$\tau = \rho V/\dot{m} \tag{5.3}$$

质量密度由理想气体状态式求出：

$$\rho = pW/(RT) \tag{5.4}$$

其中，p为压力；W为混合物平均分子质量；R为通用气体常数；T为温度。

火焰“熄灭”的条件为混合物的化学反应时间小于存在时间。因此，在模型计算中存在一个化学反应时间等于存在时间的临界值。当存在时间小于临界值时，没有足够的时间发生化学反应，则临界值就是PSR计算中的灭火时间。通过与一种已知最小灭火浓度灭火剂的灭火时间进行对比，假设已知灭火剂的灭火时间与待计算灭火剂的灭火时间相等，通过灭火剂的用量可以推断未知灭火剂的最小灭火浓度。

5.1.2 PSR模型的局限性

无论是惰性气体灭火剂还是化学类的灭火剂，都不能忽视灭火过程中的热容吸热作用。Cup-burner实验结果或对撞火焰的数值模拟结果都证明灭火剂的热传导对MEC值有一定的影响。举例来说，氦气（He）和氩气（Ar）具有相似的热容值，但在CH_4火的Cup-burner实验中，He的MEC值远小于Ar。这是由于He的导热系数大于Ar（He：0.153 $W \cdot m^{-1} \cdot K^{-1}$；Ar：0.017 2 $W \cdot m^{-1} \cdot K^{-1}$），高的导热系数可以迅速将火焰的热量转移至周围环境中，降低火焰温度，对应较小的MEC值。PSR模型中不能计算导热系数对MEC值的影响，因为导热系数与流体的输运参数（密度、黏度、热和质量流率）有关，而在PSR计算过程中是忽略流体的输运参数的。而本章的研究选用PSR模型是因为与导热系数有关的输运参数在Cup-burner实验中可以近似为常数。

5.2　含气态KOH的CH_4/空气混合物燃烧机理简化模型

5.2.1　CHEMKIN概述

大型气相动力学计算软件包CHEMKIN（Chemical Kinetics）可以用来解决带有化学反应的流动问题，是燃烧领域中普遍使用的一个模拟计算工具。该软件是1980年美国Sandia国家实验室Kee R J等人开发并推出的，经几次完善发展，至今已开发出了第6个版本CHEMKIN Pro。CHEMKIN以气相动力学、表面动力学、传递过程这3个核心软件包为基础，在Pro版本中提供了针对6大类，23种常见化学反应模型及后处理程序，PSR模型为其中的一个。

CHEMKIN的组成结构如图5.2所示。

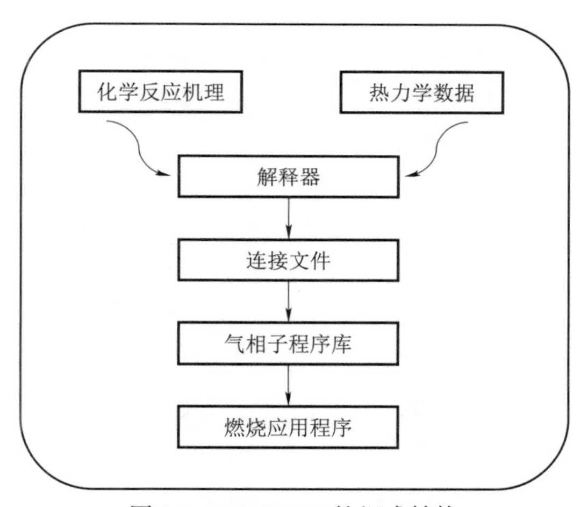

图5.2　CHEMKIN的组成结构

解释器用来读入用户提供的燃烧过程中涉及的化学反应机理，该机理有可逆或不可逆的基元反应及其动力学参数（指前因子A、温度指数B和活化能E所组成），同时，还包括惰性物质（反应第三体）参与的反应。解释器从热力学数据库中提出与此机理中涉及的物质有关的热力学信息。解释器的输出形成连接文件，该文件中包含了机理中的元素、物质和反应的所有信息。

热力学数据库中包含了大多数燃烧问题中涉及的反应物、中间产物及终产物的热力学信息，其数据格式是按照Cordon和McBride的NASA格式所制定的。气相子程序库由100多个高度模块化的子程序所构成，子程序库提供了诸如元素、物质、化学反应的参数及状态式、热力学特性、化学反应速率和敏感性分析的计算结果，这些结果均有质量分数、摩尔分数和摩尔浓度3种单位可供选择输出。输出结果可直接应用于流动燃烧程序的控制式的有关选项中，对用户感兴趣的流动燃烧过程进行模拟。

CHEMKIN并不是直接应用于模拟计算燃烧过程的应用软件，若要完成燃烧过程的计算，首先需要建立燃烧目标问题的数学-物理模型，列出控制方程，采用有效的计算方法，编制与目标问题相关的燃烧计算程序。其次是建立能反映目标问题燃烧过程的化学反应机理，由CHEMKIN解释器对该机理进行处理，生成与气相子程序库连接的文件，由气相子程序库执行所建立的燃烧模型控制方程中与化学机理反应有关的各项计算。不难看出，整个化学机理反应过程的计算和处理是独立于所建立的燃烧模型本身的，CHEMKIN这种不依赖问题本身的运用形式为用户提供了极大的便利。

举例来说，描述定常一维层流预混火焰模型中的能量方程见式（5.5）：

$$M\frac{\mathrm{d}T}{\mathrm{d}x}-\frac{1}{c_p}\frac{\mathrm{d}}{\mathrm{d}x}\left(\lambda A\frac{\mathrm{d}T}{\mathrm{d}x}\right)+\frac{A}{c_p}\sum_{k=1}^{K}\rho Y_k V_k c_{pk}\frac{\mathrm{d}T}{\mathrm{d}x}+\frac{A}{c_p}\sum_{k=1}^{K}\dot{\omega}_k h_k W_k=0 \tag{5.5}$$

式中，M为质量流率；ρ为密度；A为火焰传播的截面积；T为温度；x为空间坐标；c_p为等压比热容；λ为热传导系数；Y_k为第k种物质的摩尔分数；ω_k为第k种物质的反应速率；h_k为第k种物质的焓；W_k为第k种物质的相对分子质量；V_k为第k种物质的扩散速度；p为压力。

假设反应物为CH_4和空气，则与CH_4燃烧相关的基元反应首先经过CHEMKIN的解释器进行处理，然后由气相子程序库计算得到式（5.5）中的p、c_p、ω_k、h_k和W_k等，从而求解能量方程。对于反应物中其他的燃料和氧化剂，一旦确定该燃料的燃烧机理，仍可由CHEMKIN进行处理和计算，并将计算结果带入能量方程中进行再次计算。除能量方程外，其他控制方程也可以通过同样的方法进行处理。

控制方程中的ω_k是CHEMKIN子程序库计算的主要内容之一，表达式为：

$$\dot{\omega}_k=\sum_{i=1}^{I}(r''_{ki}-r'_{ki})\left(k_{fi}\prod_{k=1}^{K}[X_k]^{r'_{ki}}-k_{bi}\prod_{k=1}^{K}[X_k]^{r''_{ki}}\right) \tag{5.6}$$

式中，r'_{ki}、r''_{ki}分别表示第i个基元反应中的第k种物质正反应和逆反应的计量系数；$[X_k]$为第k种物质的摩尔分数；k_{fi}、k_{bi}分别表示第i个基元反应的正反应和逆反应速率常数，遵循阿累尼乌斯（Arrhenius）形式：

$$k_{fi} = A_{fi} T^{B_{fi}} \exp\left(-\frac{E_{fi}}{RT}\right) \tag{5.7}$$

式中，k_{fi}为第i个正向基元反应的反应速率常数；A_{fi}为第i个正向基元反应的指前因子；T为体系的温度；E_{fi}为第i个正向基元反应的活化能；B_{fi}为第i个正向基元反应的温度指数。

CHEMKIN具有界面友好的特点，使用时只需在选定的应用程序面上指定工作目录、输入文件及数据库文件后直接运行即可。计算结果可以在界面上直接点击应用程序输出文件以文本方式查看，也可以通过点击界面上后处理按钮以图形方式查看。由于该软件包具有结构合理、可靠性好、易移植性等特点，因而成为当今燃烧领域普遍使用的模拟计算工具。

5.2.2 CH_4/空气燃烧动力学简化模型

CH_4燃烧详细的基元反应动力学为美国气体燃料研究所的GRI机理。GRI机理是以基元反应为基础，实验和理论结合确定速率参数，最新版本为GRI3.0，包含了53种物质和325个反应。详细的反应机理可以提高计算的精度，使其可以在更宽广的领域模拟CH_4的燃烧。但是，过于详细的机理会增加计算的机时，影响工作效率。

在GRI3.0机理中，包含了所有的C_1、C_2、C_3和C_4的物质反应，CO和NO_x的排放及一些中间产物的燃烧机理。对于特定的燃烧问题，一些中间产物的燃烧机理显得不是特别重要，因此，需要对CH_4燃烧详细的动力学机理进行简化，在保证计算精度和缩减模拟时间的竞争关系中找到平衡点。

Warnatz和郑清平分别提出了基于CH_4燃烧详细动力学机理的23步和42步简化模型。本书应用Kronenburg的CH_4燃烧简化模型仅考虑C_1和C_2的物质反应，另外，由于在CH_4氧化过程中，涉及N的反应为慢反应，C在与N发生反应之前已经被氧化成CO_x，因此，生成物中含N物质的含量在整个氧化过程中所占比例很少，在简化模型中，基本忽略含N物质的反应，仅保留NO的排放反应。基于此，本书应用的CH_4氧化过程简化模型包含4类原子、21种物质和24个化学反应，简化机理的反应式见表5.1。

表5.1 CH_4燃烧动力学简化模型

序号	基元反应	A	B	E
R1	$CH_4 + O_2 = CH_3 + HO_2$	5.177×10^{15}	−0.33	5.796×10^{4}
R2	$CH_3 + HO_2 = CH_3O + OH$	1.100×10^{13}	0.00	0.000×10^{0}
R3	$CH_4 + OH = CH_3 + H_2O$	1.930×10^{5}	2.40	2.106×10^{3}
R4	$CH_3 + OH = CH_4 + O$	3.557×10^{4}	2.21	3.920×10^{3}

续表

序号	基元反应	A	B	E
R5	$CH_3 + CH_3 = C_2H_6$	9.214×10^{16}	−1.17	6.358×10^{2}
R6	$C_2H_6 + OH = C_2H_5 + H_2O$	5.125×10^{6}	2.06	8.550×10^{2}
R7	$CH_3 + OH = CH_2O + H_2$	2.250×10^{13}	0.00	4.300×10^{3}
R8	$CH_4 + HO_2 = CH_3 + H_2O_2$	3.420×10^{11}	0.00	1.929×10^{4}
R9	$O + OH = H + O_2$	1.555×10^{13}	0.00	4.250×10^{2}
R10	$HO_2 = H + O_2$	5.053×10^{14}	−0.07	4.996×10^{4}
R11	$CH_4 + CH_2 = CH_3 + CH_3$	4.000×10^{12}	0.00	−570.0
R12	$O + H_2O = OH + OH$	2.970×10^{6}	2.02	1.340×10^{4}
R13	$OH + H_2 = H + H_2O$	2.160×10^{8}	1.51	3.430×10^{3}
R14	$HO_2 + O = OH + O_2$	3.250×10^{13}	0.00	0.000×10^{0}
R15	$CH_2O + O_2 = HCO + HO_2$	2.974×10^{10}	0.33	-3.861×10^{3}
R16	$HCO + O_2 = CO + HO_2$	7.580×10^{12}	0.00	4.100×10^{2}
R17	$CO + OH = CO_2 + H$	1.400×10^{5}	1.95	-1.347×10^{3}
R18	$HCO + OH = CO + H_2O$	1.020×10^{14}	0.00	0.000×10^{0}
R19	$CO + O = CO_2$	1.800×10^{10}	0.00	2.384×10^{3}
R20	$CO + O_2 = CO_2 + O$	1.068×10^{-15}	7.13	1.332×10^{4}
R21	$CH_2 + O_2 = CO_2 + H + H$	3.290×10^{21}	−3.30	2.868×10^{3}
R22	$CH_2 + O_2 = CO_2 + H_2$	1.010×10^{21}	−3.30	1.508×10^{3}
R23	$N_2 + O = N + NO$	1.800×10^{14}	0.00	76 100.0
R24	$N + O_2 = NO + O$	9.000×10^{9}	0.00	6 500.0

由简化模型和热力学计算可知，OH、H和O自由基在整个火焰化学动力学过程中起着非常重要的作用，含上述3种自由基的链式反应过程决定着整个燃烧能否顺利进行。图5.3为依据Warnatz模型、郑清平模型、GRI3.0详细机理和Kronenburg简化模型，由CHEMKIN计算得到的OH、H和O自由基平衡含量。

由图5.3可知，由于Warnatz模型、郑清平模型和Kronenburg简化模型都忽略了一些抑制火焰燃烧的反应，比如H_2O_2自由基的消耗反应，导致由H_2O_2分解生成OH的反应提前发生，使得CH_4的点火时间明显提前。另外，由计算结果可知，Kronenburg简化模型和郑清平的模型较为接近详细机理，而Kronenburg简化模型包含更少的化学反应，可以在保证计算精度的前提下减少机时，因此，下文的模拟和分析均选用Kronenburg的CH_4燃烧简化模型。

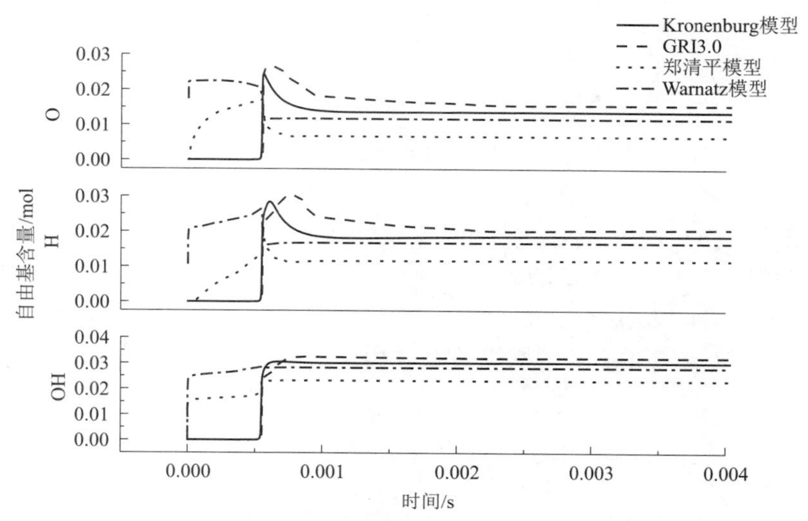

图5.3　不同模型计算得到的OH、H和O自由基含量

5.2.3　含气态KOH的CH_4/空气燃烧动力学简化模型

由表3.4、表4.14、表4.16、表4.18及表4.19可知，平衡产物中浓度较高的物质为气态KOH单体及其二聚体$K_2O_2H_2$和$K_2(OH)_2$、气态K原子，其次是气态KO单体，但浓度与气态K原子相差至少一个数量级，并且灭火有效性排序与平衡产物中气态物质含量的多少相一致，说明钾盐灭火过程中的活性物质为气态KOH等含K化合物。因此，从动力学机理上推断，掺杂K元素的CH_4/空气当量比火焰中，灭火活性自由基消除火焰自由基的催化循环反应至少应包含的物质为K、KOH和KO。

在之前的研究中，许多学者提出过碱金属盐抑制火焰的自由基消除反应机理，Jensen和Jones提出的两步反应机理为：

$$XOH(g) + H = H_2O + X \tag{5.8}$$

$$X + OH + M = XOH(g) + M \tag{5.9}$$

其中，X代表任意碱金属元素；M为参与链式反应的第三体。Williams和Fleming应用此两步反应机理对含钾和钠的碱金属进行计算，结果表明，大部分计算结果可以较为真实地反映实际的实验现象。

Hynes和Slack的研究成果认为，含碱金属抑制火焰的动力学机理中还应该包含物质XO及XO_2，提出了可能的反应路径，并认为反应式（5.10）的重要性等同于反应式（5.9）。

$$X + O_2 + M = XO_2(g) + M \tag{5.10}$$

$$XO_2(g) + H = XO(g) + OH \tag{5.11}$$

Williams和Fleming综合上述研究人员的成果，提出了含Na物质抑制火焰的动力学模型为式（5.12）~式（5.14）。

$$NaOH(g) + H = H_2O(g) + Na \tag{5.12}$$

$$Na + OH + M = NaOH(g) + M \tag{5.13}$$

$$NaOH(g) + OH = NaO(g) + H_2O(g) \tag{5.14}$$

相比于掺杂Na的火焰化学机理，掺杂K的火焰燃烧机理更少，目前还没有权威的、可直接使用的机理文件。Slack参考Hynes的17步含Na火焰动力学机理，将机理中的Na换成K，实验测试了正向和逆向反应速率，得到了被认可度相对较高的含K的燃烧动力学10步机理，见表5.2。

表5.2 含K的燃烧动力学10步机理

序号	基元反应	A①	B	E①	说明
R25	$K + O_2 + M \rightarrow KO_2 + M$	1.138×10^{2}	−2.68	596	[220]
R26	$KO_2 + M \rightarrow K + O_2 + M$	7.164×10^{13}	0.5	40 000	②
R27	$K + OH + M \rightarrow KOH + M$	1.144×10^{-1}	−2.0	0	③
R28	$KOH + M \rightarrow K + OH + M$	3.732×10^{26}	−3.0	87 600	②
R29	$KOH + H \rightarrow K + H_2O$	2.209×10^{12}	0.5	0	④
R30	$K + H_2O \rightarrow KOH + H$	3.702×10^{13}	0.5	35 700	②
R31	$KO_2 + H \rightarrow KO + OH$	2.209×10^{12}	0.5	0	④
R32	$KO + OH \rightarrow KO_2 + H$	1.999×10^{14}	0.5	10 300	②
R33	$KO + H_2O \rightarrow KOH + OH$	6.008×10^{11}	0.5	0	④
R34	$KOH + OH \rightarrow KO + H_2O$	5.033×10^{11}	0.5	5 320	②

① 单位：A，双分子反应速率，$cm^3 \cdot mol^{-1} \cdot s^{-1}$；三分子反应速率，$cm^6 \cdot mol^{-2} \cdot s^{-1}$；$E$，$4.186\,J \cdot mol^{-1}$；
② 由正反应速率和热力学平衡确定；
③ 见参考文献［124］；
④ 气体动力学预测。

综上所述，含K的CH_4燃烧化学动力学简化机理模型应至少包括KOH、K、KO及反应R1 ~ R34。

5.3 含气态KOH的CH_4燃烧动力学机理分析

5.3.1 含气态KOH的CH_4/空气动力学简化模型的可行性分析

如上所述，应用PSR模型预测灭火剂的最小灭火浓度，必须已知一种灭火剂的最小灭火浓度。本节以实验测得的N_2最小灭火浓度31%作为基准。

在此条件下，69%的空气、31%的N_2，与化学当量比的CH_4混合，在室温为298 K、压力为1 atm和相对湿度为0%的条件下进行反应。PSR计算反应温度随存在时间的变化表明，加入灭火剂的量越多，达到化学平衡所需的时间就越长，因此，气体混合物在反应器中需要相对较长的存在时间达到化学平衡。图5.4为4组不同的N_2条件下，反应器温度随混合物在反应器内存在时间的变化曲线。

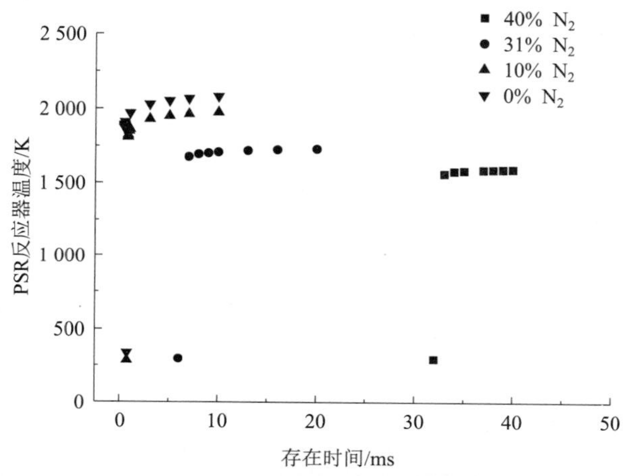

图5.4　不同N_2含量条件下PSR反应器温度随存在时间的变化

结果表明，随着存在时间的减少，反应器温度逐渐降低。减少存在时间相当于增加了流体的质量流量，因此，有更多的流体需要燃烧产生的化学能来加热。当存在时间减少到临界值时，由于反应器内没有化学反应的存在，反应器温度会急剧下降至混合物在入口时的温度值。出现温度急剧下降的点所对应的临界存在时间τ定义为灭火时间。临界存在时间取决于进口混合物组成，燃料、空气和灭火剂的温度，压力和相对湿度。例如，τ = 6 ms为空气/N_2混合比为69%/31%，在室温为298 K、压力为1 atm和相对湿度为0%条件下的结论。N_2的浓度越大，火焰越容易熄灭，对应的存在时间越长。较长的存在时间提供给混合气体发生化学反应的时间较长，灭火剂的有效性越好。

改变不同灭火剂在PSR中的组分，设灭火时间为6 ms，在室温为298 K、压力为1 atm和相对湿度为0%条件下计算不同灭火剂的最小灭火浓度。对于化学类灭火剂，采用两种不同的计算方法：① 在CHEMKIN机理部分只加入甲烷的燃烧机理，化学灭火剂看作惰性灭火剂，仅通过热容的作用吸收热量灭火，定义为“inert PSR”；② 在CHEMKIN机理部分同时加入甲烷燃烧机理和化学灭火剂相关的动力学机理，定义为“reactive PSR”。计算结果与Senecal模型预测值及文献中的Cup-burner实验值的对比见表5.3。

表 5.3 不同灭火剂 MEC 值的对比

灭火剂	吸热量/（kJ·mol^{-1}）	MEC 预测值（体积分数）/%			MEC Cup-burner 实验值（体积分数）/%				
		Senecal	inert PSR	reactive PSR	Moore	Senecal	Cong	Fisher	Saito
IG-01	32.2	43.0	40.1	40.1	38.0	42.5			43.3
IG-55	41.4	36.9	34.8	34.8	28.0	36.4			
IG-541	45.7	34.6	32.3	32.3		34.3			35.6
IG-100	50.6	32.4	31	31	30.0	31.9			33.6
CO_2	82.1	22.8	19.7	19.7	20.4				22.0
H_2O	64.1		28.06	28.06			16.7	14.4	
KOH	128.6		14.79	4.89					
CH_2F_2	124.9		17.6	9.8	8.8				
CF_3Br	151.43		14.8	3.3	2.9				
CHF_3	135.6		16.8	7.9	12.6				

图 5.5 为不同灭火剂的最小灭火浓度随吸热量变化曲线。惰性灭火剂中除 H_2O 外，其他灭火剂的计算值与实验值吻合较好，说明 CHEMKIN 能够准确预测惰性气体灭火剂的 MEC。H_2O 的数值差异是由于 CHEMKIN 计算过程中求解的是气态式，忽略了水由液态变为气态的蒸发吸热过程，水蒸气的热容仅为液态水热容的 1/2，因此，CHEMKIN 过低地预测了 H_2O 的灭火浓度。

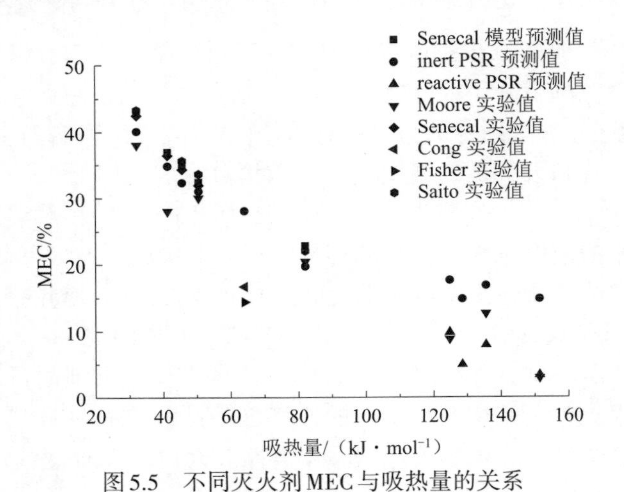

图 5.5 不同灭火剂 MEC 与吸热量的关系

化学灭火剂 CH_2F_3、CF_3Br 和 CHF_3 的实验值与“reactive PSR”计算得到的结果较为接近，“inert PSR”不能准确预测其 MEC，说明这 3 种物质具有化学灭火作用并且CH_2F_3、CF_3Br和CHF_3的灭火机理较为准确。对于KOH，没有相应的Cup-burner最小灭火浓度实验数据与之对应，但在文献［120］中有对撞扩散火焰最小灭火浓度数据（该数据没有体现在图5.4中）。“reactive PSR”计算得到的MEC比对撞扩散火焰中的数值高10%。Fleming的研究表明，对撞扩散火焰相对于Cup-burner扩散火焰较容易熄灭，同种灭火剂的浓度值相差8%～10%，因此，可以认为reactive PSR中含K的动力学机理能够正确描述灭火机理。

另外，CHEMKIN计算得到的绝热火焰温度随K_2CO_3浓度的变化如图5.6所示。

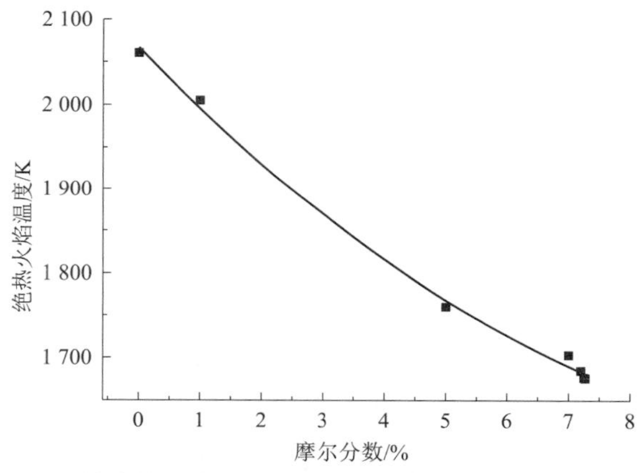

图5.6　绝热火焰温度随K_2CO_3浓度变化的CHEMKIN计算结果

由图5.6可知，绝热火焰温度随K_2CO_3浓度的增加呈现非线性降低，Cup-burner实验结果表明，溶质质量分数为1%的K_2CO_3溶液最小灭火浓度为6.98%。Robert的研究表明，当碳氢燃料的绝热火焰温度低于1 600 K时会产生自熄现象。曲线上1 600 K所对应的K_2CO_3浓度为7.28%，说明计算得到的K_2CO_3最小灭火浓度与实验值在数量级上一致。第3章中含钾盐添加剂细水雾的粒径分析部分说明水蒸发后的粉体颗粒可以近似为气态物质，因此，实验值与计算值基本吻合，验证了10步反应模型的正确性。

5.3.2　含气态KOH的CH_4/空气动力学简化模型的敏感性分析

敏感性分析是对某些变量的变化对另一变量影响的分析。一般情况下，它研究反应速率常数的变化对气体的温度、某种组分的浓度等影响。在多种组分组成的化学反应动力学系统中，各反应的速率常数可能相差很大，各组分浓度的增加（或减小）的速率很不相同，敏感性分析可以找出化学动力学反应机理中的控制因素，也可以进行反应机理的简化或不确定性分析。

在室温为298 K、压力为1 atm和相对湿度为0%条件下计算不同KOH浓度对火焰中OH、H和O自由基浓度的影响，计算结果如图5.7所示。

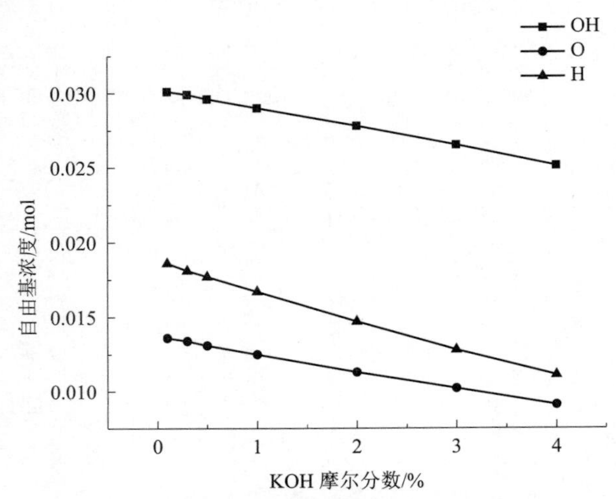

图5.7 OH、H和O自由基浓度随KOH浓度变化

由图5.7可知，火焰中重要的自由基OH、H和O的浓度随火焰中KOH浓度的增加而降低，说明火焰中气态KOH的存在对CH_4火焰存在一定的抑制作用，并且随KOH浓度的增加，这种抑制作用不断地增强。不同钾盐添加剂最小灭火浓度的Cup-burner实验结果如图5.8所示。除KH_2PO_4外，其他3种钾盐添加剂的MEC都随着浓度的增加而减小。结合表4.14、表4.16、表4.18及表4.19的热力学计算结果，实验结果与平衡产物中气态KOH及含K物质的

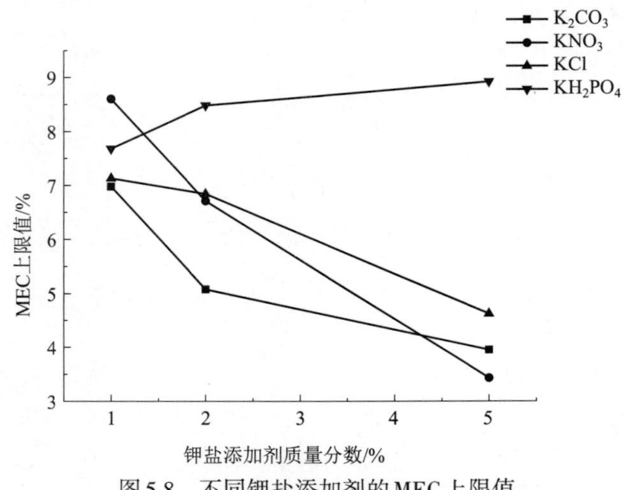

图5.8 不同钾盐添加剂的MEC上限值

含量有关，与图5.7的计算结果相一致。KH_2PO_4的平衡产物中，上述物质的含量极少，导致化学灭火有效性不及另外3种钾盐。此外，由图5.7，达到平衡时，火焰中OH自由基浓度高于O和H自由基。因此，在敏感性分析部分以对OH自由基分析为例。

CH_4燃烧简化模型中各基元反应对OH自由基的敏感性系数计算结果如图5.9所示。

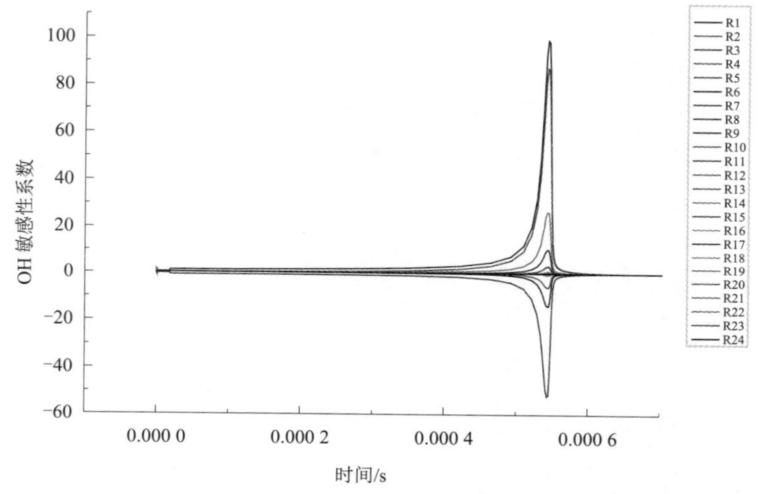

图5.9　各基元反应对OH自由基的敏感性系数

由图5.9可知，敏感性系数几乎在同一时刻出现峰值，因此，取敏感性系数峰值出现的t = 0.544 ms时刻的值作比较，如图5.10所示。

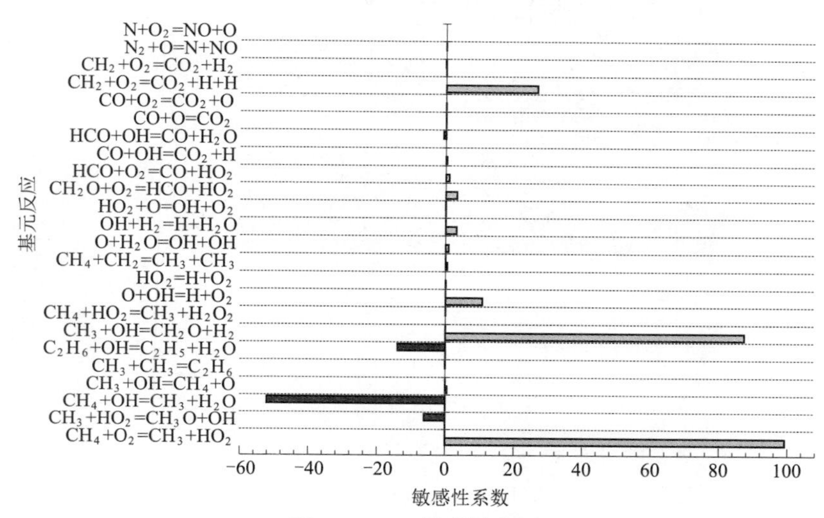

图5.10　OH敏感性分析

由图可知，OH自由基主要的消耗反应为R2、R3和R6。通过反应$CH_4 + OH = CH_3 + H_2O$(R3)和$CH_3 + HO_2 = CH_3O + OH$(R2)生成CH_3。CH_3通过反应$CH_3 + CH_3 = C_2H_6$(R5)生成C_2H_6，促进反应$C_2H_6 + OH = C_2H_5 + H_2O$(R6)向正方向进行，加速OH的消耗。

抑制OH消耗的主要反应为R1、R7、R9、R13、R15和R21。R1是消耗CH_3的反应，抑制OH的消耗。但同时，通过R1生成的HO_2使反应$CH_2O + O_2 = HCO + HO_2$(R15)逆向进行，生成CH_2O，抑制了反应$CH_3 + OH = CH_2O + H_2$(R7)对OH的消耗。反应$CH_2 + O_2 = CO_2 + H + H$(R21)为生成H的主要反应。H的大量存在促使反应$O + OH = H + O_2$(R9)和$OH + H_2 = H + H_2O$(R13)的逆反应速率大于正反应速率，导致此反应主要生成OH而非消耗OH。

综合敏感性分析结果，R3为消耗OH的主要反应，R2与R6为消耗OH过程中比较重要的支链反应，OH是抑制火焰最关键自由基，而CH_3、H、HO_2和CH_2O则对OH自由基浓度有较大影响。CH_4燃烧简化机理的OH自由基关键反应为R1、R2、R3、R6、R7、R9、R13、R15与R21。

反应R2、R3和R6是促进OH消耗的关键基元反应。如图5.11所示，R2、R3的敏感性系数随KOH含量的增加而降低，而反应R6的敏感性系数随KOH含量的增加而增加。可以认为，当气体组分中KOH的含量增加时，消耗OH的关键反应R6更加活跃，反应更加剧烈；反应R2和R3的重要程度则降低，CH_3更多以R6的方式参与反应。

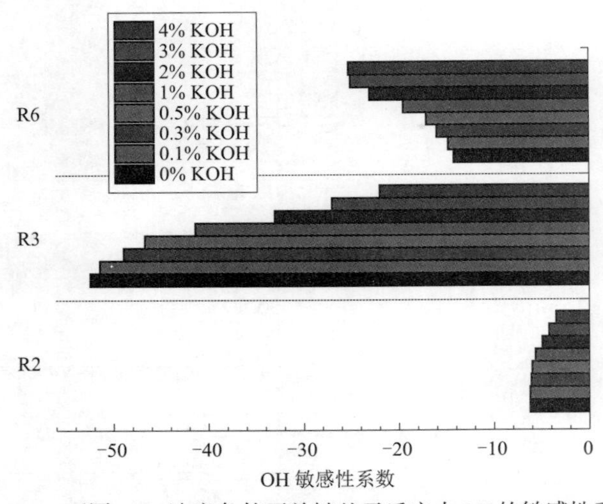

图5.11 不同KOH浓度条件下关键基元反应中OH的敏感性系数

抑制OH消耗的主要反应为R1、R7、R9、R13、R15和R21。取6个反应正向和逆向敏感性系数的最大值，如图5.12所示。由于部分正反应和逆反应的敏感性系数值较小，为便于在图中进行比较，需对敏感性系数值进行放大处理。

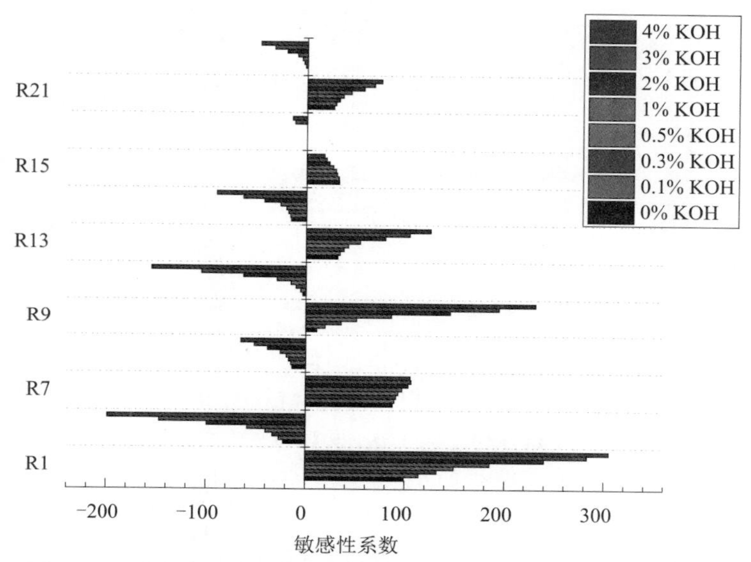

图5.12　不同KOH浓度条件下抑制OH消耗的主要反应敏感性系数

（注：① R13、R15正反应的敏感性系数扩大10倍，R15逆反应的敏感性系数扩大10 000倍；② R1、R7、R9、R13和R21逆反应的敏感性系数扩大1 000倍）

由图5.12可知，反应R1、R7、R9、R13和R21的正逆反应敏感性系数都随着KOH浓度的增加而增大，并且R1、R9、R13和R21正逆反应敏感性系数增加幅度基本一致，说明KOH浓度的增加对这4个反应的反应方向没有影响，抑制OH反应的重要程度也随着KOH的增加而增加。反应R7的正反应敏感性系数增大幅度不及逆反应，说明随着KOH浓度的增加，反应R7有由抑制OH基消耗转化为促进OH基消耗的趋势。

反应R15的正反应敏感性系数随着KOH浓度的增加而减小，逆反应方向呈上升趋势。说明随着KOH浓度的增加，反应由抑制OH基消耗的正反应方向，不断向促进OH基消耗的逆反应方向进行。

由之前研究人员的实验结果可知，火焰中活性自由基含量达到饱和浓度之前，灭火效果随灭火活性自由基浓度的增加而增强。通过对KOH的敏感性分析，取敏感性系数绝对值>10的作为对KOH浓度变化影响较大的基元反应，如图5.13所示。

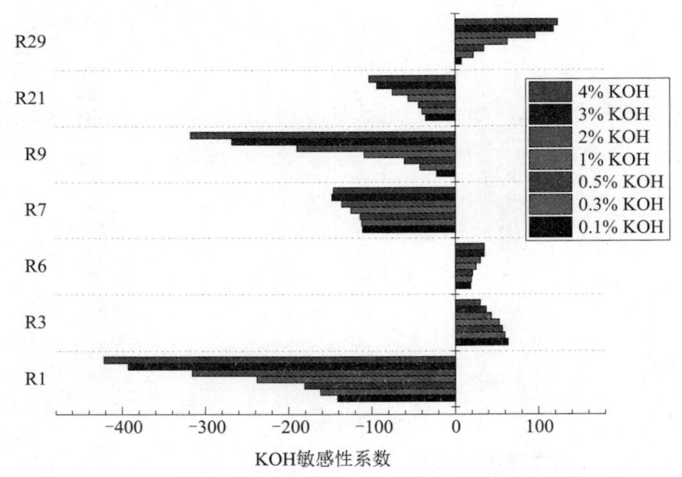

图5.13 对KOH浓度变化较为敏感的基元反应

由图5.13可知，当KOH含量增加时，反应R3的敏感性系数降低，反应R6和R29的敏感性系数增加，说明当KOH含量增加时，体系中抑制KOH消耗的反应由R3变为R6和R29，并且由于R29的敏感性系数增加幅度大于R6，抑制KOH消耗的主反应在KOH浓度较高时为R29。

促进KOH消耗的主要反应R1、R9、R13和R21的敏感性系数随着KOH浓度的增加而增大，由增加的幅度来看，在KOH浓度较高时，促进KOH消耗的主要反应为R1和R9。对于反应R7，随着KOH浓度的增加，敏感性系数呈现先增加后减小的趋势：当体系中KOH的含量小于1%时，反应R7的敏感性系数变化不大；当KOH的含量大于1%小于4%时，R7的敏感性系数随着KOH浓度的增加而迅速增大；当KOH的含量为4%时，R7的敏感性系数有一定的减小。说明对于反应R7来说，当KOH浓度较低时，浓度的变化对反应几乎没有影响；当KOH浓度较高时，该反应对KOH的敏感程度降低，只有在适当的浓度条件下，KOH浓度的变化对该反应的影响才较为明显。

5.3.3 气态KOH抑制CH_4/空气混合物燃烧过程的机理分析

由之前的分析可知，气态KOH的存在对CH_4燃烧过程中基元反应具有一定的影响，通过消除火焰自由基，阻断链式反应达到抑制CH_4火焰的作用。而气态KOH消除自由基的反应路径可以通过对KOH及K_xO_y类灭火活性物质的产率进行分析而得到。

图5.14为KOH的产率随时间的变化曲线。

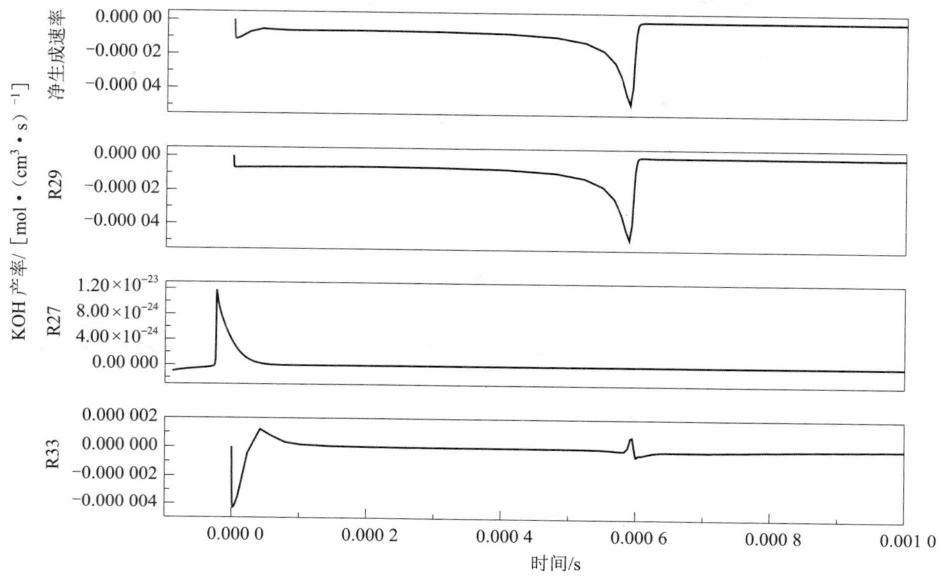

图5.14 KOH产率随时间的变化曲线

从数据可以得出，体系中的链反应对KOH是总体消耗的。KOH消耗的主要反应是通过KOH + H → K + H_2O(R29)分解产生K，其次是通过反应KOH + OH → KO + H_2O(R34)消耗OH，生成KO。反应R29产生的一部分K通过K + OH → KOH(R27)生成少量KOH。在0.059 5 ms左右KOH消耗达到最大值，到约0.6 ms时，KOH的生成速率基本为0，所有反应的正逆反应之和达到平衡。通过此阶段的分析可知，反应R29和R33生成的K和KO参与到了火焰链式反应过程中。Friedman的研究表明，气态KOH通过反应R27和R34消除火焰自由基为放热反应，放热量分别为-36.6 kcal和-13.7 kcal，说明反应R27和R34在火焰温度条件下可以很快激发活化能并进行反应，反应R27的放热量大于R34，因此，消耗反应以R27为主，与本研究的结论相一致。另外，由于产物K和KO通过R30和R33生成KOH的反应为吸热反应，反应所需活化能较高，导致气态KOH的再生效率不高，但由平衡计算可知，KOH在平衡产物中的浓度较高，足以消除火焰中的O、H和OH自由基，达到了抑制火焰的目的。

图5.15为K的产率随时间变化曲线。

由图5.15可知，体系中的K自由基是净增的，K自由基的增加主要通过反应KOH + H → K + H_2O(R29)实现。虽然R25与R27也是消耗K的反应，但消耗K的量较少。由于碱金属抑制火焰的化学机理相似性，一些关于Na的火焰化学研究结论可以应用于K。Kaskan的研究结果表明，在贫燃料，且

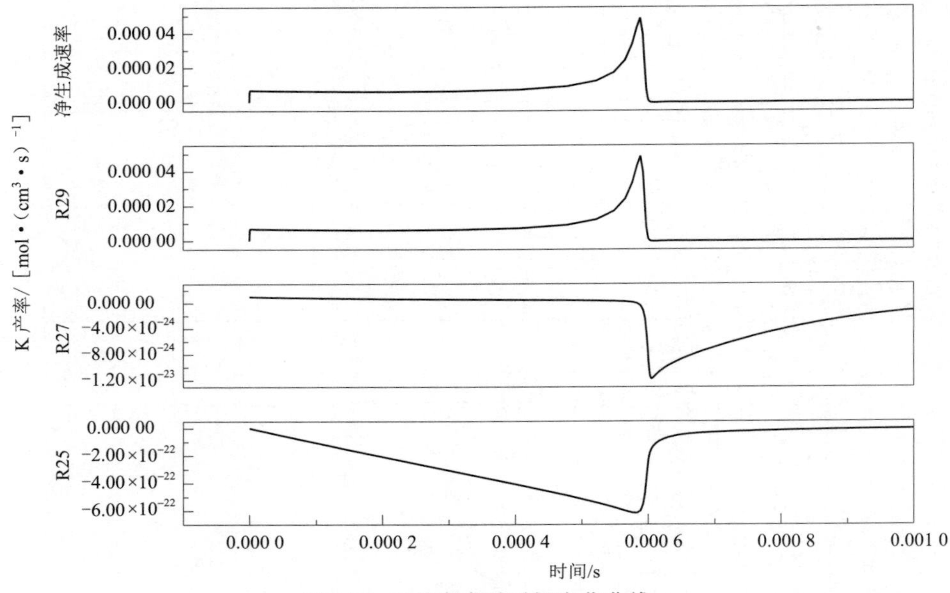

图5.15 K的产率随时间变化曲线

火焰温度范围为1 400～1 700 K体系中，无法通过反应Na + H_2O = NaOH + H来解释在实验中观察到的Na含量的减少，Kaskan认为Na含量的衰减速率与体系中O_2的浓度有关，并且反应Na + O_2 + M = NaO_2 + M为火焰中消耗Na的主要反应，且NaO_2为主要的Na氧化产物。由CHEMKIN的计算结果可知，反应R30的敏感性不及R25和R27，即通过R30进行反应的K的量更少，说明在本研究条件下，反应R30并不是消耗K的主要反应，与Kaskan的研究结果基本一致。

Jensen和Jones的研究表明，Na对于火焰的抑制作用是通过反应Na + H_2O = NaOH + H与Na + OH + M = NaOH + M进行的，并且反应Na + OH + M = NaOH + M的速率常数比Na + O_2 + M = NaO_2 + M的大数倍，认为含Na物质对火焰的抑制作用体系中并没有NaO_2的存在。

但是，Slack的研究表明，反应R27的速率常数$k_{27} = 1.9 \times 10^{-25}\ cm^6 \cdot mol^{-2} \cdot s^{-1}$小于Silver研究得到的反应R25的速率常数$k_{25} = 1.89 \times 10^{-22}\ cm^6 \cdot mol^{-2} \cdot s^{-1}$，即反应R25的发生优先于R27。从CHEMKIN计算结果来看，对于K单质，反应R25的产率大于R27，说明在本研究体系中，由于氧气充足，KO_2为含K物质抑制火焰燃烧过程中的一个组分，与Slack的研究结论相一致。

图5.16、图5.17分别为KO和KO_2自由基的产率随时间变化的曲线。

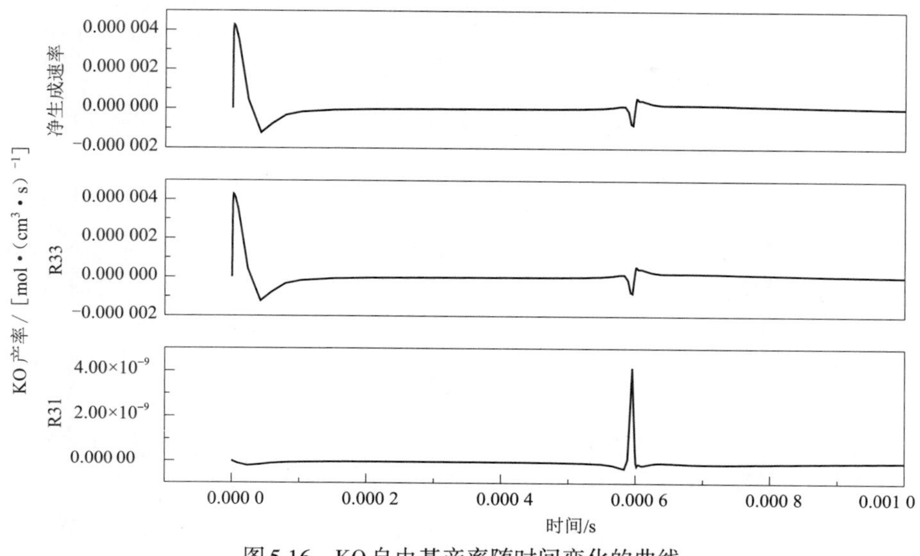

图5.16 KO自由基产率随时间变化的曲线

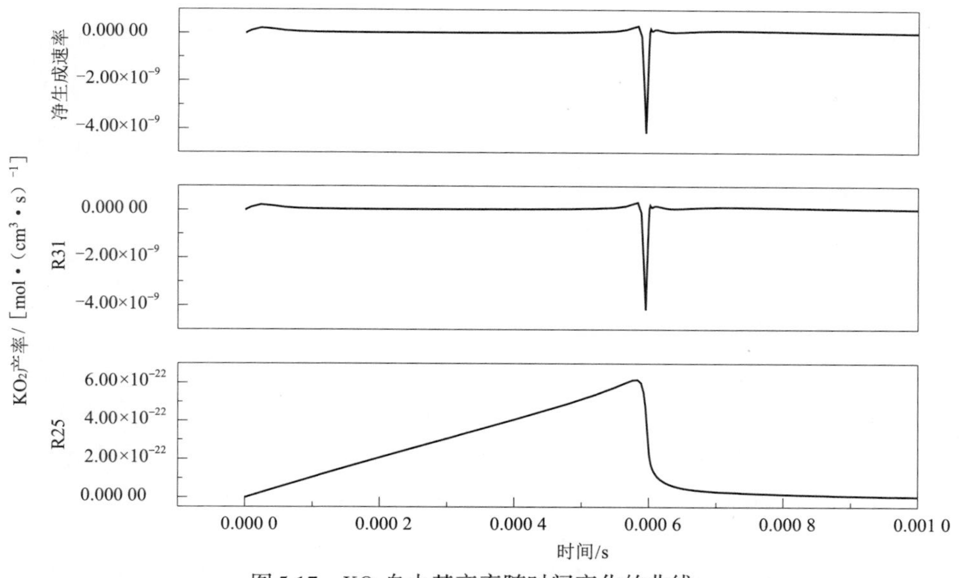

图5.17 KO_2自由基产率随时间变化的曲线

KO自由基产率呈现先增加后减少的趋势，但由于KO自由基增加的量大于减少的量，因此体系中的KO自由基可认为是净增加的。KO的净生成速率曲线与反应$KO + H_2O \rightarrow KOH + OH$(R33)的曲线基本重合，说明最初通过R34生成KO后，反应迅速由R34转为R33，生成KOH。另外，还有少量的

KO基是通过反应$KO_2 + H \rightarrow KO + OH$(R31)生成的。

由图5.17可知，体系中KO_2自由基是净减少的，并且净生成速率曲线与反应$KO_2 + H \rightarrow KO + OH$(R31)生成速率曲线基本重合，说明反应中大量的$KO_2$自由基是通过R31消耗的，还有一小部分$KO_2$基通过反应$K + O_2 \rightarrow KO_2$(R25)生成。

另外，Friedman的研究也表明，火焰链传播的重要自由基O、OH和H只有在有第三体M存在的条件下才能与K自由基发生反应。但由于两相反应发生所需的活化能远低于三相反应，即使K自由基与火焰自由基O、OH和H发生反应，在大气压力下，反应R27速率比两相反应R29和R34低几个数量级。因此，Friedman认为，由于竞争关系的存在，反应R27不是消除火焰自由基的主要反应。

Heimerl认为其他的含K的中间产物，比如KH，在CH_4的燃烧体系中也同样存在抑制作用，并且由于燃烧过程中涉及的化学反应众多并且中间产物复杂，模拟计算涉及各种不稳定中间化合物的热力学参数和动力学参数，因此，不可能对全部的中间产物进行分析和计算，应采用具有代表性的物质进行归类分析。本章在研究气态KOH抑制CH_4燃烧反应的机理过程中，中间产物KO与KO_2代表一类K的氧化物K_xO_y，对于另一类K的氧化物K_2O，由之前的热力学分析可知，K_2O的熔点较低并且生成KOH的反应极易发生，因此，若钾盐添加剂在火焰温度下发生分解反应得到熔融态的$K_2O(l)$，会通过反应R35～R37进一步形成气态KOH，本质上还是说明了钾盐添加剂在燃烧化学反应过程中产生的气态KOH为灭火过程中最重要的活性物质。

$$K_2O(l) + H_2O(g) \longrightarrow 2KOH(g),\ \Delta H = 21\ \text{kcal} \qquad (R35)$$

或

$$K_2O(l) \longrightarrow K_2O(g) \qquad (R36)$$

$$K_2O(g) + H_2O(g) \longrightarrow 2KOH(g) \qquad (R37)$$

另外，Hynes提出的含Na的火焰化学模型包含了涉及Na、NaO、NaO_2及NaOH可能出现在火焰环境中的所有反应，提出在富氧的环境中可以不考虑NaH的存在。并且Na的浓度较低，在火焰环境中不会形成多于1个Na原子的物质。在本研究的Cup-burner实验中，CH_4与空气的比为1∶125，属于富氧燃烧，并且加入的钾盐添加剂浓度≤5%，因此，可以不考虑KH、K_2O及K_2O_2等中间产物的灭火作用。

Slack和Jensen认为含K物质火焰化学模型$K \rightarrow KO_2 \rightarrow KO \rightarrow KOH \rightarrow K$及$K \rightarrow KOH \rightarrow K$可以代表大部分含K物质对火焰的抑制作用机理。而本书的研究表明，KOH为平衡产物中量最多的物质，含K物质对碳氢火焰的抑制作

用应始于KOH。Hynes的研究也表明，在氧气充足的H_2或碳氢火焰中，MOH（M为碱金属）为主要的灭火活性物质，因此，综上所述，气态KOH抑制熄灭扩散火焰的催化反应路径可以归纳为：

$$KOH \xrightarrow{+H(R29)} K \xrightarrow{+OH(R27)} KOH$$

$$KOH \xrightarrow{+H(R29)} K \xrightarrow{+O_2(R25)} KO_2 \xrightarrow{+H(R31)} KO \xrightarrow{+H_2O(R33)} KOH$$

$$KOH \xrightarrow{+OH(R34)} KO \xrightarrow{+H_2O(R33)} KOH$$

图5.18为不同KOH浓度条件下KOH、K自由基、KO自由基和KO_2自由基各主要基元反应生成速率随时间变化曲线。

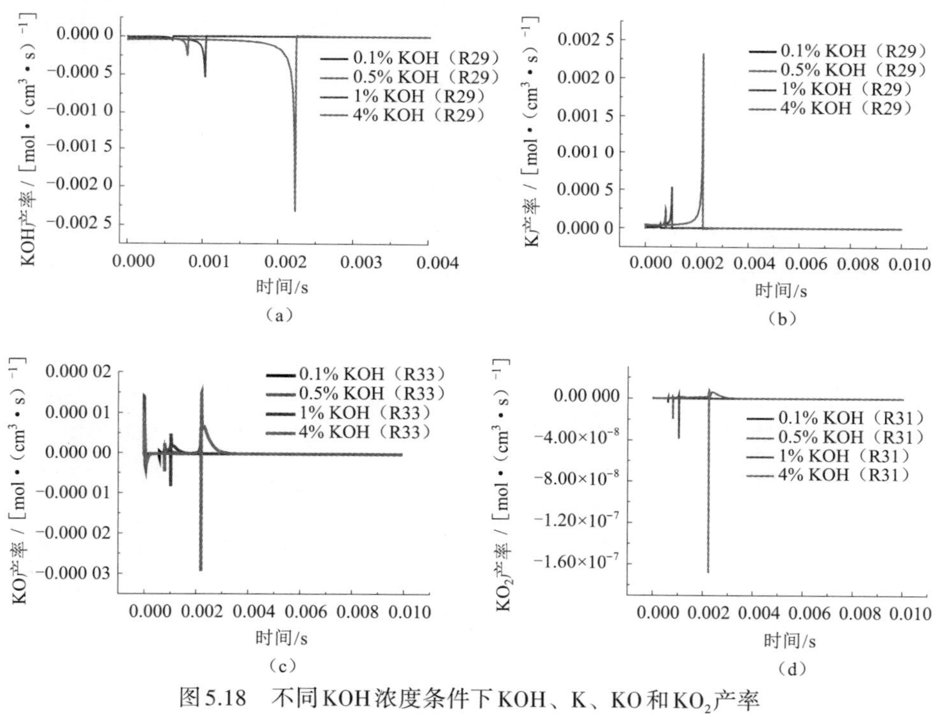

图5.18　不同KOH浓度条件下KOH、K、KO和KO_2产率

（a）KOH；（b）K；（c）KO；（d）KO_2

由图5.18可知，当KOH浓度增加时，曲线趋势基本不变，但曲线中增加或减小的幅度增大，说明增加的KOH不会改变灭火的化学机理，仅使体系中KOH自由基、K自由基、KO自由基和KO_2自由基的数量增加，在燃料保持不变的条件下，更多的灭火活性物质参与到阻断火焰的链式反应过程中，在消除OH、H和O自由基而灭火的同时，循环再生灭火活性物质。

简单来说，化学灭火效能较高的钾盐添加剂抑制火焰的一般过程为：在水蒸气条件下，钾盐添加剂在火焰温度中很快生成KOH(g)，与火焰自由基

H或OH反应生成K自由基和KO自由基，这两种物质在火焰根部只能少量生成KOH，因为在钾盐添加剂作用下，此时的火焰根部已不是核心反应区。

5.4 温度、湿度和大气压对灭火效率的影响

用实验的手段考察环境温度、湿度和大气压的变化对灭火剂的灭火有效性是否存在影响是不容易实现的。本节用PSR模型，以环境温度为298 K、大气压力为1 atm、相对湿度为0%作为参考条件，单独改变某一参数进行计算，得到的结果与参考状态进行对比，研究主要环境参数对气态KOH灭火有效性的影响。

5.4.1 环境温度的影响

环境温度的变化范围较宽，受季节和地理位置的变化而变化，举例来说，十二月份哈尔滨的日平均气温为-20 ℃（253 K），十二月份三亚的日平均气温为19 ℃（292 K）；六月份哈尔滨的日均气温为24 ℃（297 K），而三亚为32 ℃（305 K）。在温度范围较宽条件下，可用PSR模型来评估灭火剂MEC的变化。

图5.19为气态KOH的MEC在室温为243 ~ 328 K（-30 ~ 50 ℃）范围内的变化曲线，此时灭火剂和燃料的温度保持298 K、大气压为1 atm，相对湿度0%。室温的变化量为85 K，气态KOH的MEC由243 K时的4.43%提高到328 K时的5.51%，增幅为24.4%。

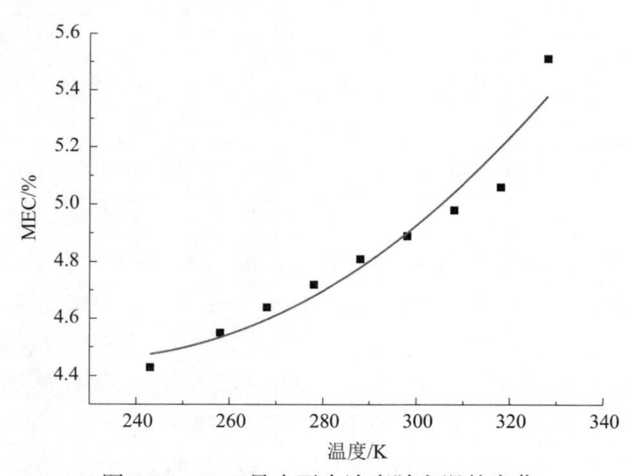

图5.19 KOH最小灭火浓度随室温的变化

由图5.19可知，随着室温的升高，灭火所需的KOH的量增加，这是由于温度升高导致固体物质热容降低，影响了化学灭火剂灭火的热作用，因此，抑制熄灭同样规模的火焰需要更多的灭火剂来弥补热容值降低所削弱的那部分吸热作用。

5.4.2　环境湿度的影响

灭火剂使用环境的相对湿度会根据天气和室内人员活动的变化而变化。因此，燃料和氧化剂混合物中水蒸气的浓度可能会有很大的不同。举例来说，在298 K、1 atm条件下，水蒸气在混合物中的体积分数最大，可以达到3%（相对湿度为100%）。作为对比，在314 K、1 atm条件下，水蒸气在混合物中的体积分数最大，可达6.5%。相对湿度对灭火剂MEC影响的PSR分析结果如图5.20所示。

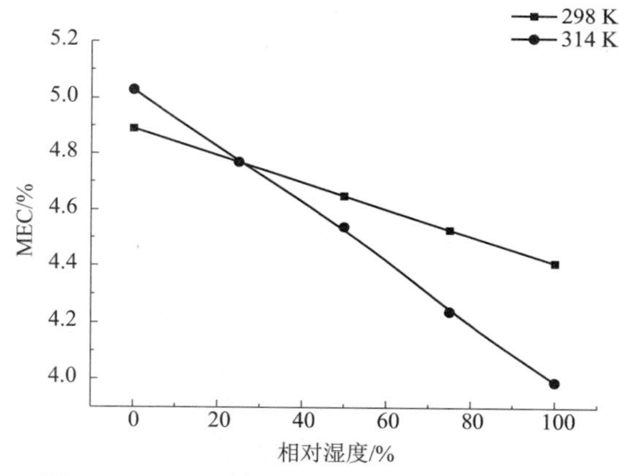

图5.20　KOH最小灭火浓度随相对湿度的变化

当室温为298 K时，湿度从0%增加到100%，气态KOH的MEC降低了9.8%；当室温增加到314 K时，湿度从0%增加到100%，MEC的值降低了20.7%。室温和湿度的变化对MEC的改变实质上是两种竞争关系：温度的增加使得灭火需要更多的灭火剂，而湿度的增加会减少灭火过程中灭火剂的用量。从图中两条直线的斜率可以看出，湿度对MEC的影响相对于温度来说是占优的。随着混合气中水蒸气含量的增加，化学灭火剂的MEC值逐渐减小，说明空气中的水蒸气发挥热容值较高的优势，并作为惰性灭火剂参与到灭火过程中，减少了化学灭火剂的使用量。

5.4.3　大气压强的影响

研究表明，海拔高度从0 m上升到5 000 m时，大气压强下降50%，约为

0.53 atm。因此，当灭火剂应用于高海拔地区时，需要考虑大气压强对灭火剂效能的影响。海拔高度的增加会引起环境密度的降低，对同样体积的气体来说，气体的质量降低，导致大气压强下降。这就意味着假设在不同压强条件下MEC值保持不变，则灭火剂的用量随着环境密度的降低而减少。PSR模拟的MEC随大气压强的变化结果如图5.21所示，灭火剂的MEC随着大气压强的降低而减小。当海拔高度提高5 000 m，即大气压强降低到0.53 atm时，MEC降低10.2%。

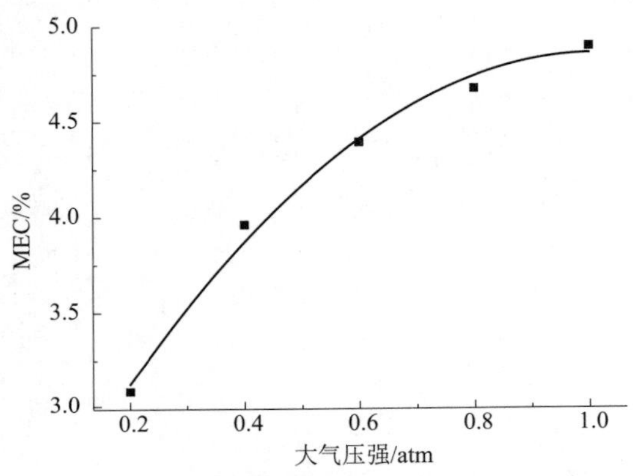

图5.21　KOH最小灭火浓度随大气压强的变化

由于在低压环境下的Cup-burner实验较难实现，因此，此结论很难用实际的实验来证明。

Westbrook的研究表明，压力或密度与化学反应速率之间存在着直接的超线性关系：环境压力的降低会减缓化学反应速率。这种超线性的关系是建立在质量与密度线性关系的基础上的，以CH_4在空气中完全燃烧的一阶化学反应速率式为例：

$$\frac{\omega_f}{\rho} = A_f \rho^{n_f + n_0 - 1} Y_f^{n_f} Y_0^{n_0} \exp\left(-\frac{T_a}{T}\right) \tag{5.15}$$

式中，ω_f为质量反应速率；ρ为密度；Y_f和Y_0分别为燃料和氧化剂的质量分数；T为温度；A_f、n_f、n_0和T_a为化学反应速率常数。此例中$n_f = 0.25$，$n_0 = 1.5$。式（5.15）左边为质量与密度的线性关系，可以看出，去掉质量与密度的线性关系，化学反应速率还是受密度的影响($n_f + n_0 - 1 = 0.75$)，因此，化学反应速率随环境密度的降低而减小，导致MEC值减小，从理论方面论证了PSR模拟结果的正确性。

5.5 小　结

本章通过气相动力学软件CHEMKIN中的PSR模型对气态KOH抑制CH_4的燃烧过程进行化学动力学分析。研究表明，气态KOH对火焰的抑制作用是通过控制燃烧过程中关键基元反应，捕获OH自由基来实现的。应用PSR模型计算灭火剂在高温条件下分解的中间产物生成速率，可推断气态KOH抑制燃烧过程的反应机理，并且该机理不随气态混合物中的KOH浓度的变化而变化。

本章主要得到以下结论：

（1）CHEMKIN中的PSR模型不仅能预测惰性气体灭火剂的最小灭火浓度，在已知化学反应动力学机理的条件下也可预测化学类灭火剂的最小灭火浓度。

（2）CH_4火焰中的气态KOH浓度越高，对火焰的抑制越强。通过CHEMKIN敏感性分析，气态KOH对燃烧过程的影响主要是通过控制燃烧过程中含OH基的关键基元反应，捕获火焰中的OH自由基而达到抑制效果。

（3）基于PSR模型中间产物产率分析可以得到气态KOH抑制CH_4燃烧反应的主要路径，并且KOH浓度的增加不会改变反应机理。

（4）环境温度、湿度和大气压力对气态KOH的MEC具有一定的影响。PSR模型计算表明，气态KOH的MEC随环境温度和大气压强的增加而增加，但增加的趋势不一致。而气态KOH的MEC随相对湿度的增加而降低，并且湿度对MEC的影响相对于温度来说具有一定的优势。

第6章

含钾盐添加剂细水雾在B类火中的应用

对钾盐添加剂细水雾的灭火机理进行深入研究的目的是更好地将其应用于细水雾灭火系统中。欧洲的两项调查表明，80%的火灾是不需要拨打火警电话的，可以应用灭火器或灭火系统将其消灭在初起阶段并有效地抑制火灾，阻止小火向大火的转变。

GB/T 4968—2008《火灾分类》中根据可燃物的类型和燃烧特性将火灾定义为6个不同的类别：A类指固体物质火灾；B类指液体或可融化固体物质火灾；C类指气体火灾；D类指金属火灾；E类为物体带电燃烧的火灾；F类指烹饪器具内的烹饪物（如动植物油脂）火灾。无论是哪种类型的火灾，可燃物的表面火是威胁人类生命的“罪魁祸首”，而B类火是最好的表面燃烧模型，对实际的工程应用具有一定的代表性。

当前实际应用中的大部分灭火器及灭火系统主要有细水雾（水喷淋）、干粉、泡沫和二氧化碳。对于泡沫灭火系统（主要指水成膜泡沫（AFFF）），对A类火和B类火有效，但是，由于使用后的毒性和环境污染等问题，正在逐步被淘汰，努力的方向是寻找环境友好的产品来替代。干粉灭火系统主要用于扑救B、C类火灾，但由于干粉的降温作用比较差，不适用于扑灭F类火灾，同时，对于受限空间来说，干粉的喷洒会阻碍视线并且残留物较难清理。二氧化碳灭火系统较适用于E类火，但不适用于扑灭A类火和F类火。对于气体类灭火系统，在灭火过程中会产生酸性气体产物的卤烃气体灭火剂FM-200和FE-36也具有一定的灭火效能，但这种气体灭火剂在灭火过程中产生的酸性气体具有一定的爆炸危险，在受限空间内的爆炸危险性大大增加。细水雾灭火系统广泛应用于A类、B类、C类和F类火灾中，具有高效环保、成本低廉等其他灭火系统无可比拟的优势。

之前所研究钾盐添加剂细水雾与Cup-burner浮力扩散火焰相互作用对认识钾盐添加剂细水雾的灭火机理具有重要的意义。但是，由于实际火灾场景十分复杂，影响细水雾灭火效能的因素众多，尤其是火灾模型的类型和细水雾的动量在Cup-burner机理实验中难以考虑或未加考虑，但在实际的工程应用中却可能主导纯水细水雾或钾盐添加剂细水雾的灭火过程，因此，开展实际灭火条件下的钾盐添加剂细水雾与扩散火焰的相互作用研究，可以进一步理解钾盐添加剂细水雾灭火机理和灭火效能影响因素，为钾盐添加剂细水雾的设计、施工与评价提供重要的参考依据。

本章对含钾盐添加剂细水雾灭火系统进行重新设计，通过纯水及含钾盐添加剂细水雾与不同类型的B类火模型的相互作用，以灭火时间、火焰及燃料表面温度和瞬时图像为主要手段研究不同钾盐添加剂细水雾的有效性问题，探讨含钾盐添加剂细水雾在实际工程中应用的可行性。

6.1　含钾盐添加剂细水雾与B类火相互作用的实验研究

基于细水雾灭火系统的应用大致可分为三种类型：全覆盖（Total Compartment Application，TCA）、局部（Local Application，LA）和区域（Zoned Application，ZA）。TCA启动后，房间内所有的喷头都进行喷洒，室内的氧气迅速被大量的水蒸气稀释，导致房间内规模较大的火灾迅速得以扑灭。LA经常用于全封闭、半封闭或开敞环境中，通过直接作用于火焰部位达到灭火的目的，其主要机理为冷却火焰及燃料表面。而ZA则主要用来保护防护区内某一预定区域的细水雾系统。本章主要针对在实际工程中广泛应用的LA细水雾灭火系统进行研究。

6.1.1　全尺寸灭火实验工况下细水雾的灭火机理

向火焰中施加细水雾的简化模型如图6.1所示。

其中有xm_w的细水雾停留在火焰中，$(1-x)m_w$的细水雾穿过火羽到达燃料表面。留在火焰中的细水雾液滴吸收火焰中的热量。而此时，燃料燃烧产生的能量用来加热燃料与空气的混合物和停留在火羽中的细水雾液滴，火羽中的能量平衡为：

$$\begin{aligned} m_{\mathrm{f}}\Delta H_{\mathrm{c}} = {} & m_{\mathrm{f}}c_{pf}(T_{\mathrm{f}}-T_{\mathrm{fs}})+\phi m_{\mathrm{f}}c_{pa}(T_{\mathrm{f}}-T_{\mathrm{a}})+ \\ & xm_{\mathrm{w}}[L_{v\mathrm{w}}+c_{\mathrm{pwl}}(T_{\mathrm{wp}}-T_{\mathrm{w}})+c_{pwv}(T_{\mathrm{f}}-T_{\mathrm{wp}})] \end{aligned} \tag{6.1}$$

式中，假设火焰温度保持T_f不变；燃料、空气和水的热容c_p不随温度的变化而变化；燃料的燃烧速率m_{f}等于燃料的蒸发速率；x为总用水量m_{w}中用来冷却火焰的那部分比例；L_v为蒸发潜热；T_{wp}为水沸腾时的温度；下标f、w、a分别代表燃料、水和空气，v和l分别代表气态和液态，s代表火焰表面；ϕ为空气和燃料的质量比，由于池火是典型的浮力控制扩散火焰，空气进入火

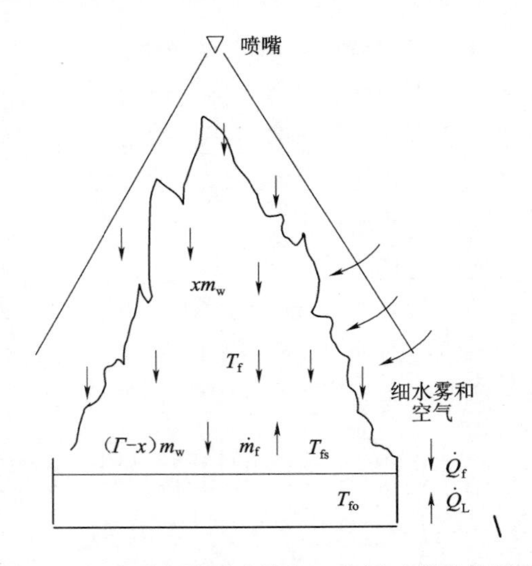

图6.1 细水雾与扩散火焰相互作用过程简化模型

焰的量远大于当量比条件下燃烧时的空气量，并且向下喷射的细水雾会将额外的空气带入火焰，因此，ϕ值远大于当量比条件下的燃料和空气混合物的质量比。

对于大部分的碳氢化合物燃料，当细水雾将火羽流的温度冷却至临界燃烧温度 1 600 K（1 327 ℃）以下时，燃料和空气混合物的燃烧反应终止，火焰熄灭。

到达燃料表面的部分液滴发挥冷却燃料表面的机理进行灭火，细水雾的冷却作用使燃料蒸气的供应速率或燃烧速率降低至不能维持燃烧的临界点以下时，火焰熄灭。在燃料表面处的能量平衡方程为：

$$S=(f_c\Delta H_c-L_{vf})m_f+Q_E-Q_L \tag{6.2}$$

其中，S为燃料表面处的总能量；f_c为火焰对燃料表面反馈的能量所占比例；Q_E为外界热源对火焰的持续加热，在本实验中可以忽略；Q_L为燃料表面处的热损失，包括向外的辐射热损失、向燃料内部的热传导和对燃料表面处细水雾液滴的加热作用，有：

$$Q_L=\varepsilon\alpha T_{fs}^4+q_{fl}+(1-x)m_w[c_{pw}(T_{fs}-T_w)+L_{vw}] \tag{6.3}$$

向燃料内部的热传导q_{fl}，有：

$$q_{fl}=k_f\frac{T_{fs}-T_{f_0}}{\delta} \tag{6.4}$$

因此，由方程（6.2）~方程（6.4）得到燃料表面的能量平衡方程为：

$$S=(f_c\Delta H_c-L_{vf})m_f-\{\varepsilon\alpha T_{fs}^4+q_{fl}+(1-x)m_w[c_{pw}(T_{fs}-T_w)+L_{vw}]\} \tag{6.5}$$

闪点较高的燃料在燃烧过程中表面温度很高（>300 ℃），导致燃料表面有非常明显的辐射热损失。当液滴接触燃料表面并蒸发时，燃料表面对液滴蒸发的这部分能量损失也很明显。

对于大部分的可燃液体，在燃烧过程中燃料表面温度接近或略低于沸点。由于这类燃料的沸点较低（<100 ℃），并且具有相对较低的燃料表面温度，其表面辐射热损失和蒸发燃料表面细水雾液滴的热损失可忽略不计，因此，这类液体燃料表面的热损失 Q_L 为：

$$Q_L = q_{fl} + (1 - x) m_w c_{pw} (T_{fs} - T_w) \tag{6.6}$$

此时，可燃液体燃料表面能量平衡的表达式为：

$$S = (f_c \Delta H_c - L_{vf}) m_f - [q_{fl} + (1 - x) m_w c_{pw} (T_{fs} - T_w)] \tag{6.7}$$

方程（6.7）表明，如果在燃烧过程中燃料表面温度较低，则很难通过细水雾冷却燃料表面温度的机理进行灭火，此时燃料表面损失的热量低于火焰对燃料表面的热反馈。

方程（6.1）~ 方程（6.5）表明，不同燃料的燃烧速率与燃料本身的性质有关，并且细水雾的工作压力是细水雾发挥何种机理灭火的重要参数。燃料燃烧速率的表达式为：

$$m_f = \frac{Q_f - Q_L}{L_{vf}} \tag{6.8}$$

热损失 Q_L 的表达式为方程（6.3），Q_f 为火焰向燃料表面的热传递速率，包括向容器壁的热传导、火焰中的热对流和热辐射：

$$Q_f = q_{cond} + q_{conv} + q_{rad} \tag{6.9}$$

其中，

$$q_{cond} = 4 \times \frac{k_1 (T_{cw} - T_{fs})}{D} \tag{6.10}$$

$$q_{conv} = k_2 (T_f - T_{fs}) \tag{6.11}$$

$$q_{rad} = k_3 (T_f^4 - T_{fs}^4) [1 - \exp(k_4 D)] \tag{6.12}$$

对于真实的火灾场景来说，不存在容器壁的问题，忽略热传导项，方程（6.9）变形为：

$$Q_f = q_{conv} + q_{rad} \tag{6.13}$$

结合方程（6.6）~ 方程（6.13），燃烧过程中燃料表面温度较低的液体燃料燃烧速率表达式为：

$$m_f = \frac{(q_{conv} + q_{rad}) - [q_{fl} + (1 - x) m_w c_{pw} (T_{fs} - T_w)]}{L_{vf}} \tag{6.14}$$

由方程（6.3）和方程（6.13），燃烧过程中燃料表面温度较高的液体燃料燃烧速率表达式为：

$$m_{\mathrm{f}}=\frac{(q_{\mathrm{conv}}+q_{\mathrm{rad}})-\{\varepsilon\alpha T_{\mathrm{fs}}^{4}+q_{\mathrm{fl}}+(1-x)m_{\mathrm{w}}[c_{pw}(T_{\mathrm{fs}}-T_{\mathrm{w}})+L_{v\mathrm{w}}]\}}{L_{v\mathrm{f}}} \tag{6.15}$$

方程（6.14）、方程（6.15）说明在灭火过程中细水雾的施加加剧了火焰和燃料的热对流，导致燃烧速率增大。由于热损失Q_{L}的不同，表面温度较低的燃料燃烧速率受细水雾的影响较小，而表面温度较高的燃料燃烧速率受细水雾的影响较大。

Rasbash的研究表明，细水雾雾滴粒径、水流密度（流量）、雾通量和雾动量为影响细水雾灭火有效性的重要特性参数。

由能量平衡可知，火焰的熄灭条件为细水雾流量能够使火焰冷却至临界温度以下或将燃料表面温度冷却到着火点以下。当燃料燃烧过程中表面温度较低时，细水雾主要通过冷却火焰的机理进行灭火。由方程（6.1）和方程（6.14）得临界细水雾流量xm_{w}表达式为：

$$xm_{\mathrm{w}}=\frac{\Delta H_{\mathrm{c}}-c_{pf}(1\,600-T_{\mathrm{fs}})-\phi c_{pa}(1\,600-T_{a})-L_{v\mathrm{f}}}{L_{v\mathrm{w}}+c_{pw\mathrm{l}}(T_{\mathrm{wp}}-T_{\mathrm{w}})+c_{pw\mathrm{v}}(1\,600-T_{\mathrm{wp}})}\times\frac{(q_{\mathrm{conv}}+q_{\mathrm{rad}})-[q_{\mathrm{fl}}+(1-x)m_{\mathrm{w}}c_{pw}(T_{\mathrm{fs}}-T_{\mathrm{w}})]}{L_{v\mathrm{f}}} \tag{6.16}$$

当燃料燃烧过程中表面温度较高时，细水雾可以通过冷却燃料表面和冷却火焰的共同作用或是每种机理的单独作用灭火。

由方程（6.5）和方程（6.15）得到冷却燃料表面机理的临界水流量表达式分别为：

$$xm_{\mathrm{w}}=\frac{\Delta H_{\mathrm{c}}-c_{pf}(1\,600-T_{\mathrm{fs}})-\phi c_{pa}(1\,600-T_{\mathrm{a}})-L_{v\mathrm{f}}}{L_{v\mathrm{w}}+c_{pw\mathrm{l}}(T_{\mathrm{wp}}-T_{\mathrm{w}})+c_{pw\mathrm{v}}(1\,600-T_{\mathrm{wp}})}\times\frac{(q_{\mathrm{conv}}+q_{\mathrm{rad}})-\{\varepsilon\alpha T_{\mathrm{fs}}^{4}+q_{\mathrm{fl}}+(1-x)m_{\mathrm{w}}[c_{pw}(T_{\mathrm{fs}}-T_{\mathrm{w}})+L_{v\mathrm{w}}]\}}{L_{v\mathrm{f}}} \tag{6.17}$$

$$(1-x)m_{\mathrm{w}}=\frac{\left(1-\dfrac{L_{v\mathrm{f}}}{f_{\mathrm{c}}\Delta H_{\mathrm{c}}}\right)(q_{\mathrm{conv}}+q_{\mathrm{rad}})-(\varepsilon\alpha T_{\mathrm{fs}}^{4}+q_{\mathrm{fl}})}{L_{v\mathrm{w}}+c_{pw}(T_{\mathrm{fs}}-T_{\mathrm{w}})} \tag{6.18}$$

方程（6.16）~方程（6.18）表明，对于燃料燃烧过程中表面温度较低的液体燃料，由于其燃烧速率受细水雾的影响较小，需用较大的水流量去灭火。粒径较小的细水雾液滴由于在火焰中能够停留较长时间，适用于扑灭燃料燃烧过程中表面温度较低的液体燃料火灾。而粒径较大的细水雾液滴由于容易到达燃料表面，更适合扑灭燃料燃烧过程中表面温度较高的液体燃料火灾，与文献［240,241］实验得到的结论一致。

细水雾的雾通量与液滴的分布有关，尤其对于燃烧过程中表面温度较低的液体燃料火灾来说，如果细水雾的作用面积不能完全覆盖全部燃料表面，则细水雾作用范围之外的部分燃料会继续燃烧，一旦停止施加细水雾，则火焰在燃料表面可以继续传播。灭火所需的最小水流量对应的有效细水雾覆盖面积的表达式为：

$$A_{w} = \pi\left[a_{c}L\tan\left(\frac{\alpha}{2}\right)\right]^{2} \tag{6.19}$$

其中，雾锥角α为细水雾喷头的设计参数，随细水雾的工作压力变化而变化；a_c为细水雾有效覆盖面积系数（<1），取决于灭火所需的最小水流量和燃料特性。

细水雾的雾动量是衡量细水雾液滴能否穿透火羽到达燃料表面的重要参数。只有当细水雾液滴向下的运动速率大于火羽流向上作用速率时，液滴才能穿透火羽流到达燃料表面。火羽流最大的向上作用速率U_{fmax}的表达式为：

$$U_{fmax} = 1.9Q_{C}^{0.2} \tag{6.20}$$

其中，Q_C为火焰的对流热释放速率。

细水雾灭火系统的喷头距燃料表面的距离较短，可忽略从喷头到达燃料表面这段距离内细水雾的蒸发，因此，液滴速率可以用无蒸发条件下的速率来描述：

$$U_{w} = \frac{U_{w_0}}{\exp\left(\dfrac{0.33\rho_{g}L}{D\rho_{w}}\right)} \tag{6.21}$$

其中，液滴的初速度表达式为：

$$U_{w_0} = \sqrt{2\frac{\Delta p}{\rho_{w}}} \tag{6.22}$$

则细水雾液滴能够穿透火羽流并到达燃料表面的临界条件为：

$$U_{w} \geqslant U_{fmax} \tag{6.23}$$

或

$$\frac{\sqrt{2\left(\dfrac{\Delta p}{\rho_{w}}\right)}}{\exp\left(\dfrac{0.33\rho_{g}L}{D\rho_{w}}\right)} \geqslant 1.9Q_{C}^{0.2} \tag{6.24}$$

由方程（6.24）可知，液滴能否穿透火羽流主要取决于细水雾的喷射压力、液滴粒径、喷头距燃料表面的距离和火源规模。通过增大液滴粒径或减小喷头到燃料表面的距离来提高细水雾灭火有效性的方式比增加细水雾工作压力的方式更为有效。

6.1.2 全尺寸灭火实验系统的设计及实验方法

前人在敞开空间内进行的细水雾灭火实验研究结果表明：外界条件（尤其是风）对实验结果有很大的影响。敞开环境中有无风及风的大小都无法保证实验结果的一致性与有效性，且在风的作用下，细水雾会发生偏离，甚至有根本无法到达火焰的情况。因此，本章的全尺寸实验在3 m × 2.1 m × 2.8 m的受限空间内进行，防火门尺寸为1.9 m × 0.7 m，实验进行过程中始终保持关闭状态。为方便观察，在防火门上装有一个1.0 m × 0.6 m的观察窗。受限空间顶部装有一台风量为10 $m^3 \cdot min^{-1}$的离心式抽风机，在实验结束后，可及时更新空间内的空气，使空气中的氧浓度、二氧化碳浓度、一氧化碳浓度及固体可悬浮颗粒物浓度达到正常范围，确保实验数据的可靠性与一致性。

细水雾灭火系统由储水罐、压力表、氮气瓶、减压阀、细水雾喷头和连接管路组成，如图6.2所示。

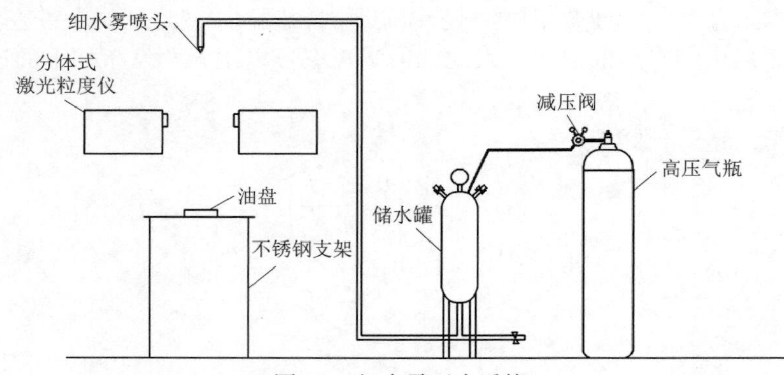

图6.2 细水雾灭火系统

本装置的供水方式为瓶组式，供水形式为湿式的单相LA细水雾灭火实验系统，采用压强为15 MPa的氮气瓶作为驱动气源来提供压力，氮气通过减压阀调整压强进入储水罐。

进行不同钾盐溶液细水雾灭火实验过程中，由于钾盐溶液具有一定的腐蚀作用，因此储水罐、管路及接头均由不锈钢制成，储水罐最高承压为10 MPa，储水罐顶端有4个接口，分别为进气口、进水口、出气口及安全阀。储水罐内压强高于8 MPa时，安全阀会自动打开，放气泄压，确保实验的安全性。

为方便实验中更换溶液，储水罐底部接有一个三通，一个管路通向排水口，另一个管路是通向细水雾喷头的实验管路。管路固定在2 m高的支架上，可配合实验台高度调节喷头到油池燃料表面的距离。

前人的研究表明，当实验油盘的直径大于等于20 cm时，可以不考虑燃烧过程中的热传导和热对流，而只需考虑热辐射作用。因此，实验用油盘选择直径为20 cm。由于细水雾的雾化效果在距喷头1 m处达到最佳状态，且依据NFPA规定，细水雾定义中粒径的测量就选定在距喷头1 m的位置，因此，将实验用油盘放置在距喷头1 m处的正下方，并使该距离保持不变，改变其他参量进行实验研究。

本书中采用热电偶测温系统对温度数据进行测量与采集，如图6.3所示。

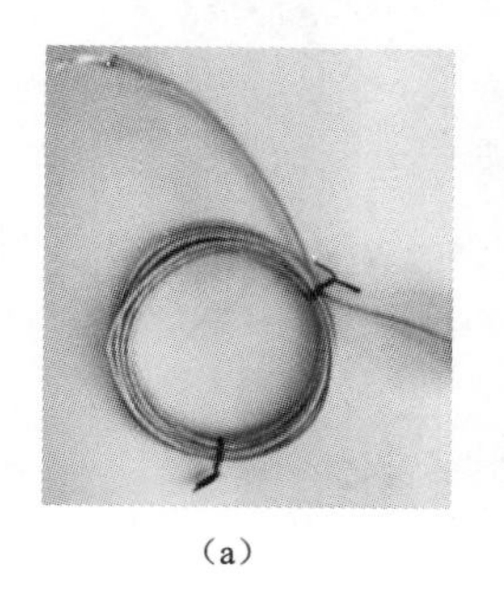

（a）

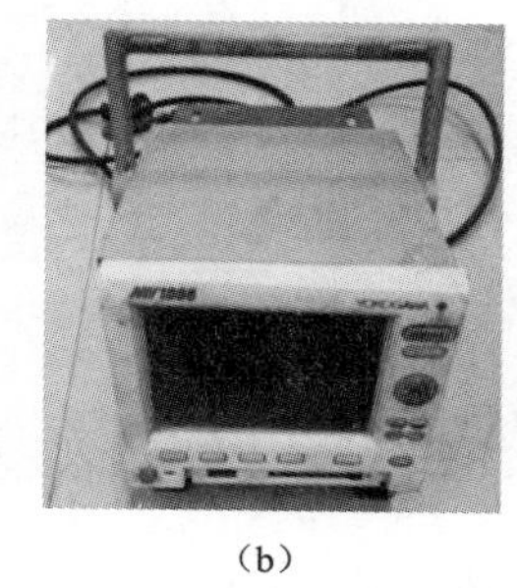

（b）

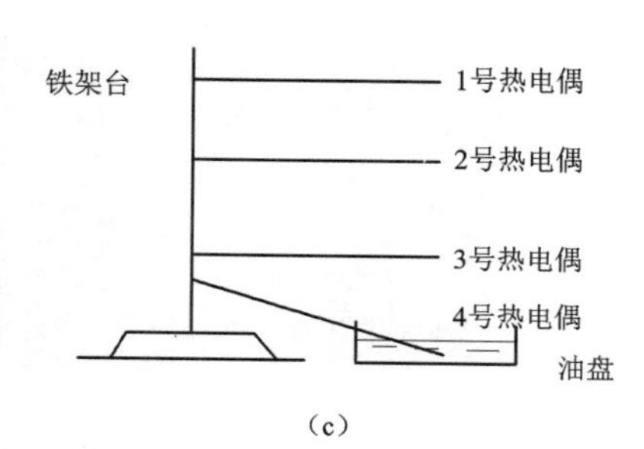

（c）

图6.3　温度采集系统实物及布置方法

（a）K型裸头热电偶；（b）无纸记录仪；（c）热电偶布置方法

热电偶测温系统由K型裸头热电偶（镍铬/镍硅）和日本横河MV1000无纸记录仪共同组成。K型热电偶作为一种温度传感器，适用于测量0～1 300 ℃范围的液体蒸气和气体介质及固体的表面温度。它具有线性度好、灵敏度高、稳定性好、抗氧化性强、价格低廉等优点。日本横河MV1000无纸记录仪最多可连接8个温度传感器，每秒钟可采集4个数据。

实验中4根热电偶依据距离油盘的远近分别命名为1～4号，其中4号位于油池液面以下，用于记录实验过程中燃料的温度，1～3号布置在油面上方，间距6 cm，用于记录不同火焰高度处的温度，热电偶分布如图6.3（c）所示。

细水雾灭火系统按工作压力可分为低压系统：工作压力小于12.1 bar（175 psi）；中压系统：工作压力为12.1 bar（175 psi）～34.5 bar（500 psi）和高压系统：工作压力大于34.5 bar（500 psi）。考虑细水雾灭火系统中的压力成本在总成本中占据极大的比例，因此，为保证实际生产与应用的可行性，本章选用0.2 MPa、0.3 MPa、0.4 MPa、0.5 MPa、0.6 MPa这5种低压范围内的供水压强进行实验。

实验选用两种标准角实心锥细水雾喷头，型号分别为BB1/8-SS3和BB3/8-SS9.5，其中BB代表单体式喷嘴型号，1/8和3/8代表入口接头，SS代表不锈钢材质，3和9.5代表流量大小，如图6.4（a）所示，分别命名为B3和B95。该型号喷头的特点是能产生实心锥形喷雾形状且喷射区域为圆形，喷射角为43°～106°，能在大范围流速和压力下产生分布均匀、液滴大小为中等到偏大的喷雾，如图6.4（b）所示。BB系列喷头具有可拆卸的帽盖和叶片，能与细水雾管路很好地匹配，其设计方法能把工作末端（帽盖和叶片）从喷嘴上拆卸下来进行检修和清洗，而不必把喷头体从管路上卸下。

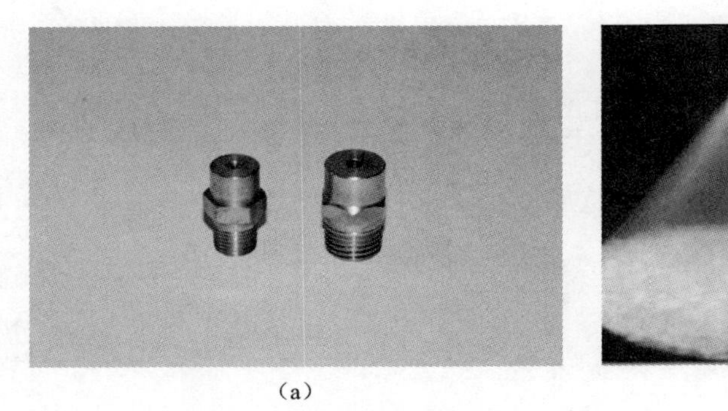

（a）　　（b）

图6.4　实心锥喷头及喷雾形状

（a）实心锥喷头；（b）喷雾形状

BB系列喷头厂商给出的喷头特性参数见表6.1。

表6.1　实验用喷头特性参数

喷头	额定喷孔直径/mm	最大畅通孔径/mm	流量/（L·min^{-1}）					雾锥角/（°）		
			0.2 MPa	0.4 MPa	0.6 MPa	0.7 MPa	1.0 MPa	0.05 MPa	0.15 MPa	6 MPa
B3	1.5	1.0	1.9	2.5	3.1	3.3	3.9	52	65	59
B95	2.6	2.4	5.9	8.1	9.7	10.4	12.3	45	50	46

由之前的分析可知，细水雾的特性参数是影响其与浮力控制扩散火焰相互作用过程的重要因素，主要包括细水雾液滴的粒径、细水雾的流量、动量和液滴通量4个必要的参数。由表6.1可知，该厂商并未给出不同压力下的细水雾粒径参数，因此，在细水雾灭火系统中设置Winner318C型分体式激光粒度仪对粒径进行测试，实验在无火条件下进行并且激光光路设置在喷头正下方1 m处，得到的不同细水雾喷头分别在0.2 MPa、0.4 MPa和0.6 MPa条件下的粒径测试结果见表6.2。

表6.2　不同喷头在不同压力条件下的细水雾粒径测试结果

压力/MPa	细水雾粒径/μm							
	B3喷头				B95喷头			
	D_{10}	D_{32}	D_{50}	D_{90}	D_{10}	D_{32}	D_{50}	D_{90}
0.2	142.20	219.92	282.62	438.12	115.04	199.48	246.24	389.52
0.4	100.82	182.23	220.71	394.21	111.08	189.29	227	361.15
0.6	82.26	158.52	200.42	359.52	100.07	171.32	202.41	321.46

由表6.2可知，两种喷头产生的细水雾粒径差别不大，B95喷头的细水雾D_{90}略小。随着压力的增加，两种喷头产生的细水雾粒径均存在减小的趋势，并且B3喷头产生的细水雾浓度在各个压力下都优于B95喷头。从整体来看，依据NFPA750的定义，实验所选的两种喷头在工作压力大于等于0.4 MPa时所产生的细水雾雾滴粒径均属于Ⅱ级细水雾范畴，雾滴粒径分布对细水雾灭火有效性的影响较小，因此，本实验中的最小工作压力为0.4 MPa。

雾通量采用收集法进行测试，测量平面布置在距离喷头正下方1 m处，收集细水雾所用烧杯开口直径为4.5 cm，高6 cm，共21只，分布于整个细水雾场的1/4平面内，如图6.5所示。

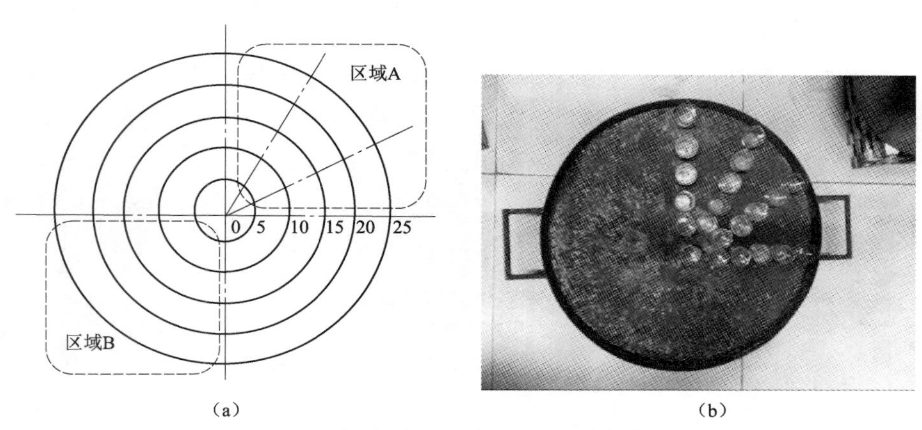

图6.5　细水雾通量测量平面及测点布置

(a) 测点布置；(b) 实际情况

测量过程中，先用挡板挡在喷嘴出口的下方，开启细水雾，待细水雾流场稳定后，移开挡板并用秒表计时，收集2 min后，先将挡板移回，再关闭细水雾阀门，通过电子天平测量烧杯在收集细水雾前后质量的变化来计算雾通量。

为验证细水雾流场的对称性，使用B3喷头在0.4 MPa条件下对区域A和B进行雾通量测试，结果见表6.3。

表6.3 测试区域A和B的细水雾通量 $g \cdot m^{-2} \cdot s^{-1}$

测试区域	摆放角度/(°)	0 cm	5 cm	10 cm	15 cm	20 cm	25 cm
区域A	0	89.80	104.82	72.33	45.07	31.10	20.27
	30	—	100.28	76.17	55.90	35.77	29.70
	60	—	92.59	82.80	52.54	37.17	25.46
	90	—	92.27	97.13	58.75	34.90	25.34
	平均值	89.80	97.49	82.11	53.07	34.74	25.19
区域B	0	92.72	105.95	77.65	49.48	29.00	19.02
	30	—	103.72	77.52	49.35	32.71	26.42
	60	—	95.47	75.68	50.31	37.74	32.49
	90	—	107.27	73.77	52.72	39.23	27.00
	平均值	92.72	103.10	76.16	50.47	34.67	26.23

由表6.3可以看出，实验中细水雾流场具有较好的对称性，并且在测试平面内，细水雾通量随离开喷嘴中心线距离的增加而减小。在接下来的雾通量实验中，重点考察1/4的A区域即可。

B3喷头在压力分别为0.2 MPa（1.9 $L \cdot min^{-1}$）、0.4 MPa（2.5 $L \cdot min^{-1}$）和0.6 MPa（3.1 $L \cdot min^{-1}$）条件下对区域A进行雾通量测试，结果列于表6.4。

表6.4 B3喷头细水雾通量测试结果 $g \cdot m^{-2} \cdot s^{-1}$

流量/($L \cdot min^{-1}$)	摆放角度/(°)	0 cm	5 cm	10 cm	15 cm	20 cm	25 cm
1.9	0	66.74	56.60	36.69	25.86	18.87	14.33
	30	—	60.45	39.13	28.65	24.46	21.31
	60	—	60.10	33.11	22.28	20.88	17.24
	90	—	61.84	37.30	29.88	19.53	16.74
	平均值	66.74	59.74	36.56	26.67	20.94	17.41

续表

流量/（L·min⁻¹）	摆放角度/（°）	0 cm	5 cm	10 cm	15 cm	20 cm	25 cm
2.5	0	89.80	104.82	72.33	45.07	31.10	20.27
	30	—	100.28	76.17	55.90	35.77	29.70
	60	—	92.59	82.80	52.54	37.17	25.46
	90	—	92.27	97.13	58.75	34.90	25.34
	平均值	89.80	97.49	82.11	53.07	34.74	25.19
3.1	0	153.39	103.07	89.10	70.23	49.27	37.74
	30	—	103.34	83.81	73.89	44.81	36.42
	60	—	109.58	80.80	74.37	47.74	33.76
	90	—	106.88	81.29	79.55	43.82	39.71
	平均值	153.39	105.72	83.75	74.51	46.41	36.91

B95喷头在压力分别为0.2 MPa（5.9 L·min^{-1}）、0.4 MPa（8.1 L·min^{-1}）和0.6 MPa（9.7 L·min^{-1}）条件下对区域A进行雾通量测试，结果列于表6.5。

表6.5　B95喷头细水雾通量测试结果　　g·m^{-2}·s^{-1}

流量/（L·min⁻¹）	摆放角度/（°）	0 cm	5 cm	10 cm	15 cm	20 cm	25 cm
5.9	0	168.76	139.41	88.05	61.32	45.60	35.64
	30	—	149.90	95.91	69.18	49.75	32.41
	60	—	140.94	93.12	63.25	41.68	33.18
	90	—	146.71	94.99	73.48	42.43	35.09
	平均值	168.76	144.24	93.02	66.81	44.87	34.08
8.1	0	279.87	219.60	149.90	100.63	67.09	42.98
	30	—	219.60	136.79	98.53	69.71	55.03
	60	—	202.83	143.00	112.75	62.11	47.19
	90	—	214.58	139.35	109.31	63.58	57.46
	平均值	279.87	214.15	142.26	105.31	65.62	50.67

续表

流量/(L·min^{-1})	摆放角度/(°)	0 cm	5 cm	10 cm	15 cm	20 cm	25 cm
9.7	0	384.17	235.32	134.17	83.33	61.84	40.36
	30	—	248.95	153.04	110.06	64.34	57.65
	60	—	255.24	141.17	114.53	70.02	63.08
	90	—	249.98	144.74	117.53	68.78	60.83
	平均值	384.17	247.37	143.28	106.36	66.25	55.48

由雾通量测试结果可以看出，B95喷头的雾通量为B3喷头的2～3倍，并且细水雾的雾通量随工作压力（流量）的增大而增加。无论哪种喷头，中心点处的雾通量都为最大，在测试平面内，距离中心线最远处（25 cm）的雾通量数值并不为零，说明此处并不是细水雾场的边缘。另外，增大压力后，各个测点处的雾通量都同时增大，也说明测试范围内的所有点都在细水雾保护范围之内。因此，在本实验中，保持喷头距油盘的高度及油盘直径不变，则雾通量对细水雾灭火有效性的影响可忽略不计。

杨冬雷的研究中提到细水雾的雾动量可由方程（6.25）进行近似计算：

$$I = 1.0 \times 10^3 \times \frac{4}{3}\pi\left(\frac{D \times 10^{-6}}{2}\right)^3 \times \sqrt{U^2 + V^2 + W^2} \tag{6.25}$$

式中，I为细水雾的雾动量；D为细水雾粒径；U、V和W分别为代表细水雾竖直向下速度分量、径向及轴向速度分量。

由方程（6.25）可知，确定细水雾灭火系统的雾动量需已知细水雾施加过程中在3个方向上的速度值，但由于实验室没有测试细水雾速率的仪器，无法通过实验的方法定量给出雾动量的数值。本书应用方程（6.20）～方程（6.24）对细水雾液滴动量进行分析，将动量与液滴速度的关系转化为细水雾工作压力与液滴速度的关系。

实验开始时，先在油盘中加入100 mL液体燃料，调节减压阀至所需工作压力后点燃液体燃料，待稳定燃烧一段时间后开始施加细水雾，观察细水雾与火焰相互作用情况，火焰熄灭即关闭细水雾。规定细水雾连续作用超过30 s火焰还未熄灭为未灭火。用秒表记录灭火时间，热电偶记录燃料和火焰温度，与电脑相连的电子天平记录油盘中物质的质量变化。

6.1.3　实验用B类火模型的燃料特性

实验用B类火模型的燃料分别选择乙醇、正庚烷、0#柴油和92#汽油，其基本理化特征见表6.6。

表6.6　B类火模型燃料基本理化特征

燃料种类	主要成分	热值/（kJ·kg^{-1}）	闪点/℃	毒性
正庚烷	C_7H_{16}	48 066	–4	麻醉作用和刺激性
乙醇	C_2H_6O	28 475	13	低毒、抑制中枢神经系统
汽油（92#）	C5 ~ C12脂肪烃和环烃类，并含少量芳香烃	44 000	–50 ~ –20	低毒
柴油（0#）	复杂烃类（碳原子数10 ~ 22）	42 705	55以上	麻醉和刺激作用

由于柴油的燃点较高，无法直接用点火器引燃，采用直径为30 cm的大油盘置于直径为20 cm的小油盘之下，加入适量正庚烷以引燃的方式点燃，由于加入了大油盘及支架，因此在柴油火实验中应适量降低实验台的高度，保证小油盘距喷头1 m的位置。柴油火引燃装置简图如图6.6所示。

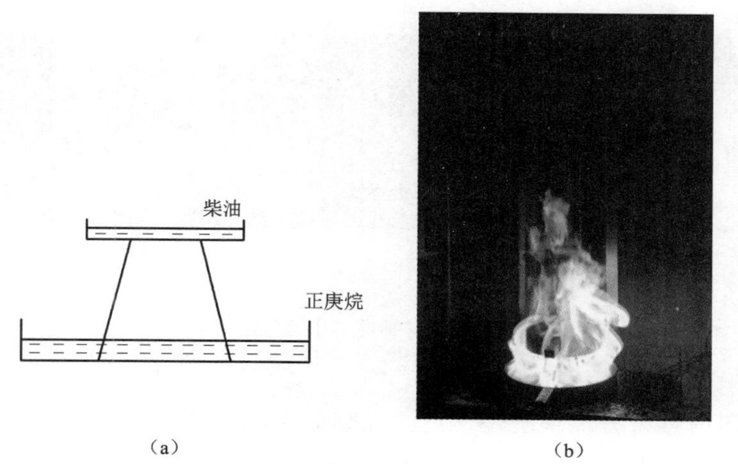

图6.6　柴油火引燃装置简图
（a）装置简图；（b）实际引燃效果

4种燃料在未施加细水雾正常燃烧时的状态如图6.7所示。

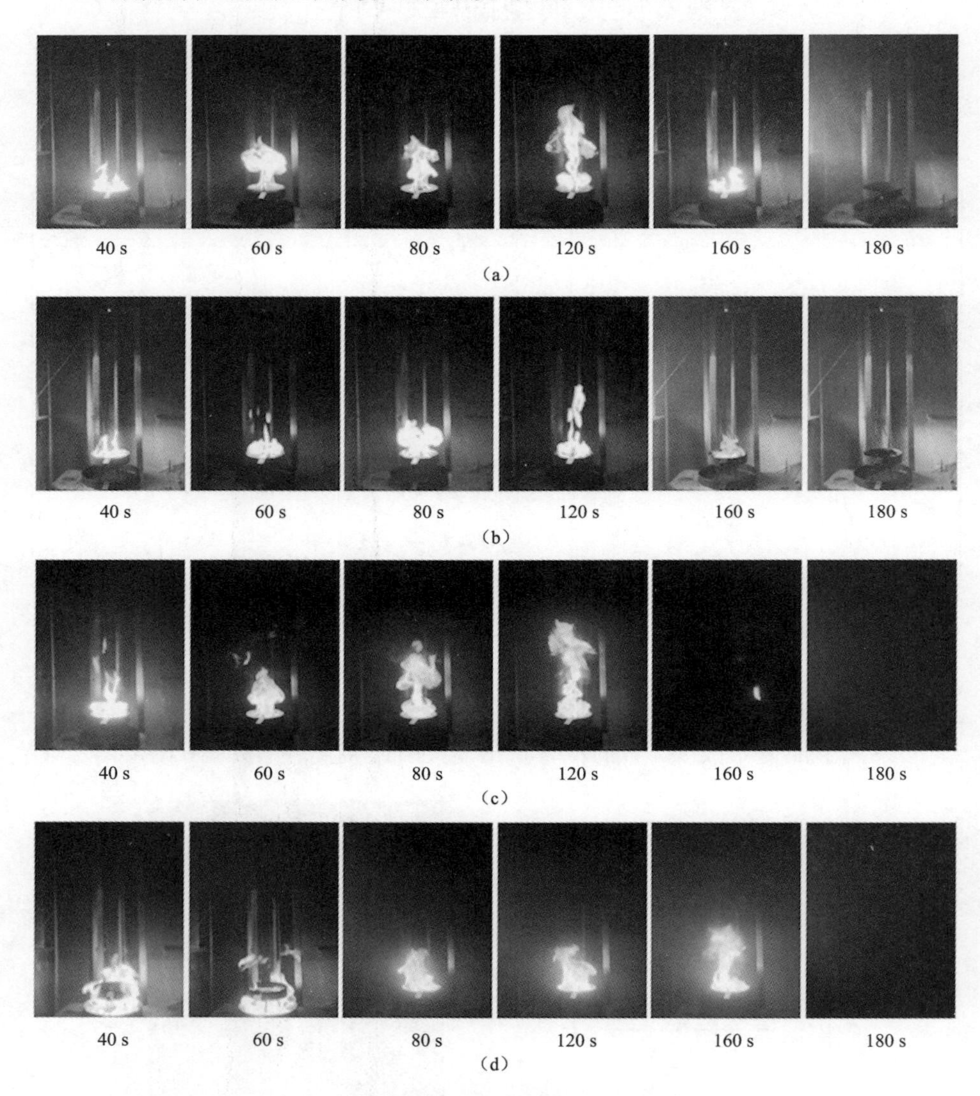

图6.7 4种燃料正常燃烧

(a) 正庚烷；(b) 乙醇；(c) 汽油；(d) 柴油

由图中可以看出正庚烷、汽油和柴油在燃烧过程中具有明亮的火焰，而乙醇火焰的明亮程度不及另外3种燃料。在火焰充分发展阶段，相比于乙醇火焰，正庚烷、汽油和柴油火焰规模明显较大并且火焰高度更高。汽油和柴油燃料燃烧时均产生了较浓的黑烟，这是燃料燃烧不完全导致的。

黑烟的主要成分包括未经燃烧的油雾、碳粒、一些高沸点的杂环和芳烃物质。其中柴油燃烧时形成的黑烟最浓，汽油次之，正庚烷燃烧生成的烟雾相对较小。

热电偶及无纸记录仪记录的4种燃料正常燃烧过程中的温度变化如图6.8所示。

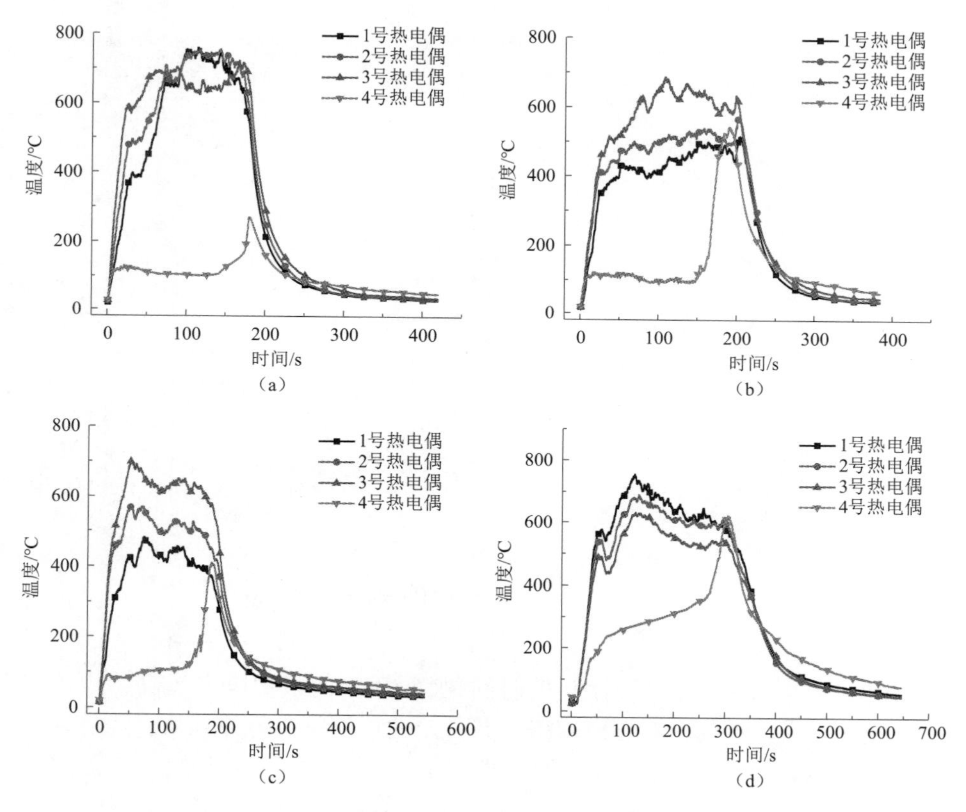

图6.8　4种燃料正常燃烧的时间-温度曲线

(a) 正庚烷；(b) 乙醇；(c) 汽油；(d) 柴油

由曲线可以看出，正庚烷、乙醇和汽油在正常燃烧时油面温度大致相同，为100 ℃左右，而柴油温度稍高，约300 ℃。从火焰温度来看，正庚烷和柴油最高，可达约700 ℃，且火场温度分布较为均匀。乙醇与汽油火焰温度较低，约为550 ℃，火场温度分布差异较大。根据温度曲线，选择各燃料温度相对稳定阶段开始施加细水雾，对于正庚烷、乙醇和汽油，预燃时间为120 s，柴油预燃时间为150 s。

电子天平记录的4种燃料正常燃烧过程中的质量损失即不同燃料的燃烧速率曲线如图6.9所示。

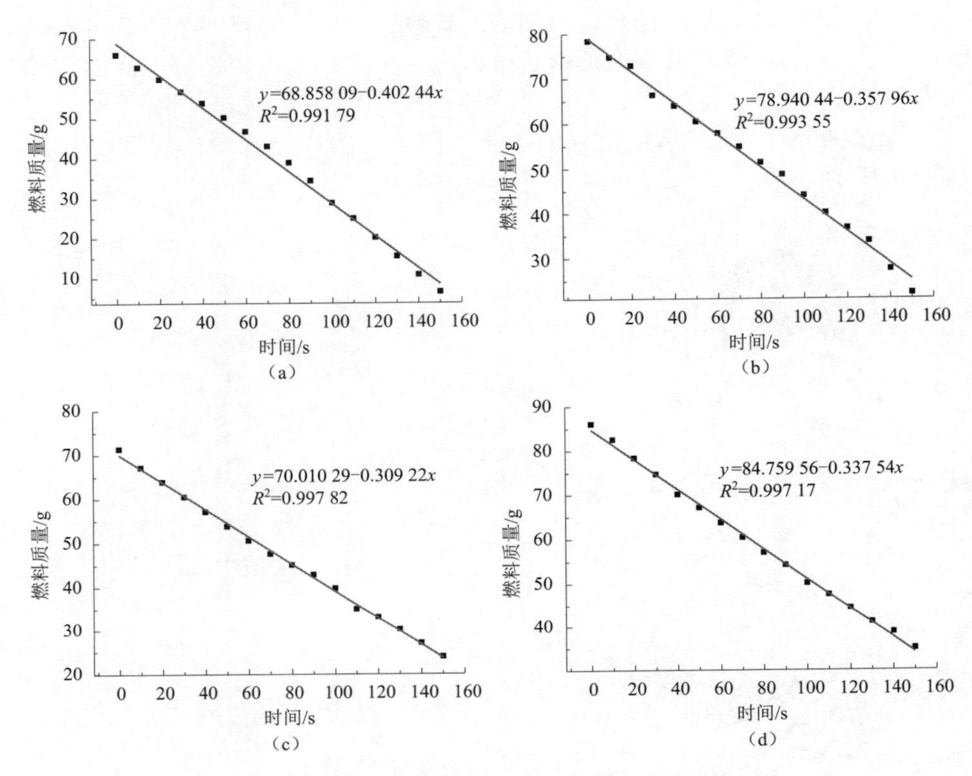

图6.9　4种燃料正常燃烧的时间-燃料质量曲线

(a）正庚烷；(b）乙醇；(c）汽油；(d）柴油

由图中R^2值可知，4种燃料的时间-燃料质量曲线拟合度较高，应用拟合曲线计算任意时刻燃料燃烧速率具有一定的可信度。另外，从直线的斜率来看，4种燃料正常燃烧过程中的燃烧速率差异不大，正庚烷略大，乙醇和柴油次之，汽油最小。

火源热释放速率与燃料燃烧热之间的经验关系式为：

$$Q_C = \eta \Delta H_c m_f A \tag{6.26}$$

方程（6.26）中η为燃料的燃烧效率，一般取0.7；A为实验油盘面积。将由图6.10中拟合直线的斜率求得的m_f代入方程（6.26），并将所得Q_C值带入方程（6.20），得到4种燃料的火源热释放速率和火羽流最大向上流速列于表6.7。

本实验中，喷嘴距燃料表面的距离和火源规模保持不变，由方程（6.21）及方程（6.22）可知，液滴大小取决于工作压力，并得到在不同压力下细水雾液滴的粒径大小和速度的关系，见表6.8。

表6.7　4种燃料的火源热释放速率和火羽流最大向上流速

燃料	Q_C /（kJ·s^{-1}）	U_{fmax}/（m·s^{-1}）
正庚烷	13.54	3.20
乙醇	7.14	2.81
汽油	9.52	2.98
柴油	10.09	3.02

表6.8　液滴速度随压力变化表

液滴粒径/μm		100	200	300	400	500	600	700
液滴速度/（m·s^{-1}）	0.2 MPa	0.28	2.38	5.19	6.90	8.55	9.85	10.87
	0.4 MPa	0.40	3.37	7.33	9.76	12.09	13.93	15.37
	0.6 MPa	0.49	4.12	8.98	11.95	14.80	17.06	18.83

无蒸发条件下的液滴竖直向下运动速率随压力和粒径的增大而增大。当细水雾粒径大于200 μm并且工作压力大于等于0.4 MPa时，对于4种火源的任意一种，液滴向下的速率大于火羽流最大向上的流速，因此，更多的细水雾可以穿透火羽到达燃料表面进行冷却灭火。由表6.2，本实验中的两种细水雾喷头在不同压力下的粒径均大于200 μm，在理论上对4种火灾模型都可以实现冷却燃料表面的主导机理。

6.1.4　纯水细水雾与B类油池火相互作用实验

表6.9为应用B3喷头在不同压力下测试纯水细水雾扑灭4种油池火的平均灭火时间。

表6.9　不同压力下纯水细水雾扑灭4种油池火的平均灭火时间　　s

压力/MPa	正庚烷	乙醇	汽油	柴油
0.2	未灭火	未灭火	27.5	26.3
0.4	17.6	未灭火	4.8	7.1
0.6	8.5	未灭火/灭火	0.67	4.1

由表可知，在0.2 MPa下，灭正庚烷与乙醇火时，灭火时间均超过了30 s，认为未灭火，汽油和柴油的灭火时间大致相同。随着压力的提高，0.4 MPa下乙醇的灭火时间仍超过30 s，但正庚烷火焰被扑灭，汽油与柴油的灭火

时间差异不大。0.6 MPa下，乙醇灭火时间很不稳定，实验中会出现无法灭火和可以灭火交替出现的情况，并且同种灭火实验条件下的灭火时间差异较大。正庚烷、汽油和柴油的灭火时间都进一步缩短。由灭火时间数据可以看出，乙醇火最难熄灭，其次是正庚烷火和柴油火，汽油火的灭火时间受压力影响变化剧烈，压力增大，灭火所用时间迅速减少。

图6.10为0.4 MPa下纯水细水雾扑灭4种油池火的温度曲线。

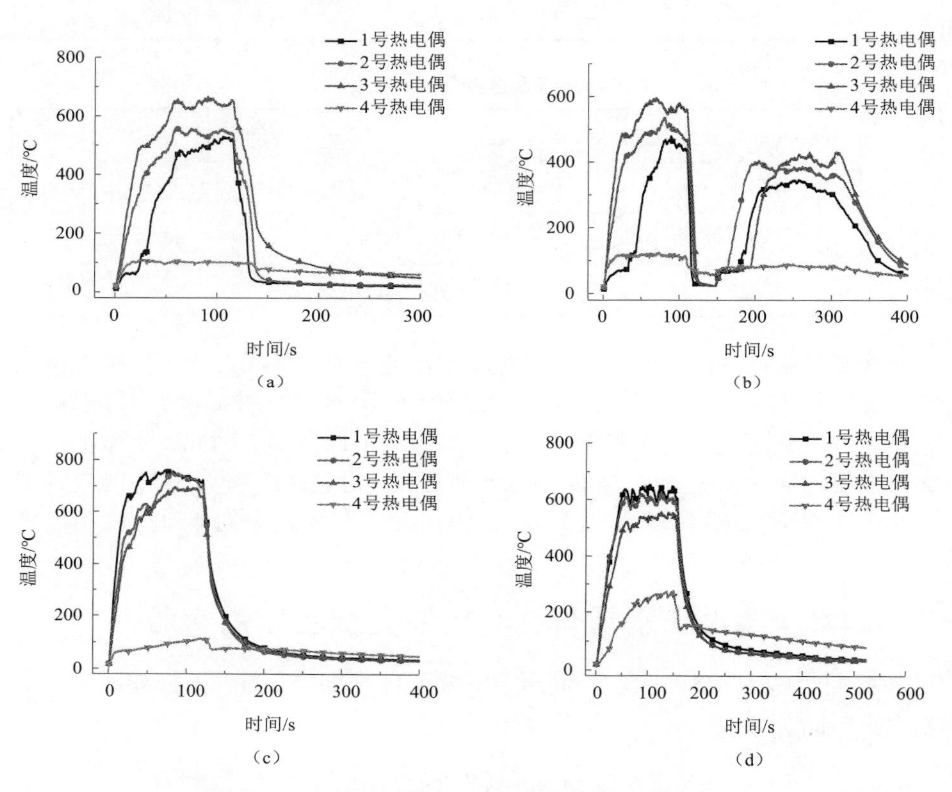

图6.10　纯水细水雾扑灭4种油池火时间-温度曲线

（a）正庚烷；（b）乙醇；（c）汽油；（d）柴油

由图可以看出，加载细水雾后，乙醇火火场温度急速下降，但仍无法灭火，当停止施加细水雾时，火焰继续燃烧，热电偶温度上升。柴油与正庚烷和汽油相比，在燃烧过程中具有较高的油面温度，并且柴油的油面温度在施加细水雾后出现明显降低。随着细水雾的施加，乙醇、汽油与柴油的火焰温度下降速率均快于正庚烷的。

依据方程（6.17）和方程（6.18）计算得到的纯水扑灭4种燃料的临界流量见表6.10。方程中燃料的热力学数据源自文献［249］，燃料燃烧速率与油面温度由实验结果确定，水的蒸发潜热为2.58 kJ·g^{-1}；水蒸气、液态水和空气的热容分别为2.1 kJ·kg^{-1}·℃$^{-1}$、4.2 kJ·kg^{-1}·℃$^{-1}$和1.15 kJ·kg^{-1}·℃$^{-1}$。

表6.10 纯水扑灭4种燃料的临界流量值

燃料	燃烧速率/(kg·m^{-2}·s^{-1})	油面温度/K	气态燃料热容/(J·kg^{-1}·K^{-1})	汽化潜热/(kJ·g^{-1})	xm_w/(kg·m^{-2}·s^{-1})	$(1-x)m_w$/(kg·m^{-2}·s^{-1})
正庚烷	0.012 8	373	1 580	0.48	0.056	0.019 1
乙醇	0.011 4	373	1 740	0.854	0.006 23	0.007 85
汽油	0.009 85	373	1 557	0.335	0.036	0.013 8
柴油	0.010 7	673	1 486	0.769	0.036	0.012 9

由表可知，正庚烷、汽油和柴油燃料，细水雾冷却火焰所需的水量xm_w均大于冷却燃料表面所需的水量$(1-x)m_w$，即冷却燃料表面为细水雾抑制熄灭上述3种燃料的主导机理。乙醇燃料灭火实验中，细水雾冷却火焰所需的水量略小于冷却燃料表面所需的水量，说明冷却火焰和冷却燃料表面对于细水雾扑灭乙醇火来说作用相差不大，冷却火焰为主导机理。由表6.4可知，B3喷头在流量分别为1.9 L·min^{-1}、2.5 L·min^{-1}和3.1 L·min^{-1}条件下，油盘边缘处（10 cm）细水雾通量分别为0.036 6 kg·m^{-2}·s^{-1}、0.082 1 kg·m^{-2}·s^{-1}和0.083 8 kg·m^{-2}·s^{-1}，可以看出，当流量为1.9 L·min^{-1}（0.2 MPa）时，油盘边缘的细水雾通量小于庚烷火熄灭所需的临界流量值，大于乙醇、汽油和柴油的临界流量值，因此实验过程中观察到的现象为正庚烷灭火未成功。乙醇燃料的灭火未成功是由于乙醇与水互溶，且乙醇的着火点很低，细水雾无法将燃料表面温度降低到着火点以下。由此可以看出，针对着火点很低的燃料，降低燃料表面温度无法起到灭火的决定性作用。而对于汽油和柴油火来说，当流量为1.9 L·min^{-1}时，虽然观察到的实验现象为成功灭火，但由于在此条件下细水雾液滴穿透火羽到达燃料表面的数量有限，因此，灭火时间相比2.5 L·min^{-1}和3.1 L·min^{-1}条件下的来说较长。

纯水细水雾扑灭4种油池火的各阶段现象如图6.11所示。

由图可以看出，除乙醇外，其他3种燃料的灭火强化阶段均较为剧烈，并且经过火焰强化阶段后，火焰根部高高抬起，脱离燃料表面。细水雾与柴油表面接触后，发生明显的喷溅现象。产生这种现象的原因是雾滴与高温的燃料发生撞击，雾滴受热迅速汽化膨胀做功，从而引发飞溅与共沸现象。

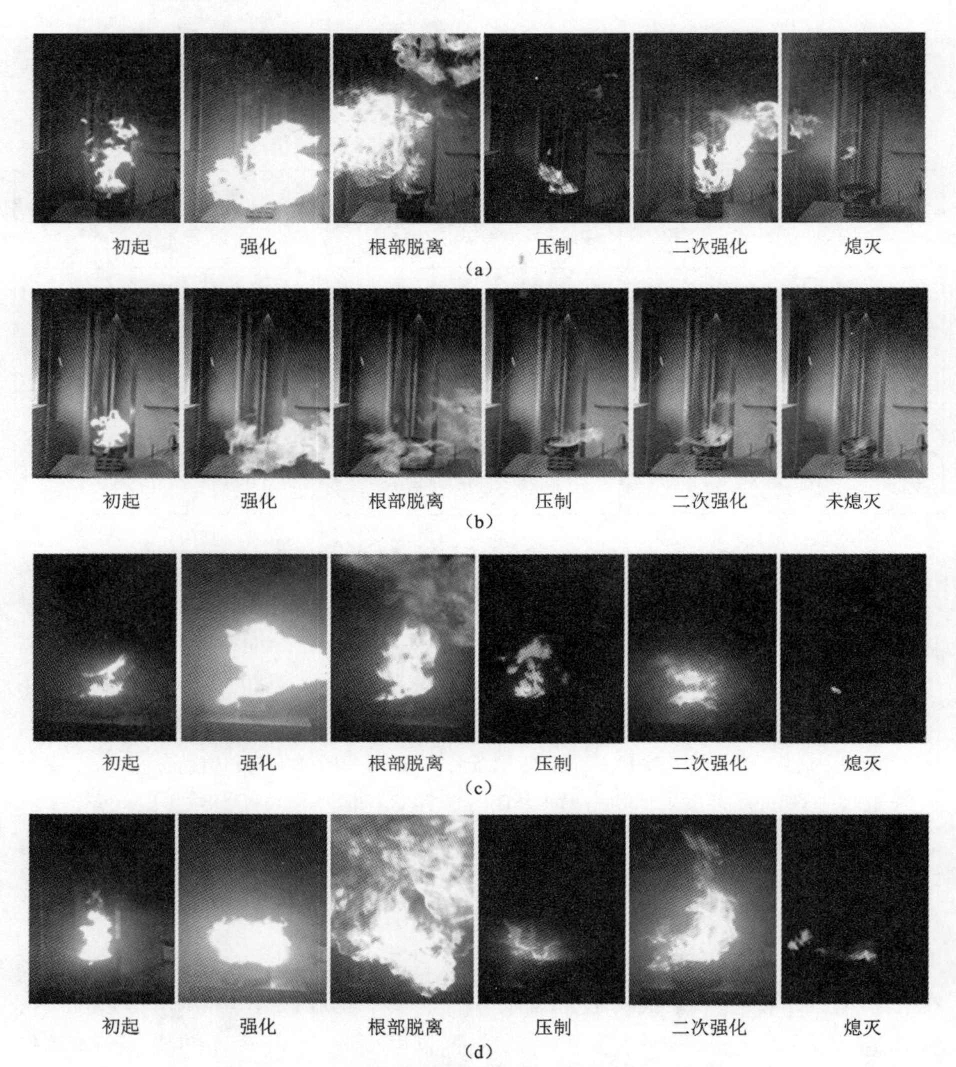

图6.11 纯水细水雾扑灭B类油池火的各阶段

(a) 正庚烷；(b) 乙醇；(c) 汽油；(d) 柴油

随着细水雾的加载，乙醇燃料进入火焰压制阶段后，其火焰亮度逐渐变暗，但仍不会熄灭，这是因为乙醇与水互溶。随着燃料含水量的上升，燃料燃烧速度减缓，所需氧气含量也随之降低。乙醇自身含有氧元素，相较于其他燃料，同等质量的乙醇燃烧所需的氧气较少。除此之外，乙醇的低着火点也增加了它的灭火难度。另外，乙醇火的火焰根部在细水雾的作用下始终未脱离燃料表面，并且二次强化现象也不明显，这也说明乙醇燃料较其他3种燃料更难被扑灭。

6.2　含钾盐添加剂对细水雾扑灭B类火有效性的影响

6.2.1　含钾盐添加剂种类的影响

应用分体式激光粒度仪对B3喷头在0.2 MPa及0.4 MPa条件下的质量分数为5%的K_2CO_3、KNO_3、KCl和KH_2PO_4溶液细水雾粒径进行测试，结果列于表6.11。

表6.11　含添加剂细水雾在不同压力条件下的细水雾粒径测试结果

溶液	细水雾粒径/μm							
	0.2 MPa				0.4 MPa			
	D_{10}	D_{32}	D_{50}	D_{90}	D_{10}	D_{32}	D_{50}	D_{90}
5% K_2CO_3溶液	158.952	252.778	326.846	480.276	134.754	238.223	276.182	457.214
5% KNO_3溶液	251.103	366.258	388.444	600.215	226.643	321.451	335.899	497.369
5% KCl溶液	237.975	351.540	374.452	590.831	199.926	296.018	315.742	498.208
5% KH_2PO_4溶液	222.760	339.809	366.449	604.470	178.218	279.176	305.099	523.146

由表6.7、表6.8及表6.11可知，在0.2 MPa条件下，虽然含添加剂细水雾粒径D_{32}均大于200 μm，但此时的雾滴速度可能不足以穿透4种燃料的火羽并将细水雾雾滴送到燃料表面发挥冷却燃料表面的主导机理进行灭火。因此，选择在0.4 MPa条件下，分别用5% K_2CO_3溶液细水雾、5% KNO_3溶液细水雾、5% KCl溶液细水雾和5%KH_2PO_4溶液细水雾对4种B类火灾模型进行灭火有效性实验，结果列于表6.12。

表6.12　0.4 MPa下含添加剂细水雾灭4种油池火的平均灭火时间　　s

燃料	纯水	5% K_2CO_3	5% KNO_3	5% KCl	5% KH_2PO_4
正庚烷	17.6	11.9	11.6	15.3	16
乙醇	未灭火	未灭火	未灭火	未灭火	未灭火
汽油	4.8	3.7	3.8	4.7	5.1
柴油	7.1	4.6	4.2	6.2	9.7

由表可知，不同的钾盐添加剂对纯水细水雾的灭火有效性影响不同，总体表现为灭火效能的增强并且相同浓度的钾盐添加剂化学灭火效能排序与第3章的排序一致。5% KH_2PO_4溶液灭火有效性增加的效果较差，这是因为KH_2PO_4添加剂对化学灭火作用的加强远不如其他类型的钾盐，虽然KH_2PO_4的热分解产物中具有白色稳定的玻璃态物质，但由于这种物质只起到覆盖作用而降温作用较差，因此，对于柴油火来说，灭火效能甚至不及纯水细水雾。

0.4 MPa下含添加剂细水雾无法对乙醇火进行有效扑灭，这说明细水雾化学抑制作用的发挥具有一定的局限性，在物理灭火作用无法充分发挥的情况下，化学抑制无法起到决定性的作用。

由以上的分析不难看出，乙醇火在低压细水雾系统条件下难以被扑灭，而柴油的闪点较高，不易引燃，并且燃烧后产生大量的黑烟（soot），不利于实验现象的观察，汽油虽然闪点较低，但馏程范围较大，燃烧也产生大量的黑烟，因此，这3种燃料都不适合作为B类火灾模型进行灭火有效性实验。正庚烷火焰并不会与燃料表面紧密接触，而是存在于燃料表面上方，两者中间存在一定间隙。说明在点火之前，燃料存在蒸发现象，扩散到燃料表面上方，与空气中的氧气混合形成可燃的混合蒸气，点火后，在燃料表面形成预混火焰和扩散火焰。作为纯净物，正庚烷具有固定的沸点98.5 ℃，由于其沸点低于水，避免了液滴撞击正庚烷表面发生严重的飞溅现象干扰实验。另外，正庚烷具有较低的闪点（-4 ℃）和较高的饱和蒸气压（5.33 kPa），可由明火直接点燃并且很难通过稀释氧气浓度的方法将正庚烷/空气混合物的浓度降到可燃极限以下，扑灭正庚烷火处在一个相对不利的条件下，即延长了灭火时间，便于不同添加剂之间灭火有效性的比较。因此，在本章后续的研究中，选用正庚烷作为B类火油池燃料模型的代表。

4种溶液细水雾在0.4 MPa条件下扑灭正庚烷火过程的时间-温度曲线如图6.12所示。

由图可知，当火焰熄灭并停止施加细水雾后，5% K_2CO_3溶液细水雾和5% KNO_3溶液细水雾1～3号热电偶在温度曲线的后半段有一部分自然冷却降温，说明这两种溶液细水雾的灭火时间较短，具有较好的灭火有效性。而5% KCl溶液细水雾和5% KH_2PO_4溶液细水雾停止施加后，1～3号热电偶已基本处于常温状态，说明细水雾施加时间较长，5% KCl溶液细水雾和5% KH_2PO_4溶液细水雾的灭火有效性较差。

由之前的分析可知，发挥添加剂的化学灭火效能需在一定的温度条件下，并且生成化学灭火活性物质的时间要短于细水雾液滴的存在时间。从灭火时间的数据来看，K_2CO_3和KNO_3添加剂对纯水灭火效能的提升作用明显，说明本实验条件满足这两种添加剂发挥化学灭火效能的条件。而KCl添加剂

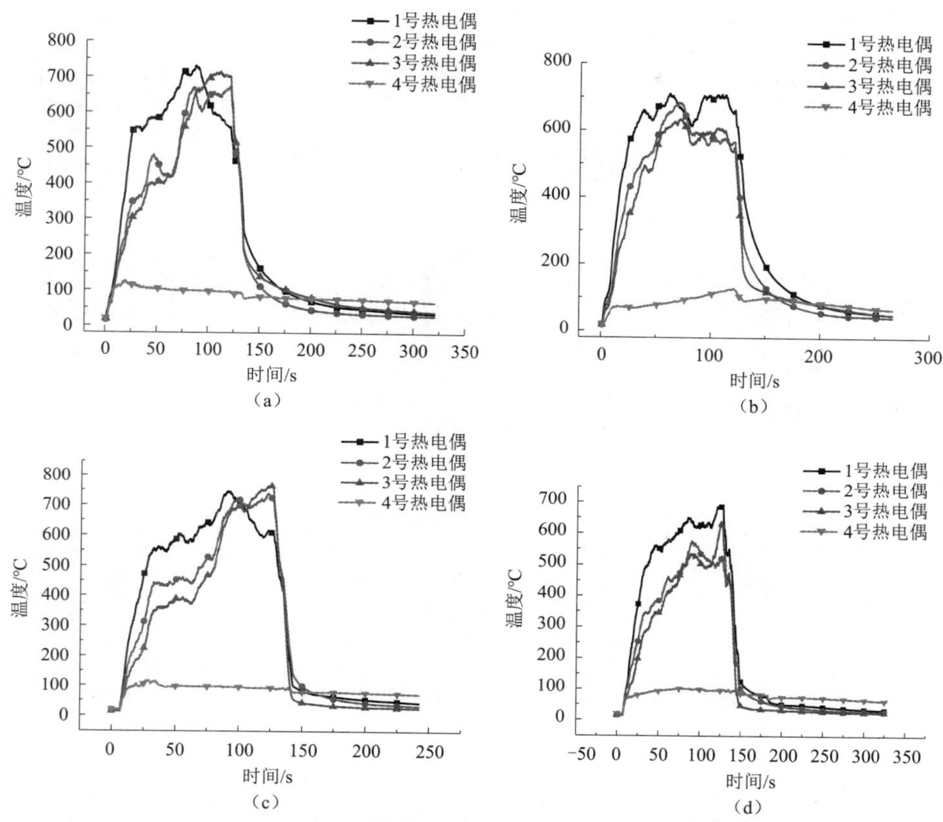

图6.12　含钾盐添加剂细水雾扑灭庚烷火的时间-温度曲线

(a) 5% K_2CO_3溶液；(b) 5% KNO_3溶液；(c) 5% KCl溶液；(d) 5% KH_2PO_4溶液

对纯水灭火效能的提升作用不明显，这是由于KCl在火焰温度不易发生热分解，KCl的化学灭火效能来自较高的饱和蒸气压，但KCl的熔点温度为771 ℃，与火焰最高温度基本持平，一旦大量的细水雾开始施加，火焰温度会急剧下降，导致KCl不能达到熔点温度，不利于KCl化学灭火效能的发挥。KH_2PO_4的表现与之前的分析一致，在较低的温度下发生热分解并生成白色玻璃态物质，KH_2PO_4对纯水细水雾灭火效能的提升作用一部分来自生成的物质覆盖在油面所起到的隔绝氧气作用。

4种溶液细水雾在0.4 MPa条件下扑灭正庚烷火的典型过程如图6.13所示。

4种溶液细水雾扑灭正庚烷火的典型过程主要包括初起、强化、根部脱离、压制、二次强化和熄灭6个阶段。在初起阶段，正常燃烧的正庚烷火焰受溶液细水雾的作用而出现火焰变形的现象，随着细水雾的施加，由于雾动量对火场空气的扰动，使得燃料蒸气与空气中的氧气更好地混合，加速燃料

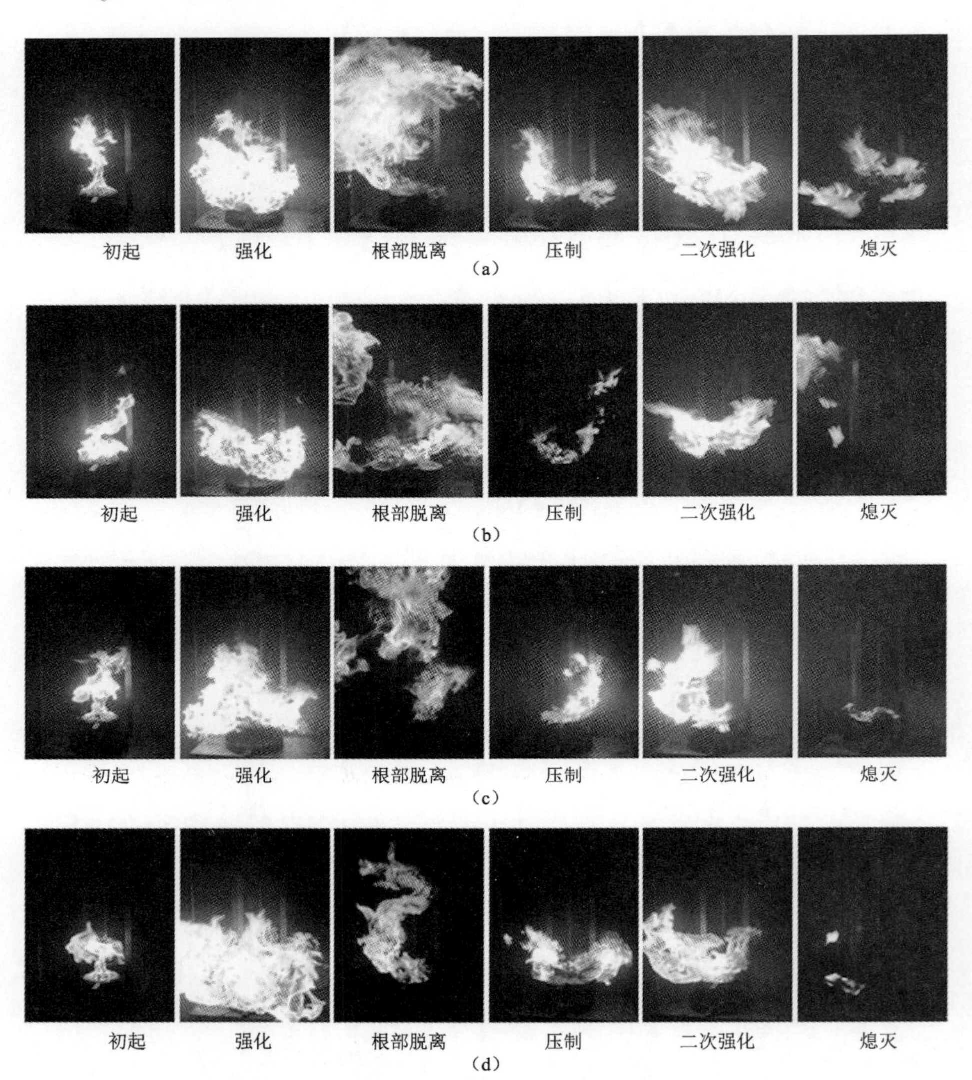

图6.13 4种溶液细水雾扑灭正庚烷火的典型过程

（a）K_2CO_3；（b）KNO_3；（c）KCl；（d）KH_2PO_4

燃烧并在飞溅与共沸共同作用下发生火焰强化现象，直接导致火焰根部脱离燃料表面，出现浮力扩散火焰的根部失稳，熄灭大部分火焰。剩余火焰在细水雾的作用下受到压制，随即发生第二次火焰强化并最终熄灭。

由图可知，含钾盐添加剂细水雾与正庚烷火焰相互作用过程中都出现了明显的焰色反应，K_2CO_3溶液的焰色反应最为明显，KNO_3和KCl溶液次之，而KH_2PO_4溶液最不明显。从火焰的明亮程度来看，KH_2PO_4溶液灭火时火焰最为明亮，KCl溶液次之，而KNO_3和K_2CO_3溶液灭火时，火焰最为暗淡。说明KH_2PO_4溶液灭火时化学抑制能力最弱，而KNO_3和K_2CO_3溶液则很好地起到了阻断燃烧反应进行的作用，化学抑制能力最强。另外，不同添加剂灭火过程中的火焰压制作用则存在较大差别，由这4种物质对比可以清晰地发现其压制作用规律为KNO_3、K_2CO_3>KCl>KH_2PO_4，反映了化学灭火效能的相对强弱，与之前章节分析得到的结论一致。

6.2.2　含钾盐添加剂浓度的影响

用质量分数分别为1%、2%、5%、10%、15%、20%的K_2CO_3、KNO_3、KCl和KH_2PO_4溶液细水雾在0.4 MPa条件下对正庚烷火进行灭火有效性实验，结果如图6.14所示。

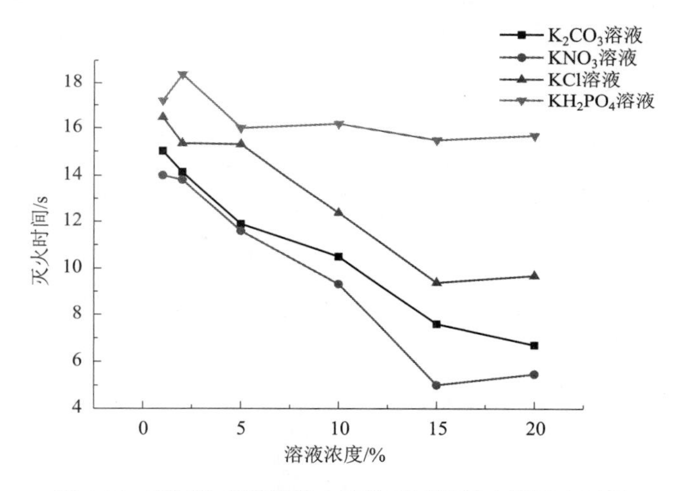

图6.14　不同浓度溶液细水雾扑灭正庚烷火的灭火时间

由不同浓度的钾盐添加剂细水雾扑灭庚烷火的灭火时间曲线可以看出，当添加剂质量分数小于5%时，除KH_2PO_4外，K_2CO_3、KNO_3和KCl添加剂都能提高纯水细水雾的灭火效能，KH_2PO_4添加剂细水雾的灭火效能在浓度较低时，取决于增加的化学灭火作用和削弱的物理灭火作用之间的竞争关系。当浓度大于5%时，K_2CO_3、KNO_3、KCl和KH_2PO_4均可提高细水雾的灭火有效性，并且随着添加剂浓度的增加，溶液细水雾的灭火效能增强。但化学作用的发挥受溶质饱和蒸气压的影响，会存在一个极限值，当溶液浓度达到一定值时，继续增加溶液的浓度对化学灭火效能的提高作用不大。另外，在浓度较低时，K_2CO_3和KNO_3的灭火时间相差无几，但随着浓度的增加，KNO_3表现出更好的灭火有效性，说明在本实验条件下溶质KNO_3的特征时间t_2较短，具有在火场温度下生成更多灭火活性物质的潜质。总体来看，4种钾盐添加剂增强纯水细水雾灭火有效性的排序为KNO_3>K_2CO_3>KCl>KH_2PO_4。

选择灭火有效性最好的KNO_3溶液细水雾做进一步分析。图6.15为不同浓度KNO_3溶液细水雾灭火实验的时间-温度曲线。

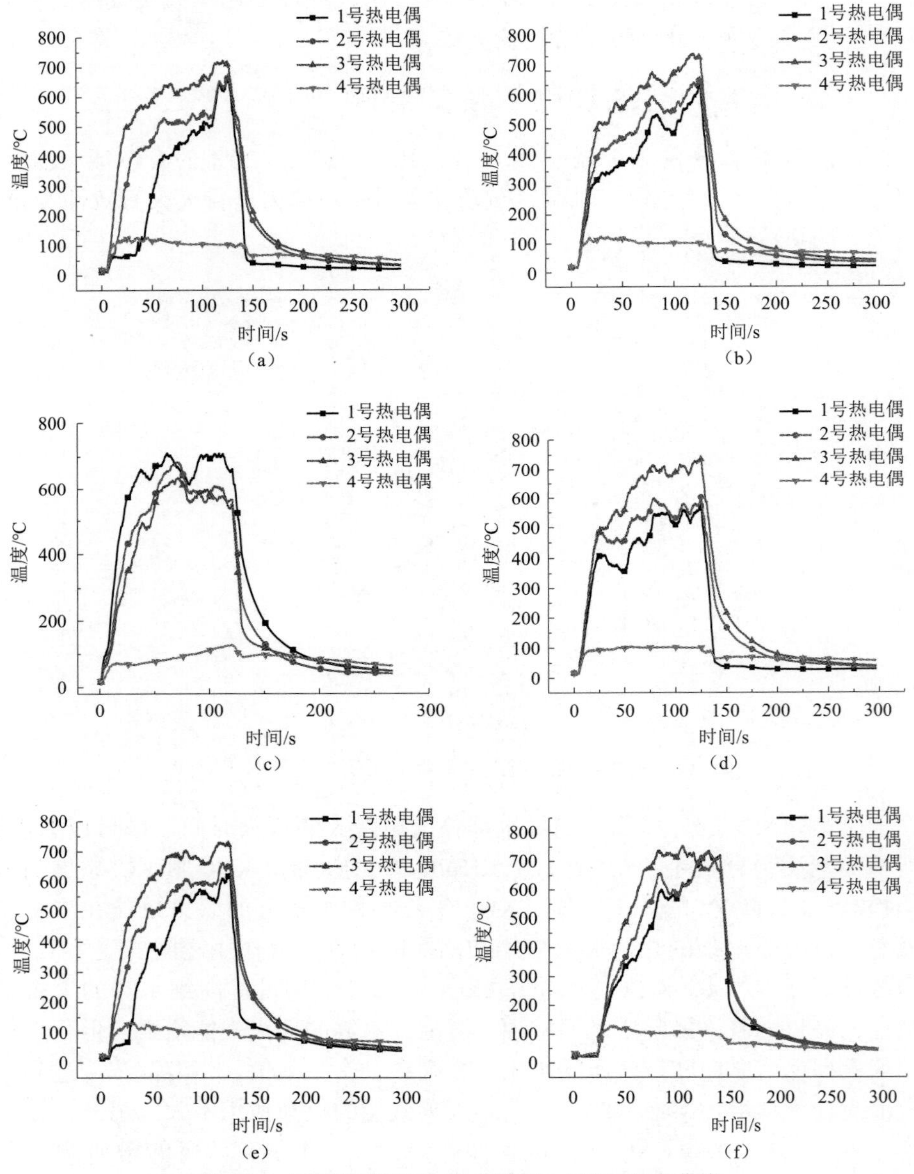

图6.15 不同浓度KNO_3细水雾灭火时间-温度曲线

（a）1% KNO_3溶液；（b）2% KNO_3溶液；（c）5% KNO_3溶液；（d）10% KNO_3溶液；（e）15% KNO_3溶液；（f）20% KNO_3溶液

由图可以看出，加入添加剂KNO_3后，显著地提高了细水雾的灭火效能。实验结果表明，随着添加剂浓度的增加，温度曲线后半段热电偶自然降温的起始温度逐渐升高，说明细水雾施加的时间逐渐缩短，含KNO_3添加剂的细水雾的灭火效能逐渐增强，抑制火焰温度的能力得到明显提高。

不同浓度KNO_3溶液细水雾在0.4 MPa条件下扑灭正庚烷火在不同时刻的火焰状态如图6.16所示。

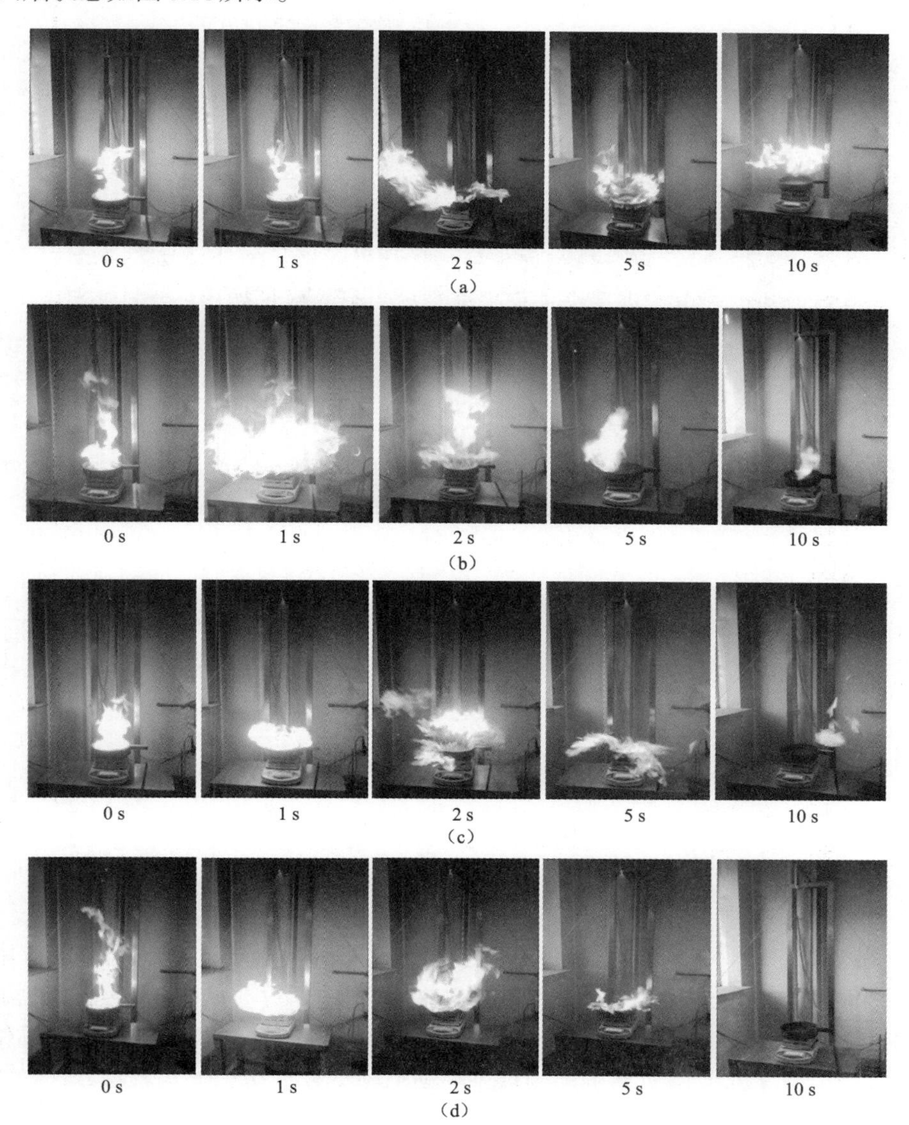

图6.16　不同浓度KNO_3溶液细水雾在不同时刻的火焰状态

(a) 1% KNO_3溶液；(b) 2% KNO_3溶液；(c) 5% KNO_3溶液；(d) 10% KNO_3溶液

图6.16 不同浓度KNO_3溶液细水雾在不同时刻的火焰状态（续）
（e）15% KNO_3溶液；（f）20% KNO_3溶液

由图可以看出，在纯水中加入添加剂KNO_3可明显地提高细水雾的灭火有效性。KNO_3添加剂对细水雾灭火过程的强化阶段并没有什么影响，火焰都是突然变大之后变小，但KNO_3添加剂大幅减少了火焰抑制到火焰熄灭这一过程所需的时间。从图中可以看到，在火焰抑制过程中出现了明显的焰色反应，这说明溶液中盐分受火焰作用析出，K^+与火焰中的自由基得到了充分的接触，发挥了化学抑制作用。另外，从不同时刻的灭火状态也可以看出，当火焰临近熄灭时，火焰根部会抬离燃料表面，与之前章节分析的浮力扩散火焰吹熄过程相一致。

6.3 小　　结

本章首先对含钾盐添加剂细水雾的化学灭火有效性进行了综合分析，然后搭建了低压细水雾灭火系统，对含钾盐添加剂细水雾在实际工程中的应用可行性进行研究。设置了4种不同类型的B类火模型，通过纯水及含钾盐添加剂细水雾与B类火模型的相互作用，以灭火时间、火焰及燃料表面温度和瞬时图像为主要手段研究了不同钾盐添加剂细水雾抑制熄灭B类火的有效性问题。

本章主要得到以下结论：

（1）细水雾的粒径、流量、雾动量和雾通量是影响细水雾灭火效能的4个关键因素。依据纯水细水雾与火焰相互作用模型，在火焰反应区建立了能量平衡方程，得到了纯水细水雾灭火所需的临界流速、流量及雾通量的理论计算模型。

（2）用分体式激光粒度仪对所选的两种低压细水雾喷头进行粒径测试，结果表明，在工作压力大于等于0.4 MPa时，两种喷头所产生的细水雾雾滴粒径均属于Ⅱ级细水雾范畴，雾滴粒径分布对细水雾灭火有效性的影响较小。另外，无蒸发条件下的液滴竖直向下运动速率随压力和粒径的增大而增大。当细水雾粒径大于200 μm并且工作压力大于等于0.4 MPa时，对于正庚烷、乙醇、汽油和柴油火源的任意一种，液滴向下的速率大于火羽流最大向上流速，更多的细水雾可以穿透火羽到达燃料表面进行冷却灭火，确定最佳工作压力为0.4 MPa。

（3）正庚烷、乙醇和汽油在正常燃烧时油面温度约为100 ℃，柴油温度稍高，约300 ℃。从火焰温度来看，正庚烷和柴油最高，可达约700 ℃，且火场温度分布较为均匀。乙醇与汽油火焰温度较低，约为550 ℃，火场温度分布差异较大。纯水细水雾扑灭4种燃料的有效性随工作压力的增加而增强，与理论计算的结果相吻合。在相同的工作压力下，除乙醇外，其他3种燃料的灭火强化阶段均较为剧烈，且细水雾与柴油表面接触后发生明显的喷溅现象。乙醇由于与水互溶、自身含有氧元素并且具有较低着火点，增加了其灭火难度。

（4）不同的钾盐添加剂对纯水细水雾扑灭4种燃料的有效性影响不同，总体表现为灭火效能的增强并且相同浓度的钾盐添加剂化学灭火效能排序为KNO_3、K_2CO_3>KCl>KH_2PO_4。0.4 MPa条件下含添加剂细水雾无法对乙醇火进行有效扑灭，说明细水雾化学抑制作用的发挥具有一定的局限性，在物理灭火作用无法充分发挥的情况下，化学抑制无法起到决定性的作用。

（5）当添加剂质量分数小于5%时，除KH_2PO_4外，K_2CO_3、KNO_3和KCl添加剂都能提高纯水细水雾的灭火效能。KH_2PO_4添加剂细水雾的灭火效能在浓度较低时取决于增加的化学灭火作用和削弱的物理灭火作用之间的竞争关系。当浓度大于5%时，K_2CO_3、KNO_3、KCl和KH_2PO_4均可提高细水雾的灭火有效性，并且随着添加剂浓度的增加，溶液细水雾的灭火效能增强。但化学作用的发挥受溶质饱和蒸气压的影响会存在一个极限值，当溶液浓度达到一定值时，继续增加溶液的浓度对化学灭火效能的提高作用不大。另外，随着浓度的增加，KNO_3表现出更好的灭火有效性，说明KNO_3的特征时间t_2较短，具有在火场温度下生成更多灭火活性物质的潜质。总体来看，4种钾盐添加剂增强纯水细水雾灭火有效性的排序为KNO_3>K_2CO_3>KCl>KH_2PO_4。

第7章

含钾盐添加剂细水雾在F类火中的应用

近些年，随着厨房设备和食用油生产技术的高速发展，高效高能的炊具和高自燃点的食用油得到广泛应用的同时，增加了厨房区域的火灾危险性。统计数据表明，酒店和快餐店50%的火灾都是由厨房引起的，主要燃料就是动植物油类火灾。另外，食用油火灾也是家庭火灾的主要部分：1997年加拿大的一项调查表明，家庭火灾中有30%和厨房火有关，导致51人死亡，653人受伤，直接经济损失达7 260万美元。

目前市场上常用的食用油包括动物油脂和植物油脂，其中植物油脂包括大豆油、菜籽油、花生油、玉米胚芽油、芝麻油等，为家用烹饪的主流产品。根据不同的食用油类型，其闪点范围为232.2 ~ 246.1 ℃；自燃点为315 ~ 445 ℃。一般来说，食用油在正常烹饪温度区间（190.6 ~ 204.4 ℃）内使用是相对安全的，但是，据美国消费产品安全委员会（CPRC）的统计，2003年在美国发生的118 700起厨房火灾中，60%以上是因为食用油温度失控、过热引起的火灾。对超过正常使用温度范围的食用油持续加温至闪点以上，由于食用油表面上方的蒸气浓度达到可燃界限，遇明火就会燃烧；若持续加温至自燃点以上，则无明火条件下的食用油也可以发生自燃。另外，食用油的组成成分在加热的过程中也会发生不断变化，生成自燃点低于原食用油的组分，因此，熄灭食用油火灾需将油温冷却至新生成物质的自燃点以下，才能防止复燃现象的发生，并且，由于食用油火在燃烧过程中的高温和高辐射热，决定了食用油火不同于一般液体燃料火，因此，GB/T 4968—2008《火灾分类》将食用油火单独划分为F类火，主要针对食用油和油脂等烹饪用油或沉积的油垢所引起的火灾。

食用油火虽然是一种较为常见的火灾，但扑救起来相对困难。干粉和CO_2灭火系统虽然可以熄灭食用油的火焰火，但冷却效果较差，极易导致灭火后复燃现象的发生。泡沫灭火系统在扑救食用油火的初期会发生短暂的轰然现象，溅起的高温油滴会引燃周围可燃材料，如果是手持式灭火器，还会对灭火器操作者带来伤害。湿式灭火系统是厨房火常用的灭火系统，虽然可以有效地灭厨房火，但降温速率较慢，并且对身体有害，存在灾后难清理和成本较高的问题。

细水雾灭火系统可以有效抑制多种类型火灾，并且环保无毒，不存在灾后难以清理的问题。开展细水雾抑制熄灭食用油火研究的主要是加拿大国家研究委员会建筑研究院的Zhigang Liu等人。2004年，Liu的研究表明，细水雾抑制熄灭食用油火的主要机理为冷却燃料表面，并且水雾动量、水雾密度和雾锥角是灭火的3个重要因素。2005年，Liu等通过对两种不同类型细水雾扑灭食用油火的研究，从理论和实验的角度详细论述细水雾特性对灭火有效性的影响，得出熄灭较大规模食用油火的临界水雾密度。2006年，Liu等在2005年的研究基础上，通过实验详细描述了大规模食用油火燃烧特性及油量变化对细水雾灭火的影响。2007年，Liu等着重研究了细水雾灭火过程中的冷却作用。研究表明，冷却过程分为3个阶段，降温速率的快慢取决于食用油中水量的多少和油的温度，并且颗粒较小的细水雾液滴对食用油的降温有明显的效果。但是，Liu等人研究的侧重点是大规模的食用油火，使用油盘体积范围为0.51 ~ 2.47 m^3，每组实验用油量为189 ~ 914.4 L，因此，实验难以重复，结论的可靠性有待验证。另外，含钾盐添加剂细水雾的灭火有效性问题在Liu等人的研究中没有涉及，在国内外的研究过程中也鲜有报道。

本节在Liu等人研究的基础上，采用缩小比例的灭火有效性实验，结合食用油火正常燃烧的火焰及油面温度特点，深入分析纯水及含不同类型添加剂细水雾与食用油火相互作用的一般规律，得出纯水及含钾盐添加剂细水雾抑制熄灭食用油火及灭火后的冷却机理和影响因素，为消防工程实际应用提供理论指导。

7.1　含钾盐添加剂细水雾扑灭食用油火的实验研究

7.1.1　灭火实验设备与方法

灭火实验设备与第6章基本一致。受限空间尺寸为3 m × 2.1 m × 2.8 m，防火门尺寸为1.9 m × 0.7 m，实验进行过程中始终保持关闭状态。为方便观察，在防火门上装有一个1.0 m × 0.6 m的观察窗。细水雾灭火系统由储水罐、压力表、氮气瓶、减压阀、细水雾喷头和不锈钢管路组成，如图7.1所示。

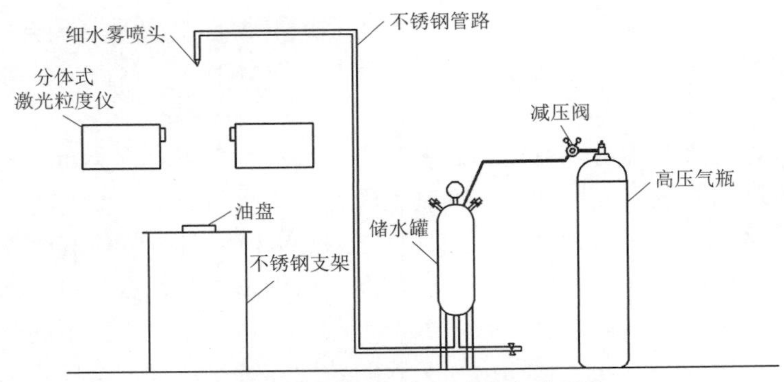

图7.1 细水雾扑灭食用油火实验系统

实验用油盘直径20 cm，位于细水雾喷头正下方且距离为1 m，4根热电偶垂直布置：油面下方为4号热电偶，用于实时监测燃料燃烧过程中食用油面的温度；其余3根热电偶用于实时监测火焰温度，距离燃料表面由远及近分别命名为1～3号，间隔为6 cm。F类食用油火模型选用市面上最为常见的中粮集团福临门一级花生油，每组实验用100 mL，并用200 mL正庚烷引燃。热电偶布置和引燃装置分别如图6.3和图6.6所示。调节减压阀至所需压力后，点燃正庚烷并使食用油火充分预燃后，开始施加细水雾系统进行灭火实验，记录灭火时间和温度。为保证数据的相对可靠，每组实验重复20次。

7.1.2 食用油火的燃烧特性

当食用油达到自燃点并持续加热时就会自燃。使用吉林市爱腾华科技有限公司的ATH-706型全自动自燃点测定仪对本实验中所选食用油进行10次测试，得到自燃点的变化范围为365～372 ℃。食用油火正常燃烧的典型过程如图7.2所示。

图7.2 食用油火正常燃烧的典型过程

在食用油正常燃烧的初起阶段，火焰规模较小，高度较低，并且仅在食用油表面燃烧；进入充分发展阶段后，火焰迅速在整个油面燃烧起来，火焰规模不断增大、火焰变亮，燃烧稳定，高度增加，并在整个稳定燃烧阶段基本维持不变；在衰减阶段，火焰规模减小，高度降低，火焰熄灭的顺序是先

油盘中心后油盘边缘，即油表面火熄灭后，还有剩余部分油盘边缘火维持燃烧一小段时间后熄灭。

正庚烷引燃食用油并使其正常燃烧的温度曲线如图7.3所示。

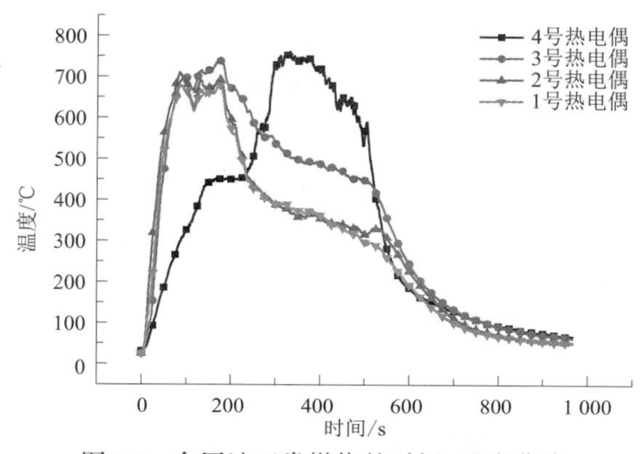

图7.3　食用油正常燃烧的时间-温度曲线

所选食用油火灾模型在温度随时间变化曲线上可分为三个阶段：第一阶段是200 mL正庚烷引燃食用油阶段，从点燃正庚烷（0 s）开始至150 s正庚烷燃尽，1～3号热电偶测量的温度主要为正庚烷火焰温度。由4号热电偶可知，食用油的温度在正庚烷火的持续加热下不断升高并达到自燃点，并且在正庚烷火没有完全熄灭的同时开始燃烧。第二阶段从150 s至520 s，为食用油自由燃烧阶段，此时1～3号热电偶记录的是食用油火的温度随时间变化的曲线，并且距离油表面越近，则温度越高。其中，4号热电偶在148～233 s有一段相对稳定的温度区间（440～450 ℃），表明食用油火进入了自由燃烧的稳定阶段，且油面温度相对较高。而后的233～291 s区间内，由于食用油的不断燃烧，液面下降，4号热电偶逐渐从食用油内部脱离出来，从记录油温转化为记录火焰温度，表现在温度曲线上则出现了一个明显的温度上升。因此，在291～520 s区间内，1～4号热电偶记录的全部为食用油火焰温度，且由于4号热电偶距离油面最近，因此温度最高。在第二阶段，食用油火达到峰值温度（760.7 ℃）。第三阶段，从520 s至710 s，为食用油火的衰减阶段，火焰高度逐渐降低，油盘中心火焰的熄灭快于油盘边缘，虽然没有火焰直接作用于1～3号热电偶，但在油盘边缘火的包围下，1～3号的温度缓慢下降，而4号热电偶处的温度由于没有火焰的作用而导致下降速率较快。由此可知，食用油的预燃时间选择210 s较为合适。

实验过程中，将油盘置于电子天平上，用摄像机记录无细水雾施加条件下食用油稳定燃烧阶段的质量变化。虽然食用油在燃烧过程中油面温度较高，但相比于乙醇和正庚烷，食用油的燃烧速率较低，如图7.4所示。

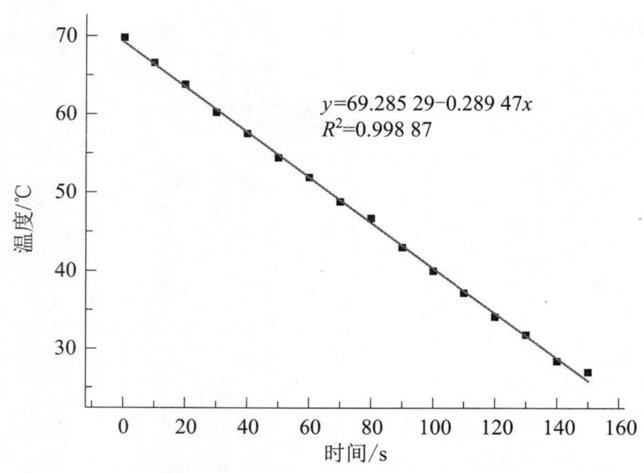

图7.4 食用油正常燃烧的时间–燃料质量曲线

7.1.3 纯水细水雾与食用油火相互作用实验

表7.1为两种喷头在不同压力下测试纯水细水雾扑灭食用油火的平均灭火时间。

表7.1 不同压力下纯水细水雾扑灭食用油火的有效性实验结果

压力/MPa	B3灭火时间/s	B95灭火时间/s	B3是否复燃	B95是否复燃
0.2	23.61	16.06	否	否
0.4	17.85	4.54	否	否
0.6	6.68	2.59	否	否

从灭火时间来看，随压力的增加，两种头产生细水雾的灭火效率均有提高，B95喷头整体的灭火有效性优于B3喷头，是由于在相同的工作压力下，B95喷头具有更大的流量。

细水雾通过冷却火焰和冷却燃料表面抑制熄灭食用油火的临界水流量可分别由方程（6.17）和方程（6.18）计算得到。其中食用油火燃烧过程中的质量损失速率通过图7.4的直线斜率得到，为0.009 1 kg · m^{-2} · s^{-1}，燃烧热为39 118 kJ · kg^{-1}。气态食用油热容为970 kJ · kg^{-1}，液态食用油的热容取1.3 kJ · kg^{-1} · ℃$^{-1}$，油面温度为食用油稳定燃烧阶段的燃料表面温度。

计算表明，细水雾冷却火焰所需的水量xm_w为0.029 kg · m^{-2} · s^{-1}，远大于冷却食用油表面所需的水量（$1-x$）m_w即0.009 2 kg · m^{-2} · s^{-1}，说明冷却燃料表面为细水雾抑制熄灭食用油火的主导机理。最小流量1.9 L · min^{-1}的条件下，油盘边缘处（10 cm）细水雾通量为0.036 6 kg · m^{-2} · s^{-1}，小于扑灭食用油火所需的临界流量值，因此实验过程中观察到的现象均为成功灭火。

另外，由方程（6.20）和方程（6.26）计算可知，食用油火羽最大向上流速 U_{fmax} 为2.87 m·s^{-1}，由表6.8可知，当细水雾粒径大于200 μm并且工作压力大于等于0.4 MPa时，对于实验用食用油火，细水雾液滴向下运动速率大于火羽流最大向上流速，保证了细水雾液滴可以穿透火羽到达燃料表面进行冷却灭火。由表6.2可知，在0.2 MPa的工作压力下，B3和B95喷头所产生的细水雾粒径的 D_{32} 分别为219.92 μm和199.48 μm，说明大部分的细水雾液滴是大于200 μm的，满足了细水雾液滴能够穿透火羽流并到达燃料表面的一个条件，因此也是可以灭火的。

食用油的组成成分在加热的过程中会发生变化，产生新物质的自燃温度一般比原食用油的自燃温度低28 ℃左右。因此，若阻止食用油复燃，需将食用油温度冷却至闪点（200 ℃）以下，或使温度低于330 ℃。图7.5为实验中4号热电偶记录的温度曲线。

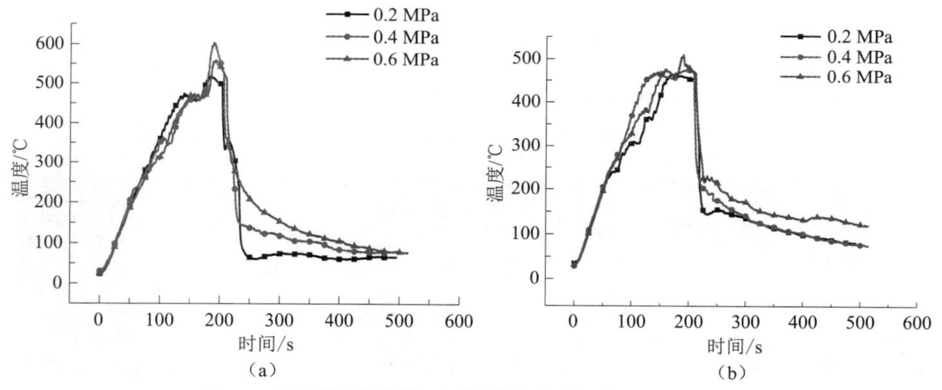

图7.5　不同压力条件下4号热电偶的时间-压力曲线

（a）B3喷头；（b）B95喷头

由图可知，4号热电偶在不同细水雾压力作用下的温度都能降至300 ℃左右，因此不会出现复燃现象，与之前的理论分析结论一致。温度急剧下降也说明两种喷嘴产生的细水雾都能穿过火羽而到达食用油表面，进行燃料表面冷却。压力为0.2 MPa条件下的灭火时间较长，细水雾施加时间较长，4号热电偶在细水雾的持续作用下降温较快。当停止施加细水雾时，4号热电偶在不同压力作用下的降温速率不同：0.2 MPa时最慢，0.6 MPa时最快。当细水雾工作压力增加时，水雾动量增加，有更多的细水雾穿透火羽而到达食用油表面进行冷却，因此，残留在热电偶上的液滴数量也相应地增加，热电偶降温速率加快。

图7.6为两种喷嘴在0.4 MPa条件下1～4号热电偶记录的温度曲线。

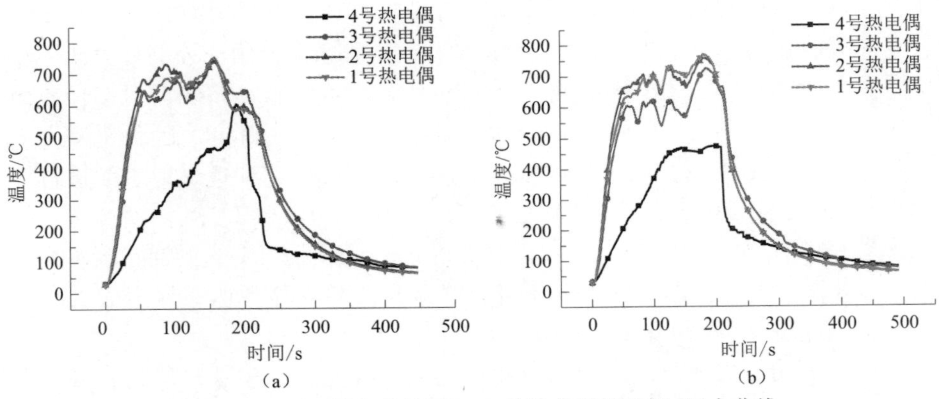

图7.6　0.4 MPa压力条件下1～4号热电偶的时间-压力曲线

(a) B3喷头；(b) B95喷头

在细水雾的作用下，火焰和油面的温度迅速降低。特别是食用油表面温度迅速降低至200 ℃以下，低于食用油的自燃点，停止施加细水雾后，食用油不会复燃。另外，2号细水雾流量较大，曲线上温度下降的斜率较大，说明2号细水雾对火焰和油面的降温效果比较明显。

B3喷头产生的细水雾扑灭食用油火的典型过程如图7.7所示。

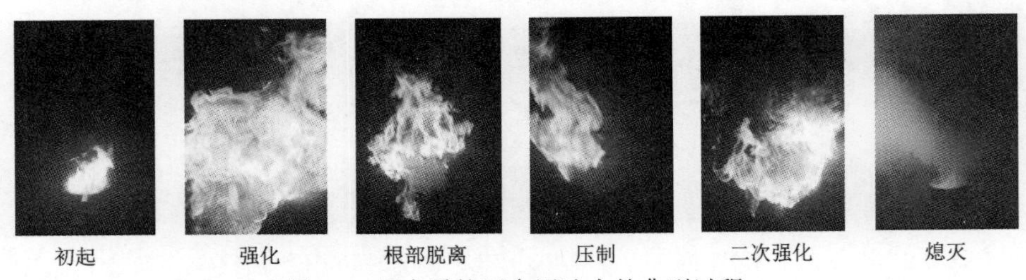

图7.7　细水雾扑灭食用油火的典型过程

由图可知，与B类火模型一样，细水雾扑灭食用油火的典型过程也大致包括初起、强化、根部脱离、压制、二次强化和熄灭几个阶段。从初起到强化阶段，在细水雾的作用下，炽热的气体向燃料表面运动，加剧了火焰与燃料表面之间的热对流，使燃料的燃烧速率增大，出现火焰加速燃烧的现象，火焰被强化。持续施加细水雾，距离燃料表面近的火焰抬离油盘表面，火羽从燃料表面分离。由于燃料蒸气脱离了细水雾的抑制作用，与周围空气混合，使火焰规模持续增大，第二次出现火焰强化现象。随着燃料蒸气和空气的混合物燃尽，燃料没有足够的热量供应油蒸气，火焰规模减小，直至熄灭。与B类火模型不同的是，当食用油火焰熄灭后，由于油面温度较高，残留在油面及油盘周围的细水雾液滴在高温下迅速蒸发。形成大量的水蒸气，类似“烟”状物。待残留液滴完全蒸发后，存在复燃的可能。

7.1.4　含添加剂细水雾与食用油火相互作用实验

应用分体式激光粒度仪对B3喷头在0.2 MPa及0.4 MPa条件下的质量分数为5%的$K_2C_2O_4$、CH_3COOK、KNO_3、KCl、KH_2PO_4和$NH_4H_2PO_4$溶液细水雾粒径进行测试，结果列于表7.2。

表7.2　含添加剂细水雾在不同压力条件下的细水雾粒径测试结果

溶液	细水雾粒径/μm							
	0.2 MPa				0.4 MPa			
	D_{10}	D_{32}	D_{50}	D_{90}	D_{10}	D_{32}	D_{50}	D_{90}
5% CH_3COOK溶液	145.818	245.819	309.710	460.553	114.074	208.186	266.542	432.767
5% $K_2C_2O_4$溶液	165.362	212.412	234.055	284.575	133.653	192.623	223.732	281.307
5% KNO_3溶液	251.103	366.258	388.444	600.215	226.643	321.451	335.899	497.369
5% KCl溶液	237.975	351.540	374.452	590.831	199.926	296.018	315.742	498.208
5% KH_2PO_4溶液	222.760	339.809	366.449	604.470	178.218	279.176	305.099	523.146
5% $NH_4H_2PO_4$溶液	238.467	350.343	372.288	582.903	170.003	267.958	293.436	504.940

由表7.2及表6.2可得，应用B3喷头，在0.2 MPa条件下纯水及含添加剂细水雾的粒径大小如图7.8所示。

由表7.2及图7.8可知，在0.2 MPa条件下，含添加剂细水雾粒径D_{32}均大于200 μm，说明在此压力下溶液细水雾可以穿透食用油火羽被送到燃料表面，从而发挥冷却燃料表面的主导机理进行灭火。在压力相同的条件下，质量分数为5%的KNO_3、KCl、KH_2PO_4和$NH_4H_2PO_4$溶液细水雾粒径明显大于纯水，这是由于上述4种溶质提高了水的表面张力，不利于水的雾化效果。含KNO_3添加剂细水雾的粒径在所有的添加剂细水雾中是最大的，说明含KNO_3添加剂细水雾的雾化效果最差，这是由于KNO_3对纯水的表面张力影响最大，与之前章节中对不同钾盐添加剂细水雾超声雾化效果影响因素的分析相一致。而质量分数为5%的$K_2C_2O_4$和CH_3COOK溶液细水雾粒径小于纯水或与纯

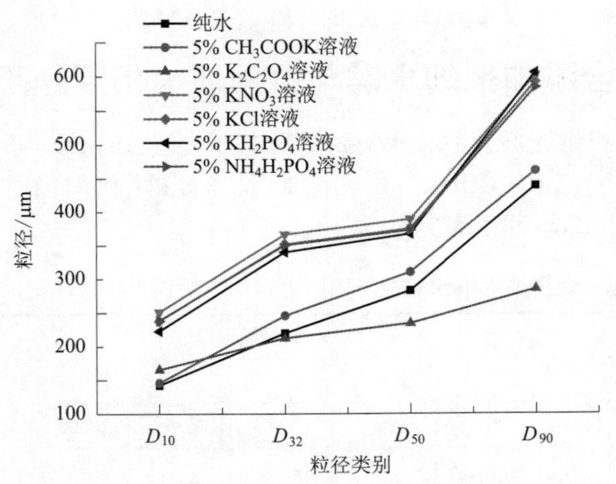

图7.8　B3喷头在0.2 MPa条件下纯水及含添加剂细水雾的粒径

水相差不大，这是由于有机酸的存在会降低纯水的表面张力，有利于水的雾化效果，尤其是$K_2C_2O_4$中含有两个COO^-，对纯水的雾化效果具有明显的优化作用，表现在粒径上则是小于纯水细水雾的粒径。

表7.3为应用B3喷头，在0.2 MPa与0.4 MPa条件下纯水与质量分数为5%的$K_2C_2O_4$、CH_3COOK、KNO_3、KCl、KH_2PO_4和$NH_4H_2PO_4$溶液细水雾抑制熄灭食用油火的实验结果。

表7.3　不同钾盐添加剂细水雾抑制熄灭食用油火实验结果

灭火剂	灭火时间/s			
	0.2 MPa	是否复燃	0.4 MPa	是否复燃
纯水	23.61	否	17.85	否
5% CH_3COOK溶液	6.37	否	<1	加热电偶时复燃
5% $K_2C_2O_4$溶液	2.44	是	<1	是
5% KNO_3溶液	4.6	否	<1	是
5% KCl溶液	—	—	3.06	否
5% KH_2PO_4溶液	—	—	6.1	否
5% $NH_4H_2PO_4$溶液	—	—	9.58	否

由表可知，实验选取的6种添加剂都能提高纯水抑制熄灭食用油火的灭火效率。7种物质灭火效能的排序为$K_2C_2O_4>KNO_3>CH_3COOK>KCl>KH_2PO_4>NH_4H_2PO_4>$纯水，并且$K_2C_2O_4$、$KNO_3$和$CH_3COOK$对食用油火有很强的化学灭火能力。

花生油的主要成分为不饱和高级脂肪酸甘油酯，与碱性醋酸钾溶液可以发生皂化反应：

$$\begin{array}{l} RCOOCH_2 \\ \quad | \\ RCOOCH \\ \quad | \\ RCOOCH_2 \end{array} + OH^- \longrightarrow \begin{array}{l} CH_2OH \\ | \\ CHOH \\ | \\ CH_2OH \end{array} + RCOO^- \tag{7.1}$$

当含有$K_2C_2O_4$、KNO_3和CH_3COOK的细水雾液滴接触处于自燃温度的食用油表面时，会经历一系列的热反应和化学反应，液滴的体积会膨胀2 200倍，并在食用油表面形成皂化泡沫。皂化泡沫不但具有一定的厚度，也具有一定的强度，由于其密度较小，可以迅速覆盖食用油表面，隔绝燃料与空气的同时，限制食用油的蒸发。另外，随着皂化反应的进行，生成了大量非可燃物羧酸盐，减小了可燃物的质量分数而灭火。皂化泡沫的分解也会产生协助灭火的气体物质。

另外，由第4章热分解结果可知，$K_2C_2O_4$、KNO_3和CH_3COOK本身的热分解温度较低，晶体溶于水后，破坏了晶体的晶格能，当含这3种物质的液滴接触火焰时，水迅速蒸发，析出细小的碱金属盐颗粒和碱金属盐分子，其中一部分碱金属盐颗粒的晶格生长速率小于热分解速率，因此，虽然水的蒸发降低了火焰的温度，但缺少晶格能的这部分盐颗粒会在更低的分解温度下离解出K，与火焰中的自由基发生反应，阻断燃烧链式反应的进行。

火焰中的自由基包括H^+、O^{2-}、OH^-等，简化的链式反应如下：

$$O^{2-} + H^+ \longrightarrow OH^- \tag{7.2}$$

$$2OH^- \longrightarrow H_2O + O^{2-} \tag{7.3}$$

反应式（7.3）中放出大量的热，其放热量远大于燃料分解，同时产生O^{2-}，促进燃烧反应链的传递。

由第6章的分析可知，钾盐添加剂中断燃烧反应链的反应机理中的R27和R29分别为：

$$K + OH + M \longrightarrow KOH + M \tag{7.4}$$

$$KOH + H \longrightarrow K + H_2O \tag{7.5}$$

3种物质中，$K_2C_2O_4$具有相对低的分解温度并且$K_2C_2O_4$分子中含有2个COO^-，皂化反应进行程度优于CH_3COOK，因此，$K_2C_2O_4$抑制熄灭食用油火的能力最好。KNO_3是中性盐，不能与油脂发生皂化反应，但是，由KNO_3的热分析结果可知，在602.44 ~ 740.82 ℃区间内，KNO_3分解生成K_2O，并最终生成更易进行皂化反应的物质KOH，简化的反应式见式（7.6）。因此，虽然CH_3COOK的热分解温度低于KNO_3，但是抑制熄灭食用油火的能力不及KNO_3。

$$KNO_3 \xrightarrow[300.14\sim342.16\ ^\circ C]{\text{熔融}} KNO_3(l) \xrightarrow[602.44\sim740.82\ ^\circ C]{-O_2\ -\ N_xO_y} K_2O \xrightarrow{H_2O} KOH \tag{7.6}$$

在0.2 MPa时，质量分数为5%的$K_2C_2O_4$溶液灭火后复燃，也说明$K_2C_2O_4$的化学灭火能力优于KNO_3和CH_3COOK。质量分数为5%的$K_2C_2O_4$溶液中所含$K_2C_2O_4$的量不足以和油盘中全部的食用油发生皂化反应，而过短的灭火时间又对应着较短的细水雾施加时间，导致火焰迅速熄灭后，对食用油的冷却不足而复燃。0.2 MPa条件下食用油表面和火羽温度曲线分别如图7.9和图7.10所示。

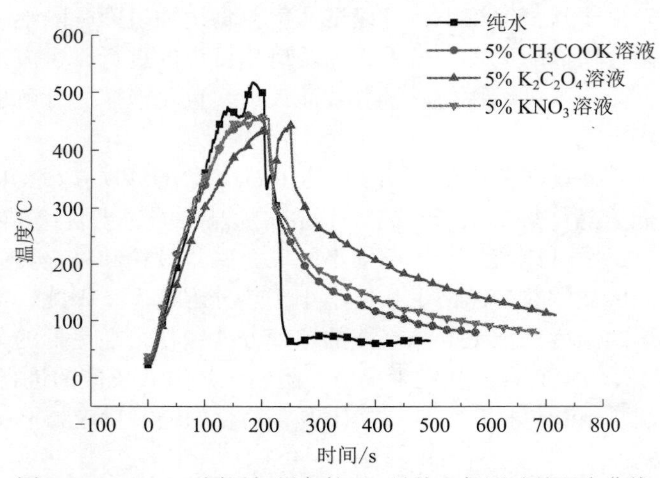

图7.9　0.2 MPa不同添加剂条件下4号热电偶测试的温度曲线

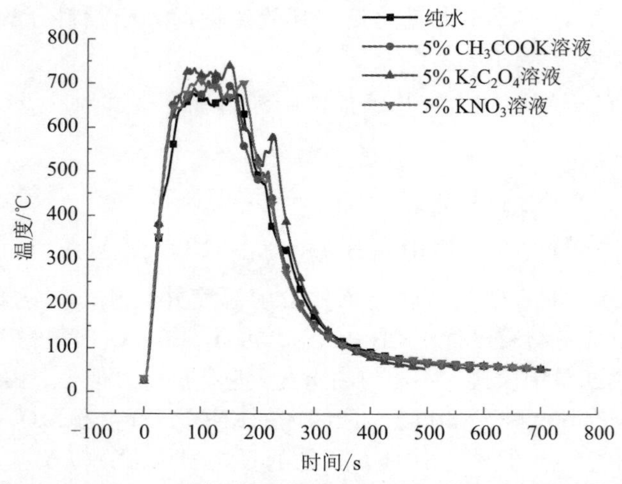

图7.10　0.2 MPa不同添加剂条件下2号热电偶测试的温度曲线

由温度曲线可以看出，$K_2C_2O_4$、KNO_3和CH_3COOK的化学作用大大提高了细水雾的灭火效能，细水雾在灭火过程中对燃料表面的冷却作用十分有限，在停止细水雾的加载后，油盘外壁的水滴被高温迅速蒸干，灭火过程中沸溅到油盘外壁的食用油缓慢燃烧，出现暗红色火星。虽然含添加剂细水雾可以将食用油表面温度冷却至新生成物质的自燃点以下，但油温依然高于食用油闪点（200 ℃左右），油盘中的高温油蒸气与油盘外的明火接触，从而产生了复燃现象，如图7.11所示。

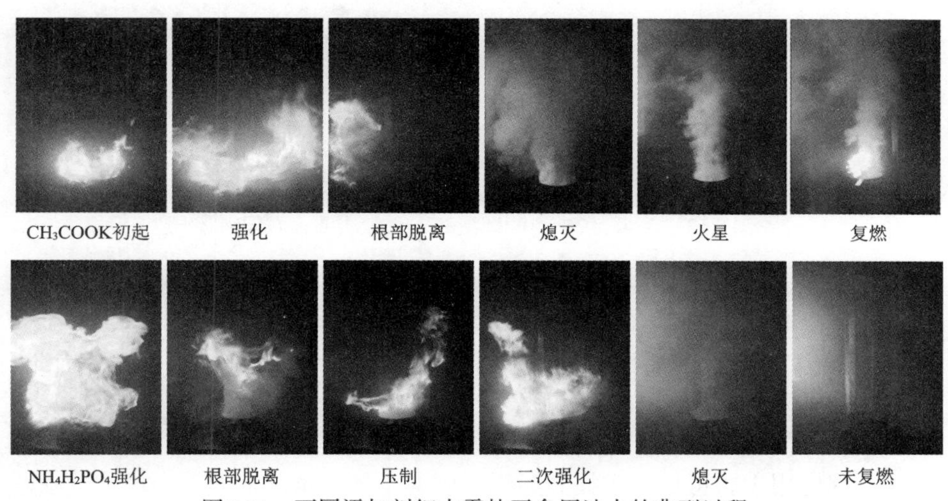

图7.11　不同添加剂细水雾扑灭食用油火的典型过程

由图可知，由于食用油火焰过于明亮，并且含CH_3COOK添加剂细水雾抑制熄灭食用油火焰的效果较好，灭火时间太短，实验条件下无法观察到焰色反应。具有较好化学灭火效能的CH_3COOK添加剂在灭火过程中出现了复燃的现象，并且与$NH_4H_2PO_4$的灭火过程不同的是，当火焰根部脱离油盘后，并未有压制和二次强化过程。

图7.12为两种喷头的质量分数为2%的醋酸钾溶液与纯水细水雾灭火有效性对比曲线。

B3喷头压力由0.2 MPa提高至0.4 MPa时，流量改变较小，纯水细水雾的物理作用提高有限，为24.4%。此时，溶液中CH_3COOK的化学作用可以显著提高灭火效率，为72.5%。继续提高压力至0.6 MPa时，纯水细水雾的物理作用提高至62.6%。此时，CH_3COOK的化学作用的提高值减小为60.9%。B95喷头在相同的压力下具有更大的流量，细水雾灭火的物理作用优于B3喷头。将压力提高至0.6 MPa时，B95喷头产生的细水雾灭火时，物理作用虽然提升23.1%，但实际缩短的灭火时间仅为0.33 s，可以认为物理

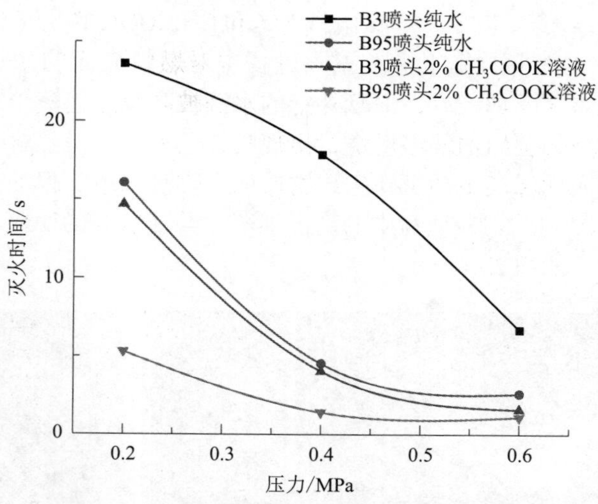

图7.12　纯水与2%醋酸钾溶液熄灭食用油火时间对比

作用的提升达到极限，在这种条件下，CH_3COOK的化学作用提升仅为43%，并且灭火时间缩短的幅度较小，仅为2.46 s。由图7.12也可以看出，B3喷头使用2%的CH_3COOK溶液与B95喷头使用纯水的灭火效率几乎一致。因此，对于食用油火，CH_3COOK可以显著提高纯水的灭火效率，并且当细水雾熄灭食用油火的物理主导作用较弱时，添加剂的化学辅助作用明显，在实际的消防工程应用中，可以考虑提升雾流密度或是加入添加剂的综合成本，确定抑制熄灭食用油火的最佳方式。

取0.2 MPa条件下，纯水与质量分数为2%的醋酸钾溶液细水雾2号和4号热电偶记录的温度随时间的变化，如图7.13和图7.14所示。

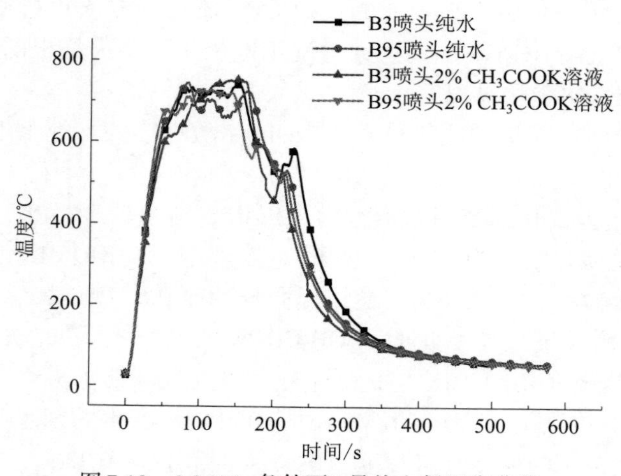

图7.13　0.2 MPa条件下2号热电偶温度曲线

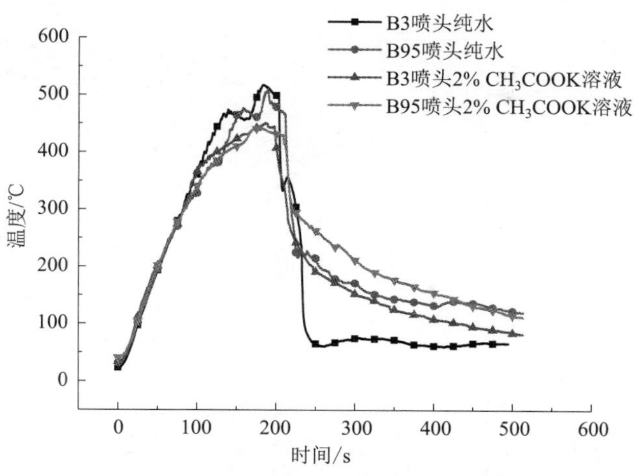

图7.14 0.2 MPa条件下4号热电偶温度曲线

由之前的分析可知，对于食用油火，冷却火羽比冷却油面需要更多的水量。因此，在灭火过程中，无论使用纯水还是2%的CH_3COOK溶液，B3和B95喷头产生的细水雾的流量在较短的灭火时间内不足以使火焰温度发生较明显的变化。反映在时间–温度曲线上，就是2号热电偶在4种条件下的温度几乎没有差别。另外，由于CH_3COOK含量较少，与火焰中的自由基离子进行反应的K较少，质量分数为2%的CH_3COOK溶液冷却火焰的作用不明显。1号与2号热电偶温度曲线的对比表明，细水雾抑制熄灭食用油火的主要机理为冷却燃料表面。质量分数为2%的CH_3COOK溶液冷却食用油表面的效果优于纯水，一方面是由于含CH_3COOK的液滴接触高温油面后迅速蒸发并带走一部分热量，另一方面是由于高温加速油脂皂化反应速率，使可燃物的质量分数迅速降低而灭火。由图7.14也可以看出，B3喷头使用质量分数为2%的CH_3COOK溶液的灭火效率与B95喷头使用纯水的效率几乎一致，与之前分析灭火时间得到的结论一致。

图7.15为B3喷头在改变CH_3COOK溶液浓度和细水雾工作压力条件下灭火时间的变化情况。

与纯水相比，不同浓度的CH_3COOK溶液都可以提高灭火效率。灭火时间随细水雾的工作压力和浓度的增加而减小，并且压力和浓度越低，灭火效率的提升越明显。当压力增加时，细水雾的雾流密度和水雾动量增大，用于冷却食用油表面的水量增加；并且，随着浓度的增加，到达食用油表面参与皂化反应的醋酸钾颗粒数量增加，因此，灭火效率提高。在压力较低时，物理主导作用相对较弱，由前面的分析可知，CH_3COOK的化学辅助作用相对较强，增加CH_3COOK溶液的浓度可以显著提高化学灭火作用。当

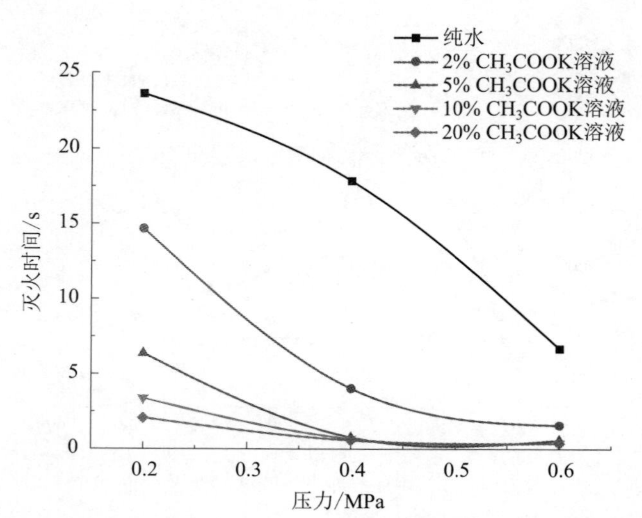

图7.15 不同CH_3COOK浓度和工作压力条件下灭火时间的变化

溶液浓度较低时，由于CH_3COOK含量较少，提高压力主要是提高含添加剂细水雾的物理灭火作用，因此，提高工作压力，灭火效率提高显著。当CH_3COOK溶液浓度大于5%，细水雾工作压力大于0.4 MPa时，溶液浓度的增加对灭火效率的提升作用有限。在压力为0.4 MPa，CH_3COOK溶液浓度为5%的条件下，B3喷头产生的细水雾抑制熄灭食用油火的时间已经缩短到不足1 s，一方面是由于与油盘中剩余可燃物反应的CH_3COOK颗粒的量足够多，另一方面是因为碱金属盐过低的饱和蒸气压，限制了化学作用的发挥。因此，增大压力或提高浓度对灭火效率提升的效果不明显，意义不大。

图7.16（a）~图7.16（f）分别B3喷头在不同压力、不同浓度条件下2号和4号热电偶的时间-温度曲线。

由图可知，不同浓度的CH_3COOK溶液对食用油表面和火羽的影响不同。当压力为0.2 MPa时，食用油表面的降温速率随CH_3COOK溶液浓度的增大而增大，并且没有复燃现象的出现。原因是灭火时间最短的质量分数为20%的CH_3COOK溶液也将食用油表面温度冷却至320 ℃以下，根据之前的分析，在本实验中，当食用油表面温度低于330 ℃时，就不会出现复燃现象。食用油火羽的温度随浓度的增加变化不大，主要是由于B3喷头产生的细水雾颗粒较大，细水雾液滴向下运动速率远大于火羽向上的最大燃烧速率，因此，液滴停留在火焰中的时间小于液滴的蒸发时间，大部分含CH_3COOK的液滴都穿过火羽达到食用油表面，火羽中没有足够的CH_3COOK颗粒析出与火焰中的自由基离子发生反应。将压力分别提高至0.4 MPa和0.6 MPa时，从4号热

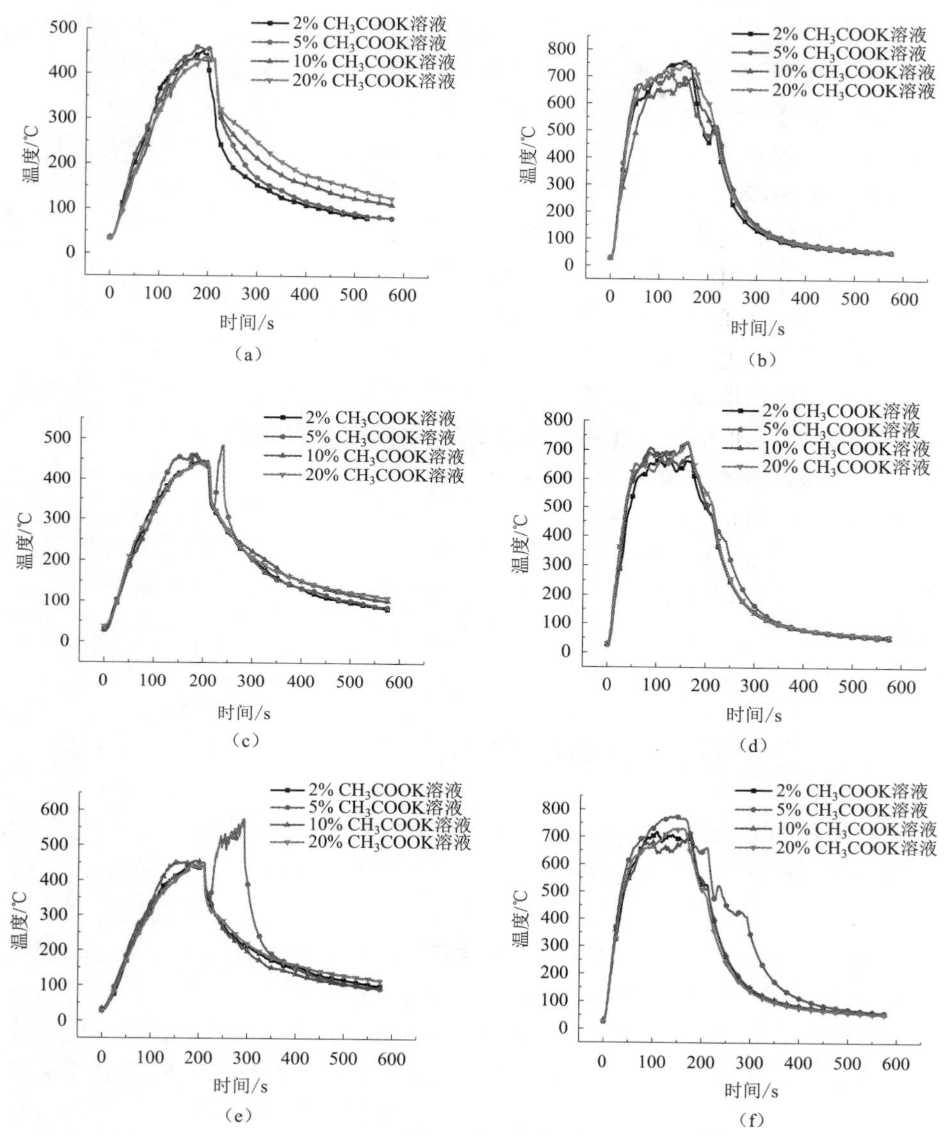

图7.16　不同压力、不同浓度条件下2号和4号热电偶的时间-温度曲线
(a) 0.2 MPa，4号热电偶；(b) 0.2 MPa，2号热电偶；(c) 0.4 MPa，4号热电偶；(d) 0.4 MPa，2号热电偶；(e) 0.6 MPa，4号热电偶；(f) 0.6 MPa，2号热电偶

电偶的温度曲线可以看出，食用油表面的降温速率随CH_3COOK溶液浓度的增大而增大得不是十分明显，并且质量分数为5%的CH_3COOK溶液灭火后出现复燃现象，而质量分数为2%、10%和20%的CH_3COOK溶液灭火后均没有出现复燃的现象。由之前的分析可知，增加细水雾的压力后，细水雾灭火的

物理作用显著增加，此时，化学作用的加强显得十分有限。而当质量分数为2%时，细水雾的施加时间较长，到达食用油表面的水量较多，可以将食用油表面的温度冷却至燃点以下，因此，食用油不会复燃。当质量分数为10%和20%时，由于CH_3COOK的含量较多，虽然细水雾的施加时间较短，但有足够的CH_3COOK颗粒在食用油表面析出，并参与进行皂化反应，生成不具有可燃性的羧酸盐类物质，在这种条件下，食用油不会复燃。另外，在压力为0.4 MPa和0.6 MPa，CH_3COOK溶液的质量分数为5%的条件下，灭火过程中在油盘上方增加热电偶树进行测温时，会有复燃现象出现；而撤走热电偶树，同等条件下进行灭火实验时，不会出现复燃现象。这是由于油盘直径较小，热电偶树遮挡的面积不能忽略，细水雾施加过程中，会有一部分液滴残留在热电偶上，恰恰是少了这部分液滴，导致到达食用油表面的液滴数量不足以将油温冷却至燃点以下，出现复燃现象。由图7.16（d）和图7.16（f）可知，在0.4 MPa时，残留在热电偶上的液滴相对于0.6 MPa条件下较少，因此，灭火后油盘中剩余的食用油较少，复燃后没有足够的燃料使火焰高度能达到2号热电偶处，而0.6 MPa条件下油盘中的食用油量能够使复燃火焰高度到达2号热电偶处，从温度曲线上可以看出温度在小幅上升后下降。

7.2 含钾盐添加剂细水雾冷却食用油的实验研究

由之前的分析可知，扑灭食用油火灾后极易发生复燃现象，并且由于油温远高于水的沸点，水接触热油表面会发生喷溅和沸溢，给周围的人和消防员带来危险。喷溅是指水没有经过沸腾的过程而直接达到过热蒸汽温度而引起的迅速蒸发。随着水蒸发吸热，油温降低，在油面处没有蒸发完全的液滴在热油中受热并形成气泡，热油随着气泡的生长、破裂而被顶出容器外，出现沸溢现象。当沸溢现象发生时，溢出的油品迅速引燃周围可燃物，火灾被瞬间强化。前人做油品沸溢的实验时，都是在燃料底部垫水，使油品在水层上燃烧，对在灭火过程中由于细水雾的作用而引起沸溢现象的研究有限，影响因素也不明确。Nam进行的水喷淋抑制熄灭大型工业油罐火灾的全尺寸实验表明，水喷淋能够较好地扑灭油罐火灾并且在整个灭火过程中没有喷溅现象发生。但是，在每组实验中都出现了大量的油品沸溢现象，导致大面积的流淌火发生。这个现象在Nam的另一篇文章中也出现过，但作者对于沸溢现象并没有进行深入的理论分析。Liu开展的细水雾抑制熄灭食用油火的全尺寸实验中虽然可以观察到沸溢现象，但没有大量溢出到容器外部。接着Liu研究了该灭火过程中油品的冷却特性，提出了影响沸溢和喷溅的影响因素，但选取的火灾模型针对的是大型食品加工企业，实验中也没有考虑添加剂对冷却过程的影响。

从食用油消防安全的角度考虑，既要防止油品灾后复燃，又要减少消防员扑救热油火灾时的伤亡，就必须对食用油火扑灭后油品的冷却进行深入研究。

本节选用小规模火灾模型，通过改变油温和添加剂的种类，从实验和理论两个方面分析扑灭食用油火后的油品冷却特点及冷却过程中的喷溅和沸溢现象，为存在食用油火灾隐患场所的含添加剂细水雾灭火系统的设计提供参考。

7.2.1　冷却实验设备与方法

实验在3 m×2.1 m×2.8 m的受限空间内进行。细水雾灭火系统由储水罐、压力表、氮气瓶、压力调节装置、细水雾喷头和连接管路组成，分体式激光粒度仪布置在细水雾喷头与油盘之间的中部位置，并与计算机相连，实时测量细水雾的粒径大小，如图7.17所示。

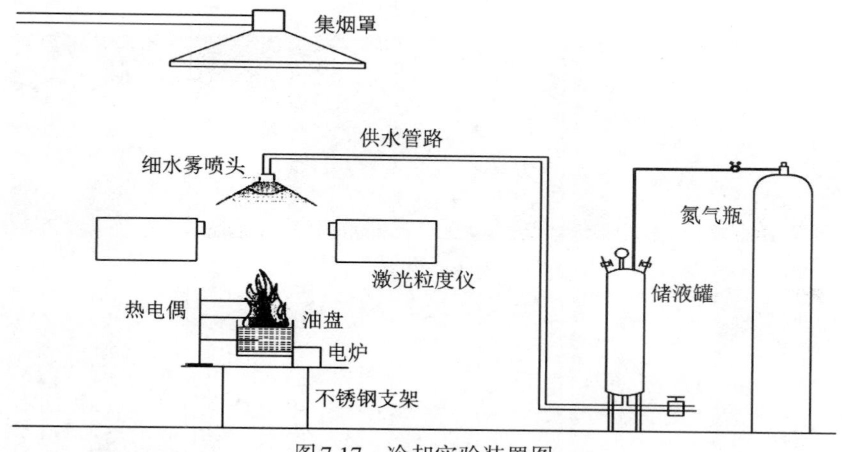

图7.17　冷却实验装置图

油盘直径20 cm，高度为12 cm，位于细水雾喷头正下方，油盘上边缘到细水雾喷头距离为1 m，3支热电偶垂直布置，命名为1号、2号和3号，距离油盘底部的高度分别为3 cm、6 cm和9 cm。

食用油选取花生油。将1 500 mL花生油装入油盘中，根据油盘直径计算可知花生油高度为4.7 cm，浸没1号热电偶。油盘下方布置圆形电炉丝盘，并在炉盘外部设置直径为20 cm的不锈钢套，除保护炽热的电炉丝，避免其与细水雾接触外，还可以起到均匀加热油盘的作用。引燃食用油所用电炉及布置方式如图7.18所示。控制热电阻丝以10.8 ℃ · min^{-1}的升温速率进行加热，直至食用油自燃后停止，调节减压阀至0.4 MPa，待火焰自由燃烧至1号热电偶所测温度为390 ℃时施加细水雾，火焰熄灭后，细水雾持续施加至1号热电偶所测温度为300 ℃时停止。

选取的6种细水雾添加剂分别为$K_2C_2O_4$、KNO_3、CH_3COOK、KCl、KH_2PO_4和$NH_4H_2PO_4$，配制成质量分数为5%的溶液作为灭火剂。

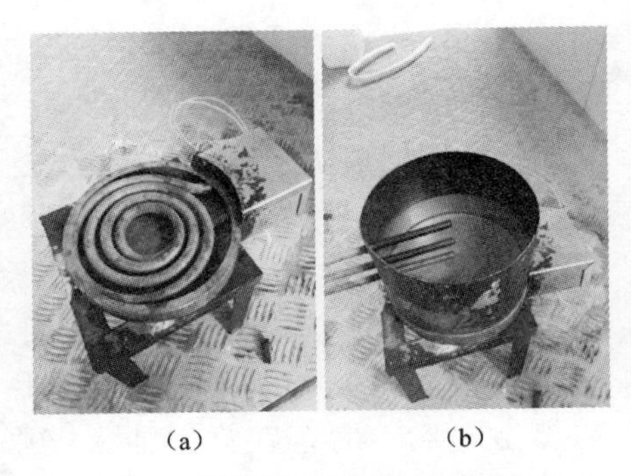

图7.18 引燃食用油所用电炉及布置方式
(a) 电炉；(b) 布置方式

7.2.2 食用油的冷却过程

纯水细水雾扑灭食用油火过程中，油面的冷却根据温度的变化可分两个阶段：第一个阶段是从施加细水雾到明火被扑灭，第二个阶段是从火扑灭到细水雾施加完毕。冷却实验中纯水细水雾的灭火效果如图7.19所示。

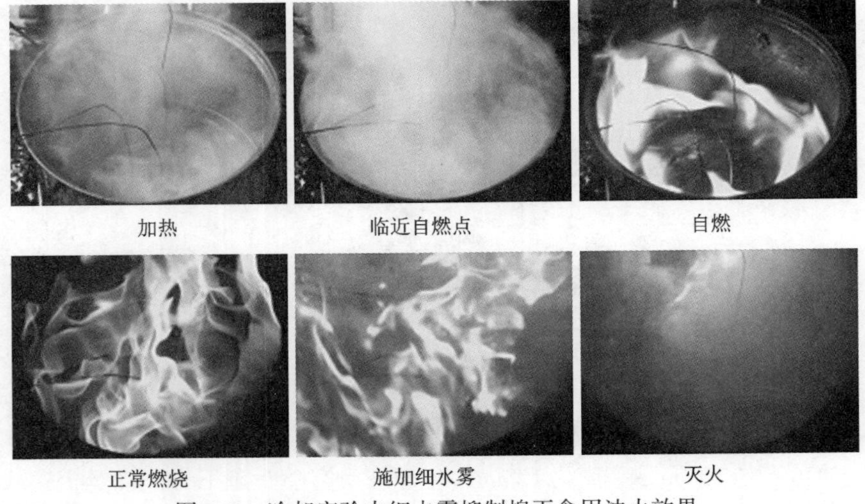

图7.19 冷却实验中细水雾抑制熄灭食用油火效果

图7.20为食用油灭火-冷却过程的温度-时间曲线。由图可知，在第一阶段，油面的温度很高，从细水雾开始施加后的一小段时间内，油面的温度几乎没有变化，这是由于在这个阶段内，明火没有被细水雾完全控制，在火羽的作用下仅有少量细水雾液滴到达油面。一般来说，食用油在加热的过程中体积会膨胀，2号热电偶在加热过程中的温度与3号热电偶的基本一致，说明食用油体

积的膨胀并没有超过2号热电偶所在位置，2号热电偶所测温度为火焰温度，在细水雾的作用下温度降低较为明显。在这一阶段，没有观察到喷溅现象。

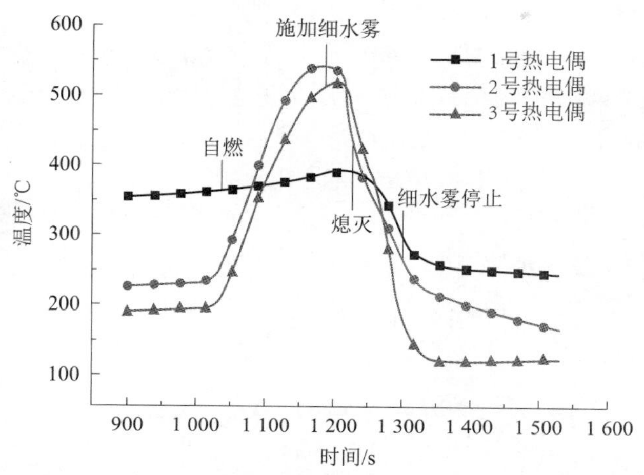

图7.20　纯水细水雾灭火过程中热电偶所测温度变化

根据Reid的研究结果，出现喷溅的临界条件为：$1 \leqslant T_{oil}/T_{sup} \leqslant 1.1$，其中$T$为温度，K；下标oil表示油，sup表示水的过热蒸汽。在本实验中，食用油的自燃温度范围为357.3～362.7 ℃，文献［283］给出的纯水过热蒸汽温度为279～302 ℃，二者之比大于1.1，因此没有出现喷溅现象。此时，当液滴接触热油表面时，在两种液体之间形成一层蒸汽膜，阻止液滴与热油表面的直接接触，避免了喷溅的发生。

7.2.3　沸溢层的影响因素

沸溢层中气泡直径的表达式为：

$$D_u = \frac{4\sigma(T_{oil})}{P_B(T_{oil}) - P_x} \tag{7.7}$$

式中，D_u为气泡直径，m；σ为表面张力，N/m；P_B为气泡压力，Pa；P_x为混合液体的压力，Pa。

表面张力和气泡压力与油温直接相关：较高的油温对应低的表面张力和高的气泡压力。因此，在冷却的第一阶段，气泡很小或根本不能形成气泡，在实验中也没有观察到沸腾和气泡出现的现象。随着冷却的进行，进入第二阶段，出现气泡和沸腾现象。方程（7.7）同时表明，气泡会随着气泡压的降低和表面张力的增加而迅速增大。但是，如果油温过低，气泡内的压力不够支持气泡生长，导致气泡消失。因此，理论上存在一个能够让气泡迅速成长的最佳温度区间。

沸溢层最初形成于油面之上，厚度H_B随细水雾的施加而增大。图7.21为沸溢层的简图。

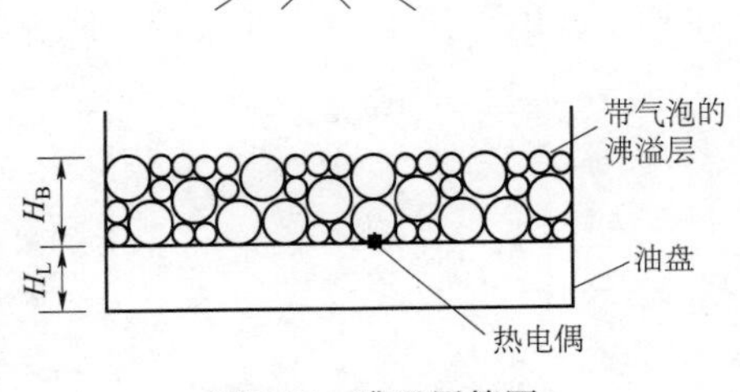

图7.21 沸溢层简图

沸溢层厚度的增加有两个方向。当油中的细水雾液滴没有完全蒸发时，液滴与油继续混合，沸溢层向油盘底部（油深方向）发展，发展速率dH_{BD}/dt取决于油和水的能量平衡：

$$m_w(c_{pw}\Delta T_w + L_{vw}) - \rho_{oil}A_{oil}\frac{dH_{BD}}{dt}c_{poil}(T_{oil} - T_{bl}) \geqslant 0 \tag{7.8}$$

或

$$\frac{dH_{BD}}{dt} = \frac{m_w(c_{pw}\Delta T_w + L_{vw})}{\rho_{oil}A_{oil}c_{poil}(T_{oil} - T_{bl})} \tag{7.9}$$

式中，m为质量，kg；c_p为定压比热容，$J \cdot kg^{-1} \cdot K^{-1}$；$L_v$为蒸发潜热，$kJ \cdot kg^{-1}$；$\rho$为密度，$kg \cdot m^{-3}$；$A$为面积，$m^2$；$H_{BD}$为沸溢层向油深方向发展的厚度，m；下标w表示水，oil表示油，bl表示沸溢层。

沸溢层向容器上部扩展的速率dH_{BU}/dt主要取决于气泡的增长速率及水和油在沸溢层的量的多少，表达式为：

$$\frac{dH_{BU}}{dt} \propto (m_{wbl} + m_{oilbl})\frac{dr_b}{dt} \tag{7.10}$$

式中，H_{BU}为沸溢层向油盘外部方向发展的厚度，m。沸溢层中水的质量m_{wbl}可表示为：

$$m_{wbl} = m_{wt} - m_{we} \tag{7.11}$$

式中，m_{wt}为细水雾施放的总水量，kg；m_{we}为在油中蒸发的水量，kg。

方程（7.10）中沸溢层中食用油的量m_{oilbl}取决于沸溢层向油盘底部的发展情况，可由方程（7.9）进行计算。气泡增长速率dr_b/dt的表达式为：

$$\frac{dr_b}{dt} \propto \frac{k(T_{oil} - T_b)}{\Delta H_v \rho_v T_b (\alpha t)^{0.5}} \tag{7.12}$$

式中：k为导热系数，$W \cdot m^{-1} \cdot K^{-1}$；$\Delta H$为蒸发焓；$\alpha$为热扩散系数；$t$为时间，s；下标v表示水蒸气，b表示沸腾。

式（7.8）~式（7.12）表明，在细水雾对油面的冷却过程中，沸溢层的发展主要取决于油温和水量的多少。

为明确油温对沸溢层的影响，在细水雾停止施加后，分两次在无火条件下再次启动细水雾，施加时间确定为5 s：第一次为示波器记录的1号热电偶温度为230 ℃时启动，第二次为1号热电偶记录的温度为200 ℃时启动。细水雾的施加压力保持0.4 MPa不变。230 ℃为花生油的发烟点，而200 ℃略高于正常烹饪过程中的油温190 ℃。油温随时间的变化如图7.22所示。

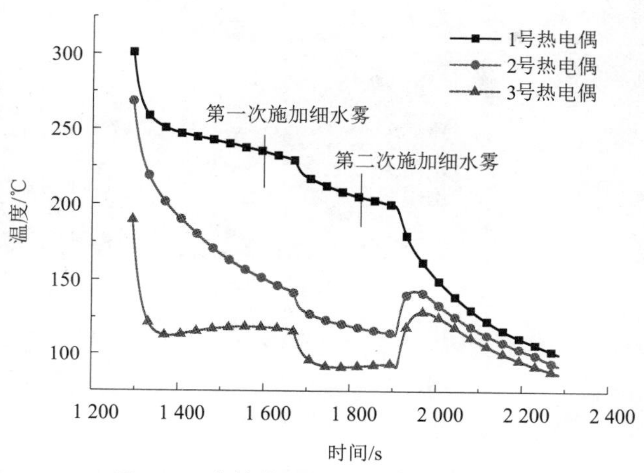

图7.22　火焰熄灭后热电偶的温度变化

当大量的食用油冷却至230 ℃时，油表面无火焰，随着细水雾的施加，3号热电偶温度下降最快，2号热电偶次之，1号最慢。当细水雾施加结束后，3支热电偶所测温度下降减缓。当油温冷却至200 ℃时，油表面无火焰，随着细水雾的施加，水接触热油的瞬间就出现剧烈的沸腾现象，几乎所有的油都参与到沸腾中，3支热电偶温度瞬间趋于一致。沸溢层迅速上升到油盘边缘，导致大量食用油溢出油盘。当细水雾施加完毕后，依然有大量食用油溢出至油盘以外。由于接触油面的水剧烈沸腾，产生大量水蒸气阻挡镜头，很难通过视频设备拍摄油品溢出画面，但从油面的下降过程可以清楚地看出油面经历了上涨的过程，如图7.23所示。随着温度的降低，油面逐渐回落到油盘底部，并且产生的气泡也随着油面的下降而消失。

由方程（7.9）可知，随着细水雾的施加，油的定压比热容减小，当油层中水的质量增加速率为常数时，由于蒸发的水量减小，使更多的水存在于油中，油温越低，则沸溢层的形成越快。由式（7.10）～式（7.12）可知，对于沸溢层向油盘外部的扩展，在高油温条件下，气泡增长速率快，但此时大量的水被蒸发掉，沸溢层中水量较少，沸溢层不能向上扩展或速率较慢；低油温条件下，气泡增长速率慢，但随着水蒸发量的减小，沸溢层中水量增多，使沸溢层向上的扩展速率增加。实验中，230 ℃油温条件下，沸溢层没有向上扩展

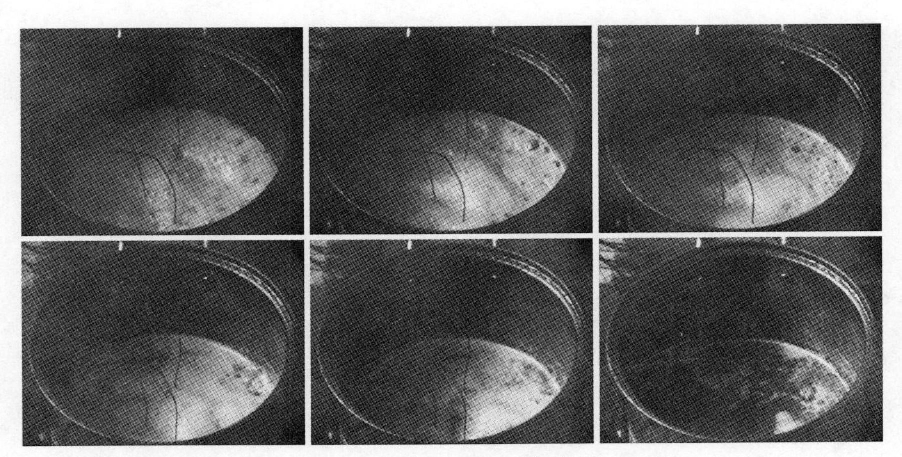

图7.23　食用油面下降过程

至2号热电偶位置，即使有微小的向上扩展，也随着细水雾施加完毕而很快消退；200 ℃油温条件下，沸溢层迅速向上扩展并浸没2号和3号热电偶，随着细水雾施加完毕而消退较慢，导致大量食用油外溢出油盘。

7.2.4　含钾盐添加剂细水雾对食用油冷却过程的影响

添加剂可以改变细水雾抑制熄灭食用油火的效率。7种含添加剂细水雾的灭火时间见表7.4。其中，灭火剂除纯水外，均为质量分数为5%的溶液。

表7.4　不同灭火剂扑灭食用油火时间　　s

灭火剂	纯水	$K_2C_2O_4$	CH_3COOK	KNO_3	KCl	$NH_4H_2PO_4$	KH_2PO_4
灭火时间	34.47	1.6	4.4	3.1	4.8	25.7	18.4

由表可知，对于食用油的火焰火部分，由于灭火机理的不同，不同细水雾添加剂抑制熄灭食用油火的效率不同：碱金属添加剂能显著提高细水雾的灭火效率；$NH_4H_2PO_4$溶液对纯水灭火效率的提升不明显，7种灭火剂抑制熄灭食用油火的效率排序为$K_2C_2O_4>KNO_3>CH_3COOK>KCl>KH_2PO_4>NH_4H_2PO_4>$纯水，与之前灭火实验中的结论一致。

纯水及含添加剂细水雾在灭火冷却过程中油面温度的变化如图7.24所示。Liu等的研究表明，对于食用油火，油温的升高主要来自火焰对燃料的热辐射，并且冷却燃料表面为细水雾灭火的主要机理。因此，7种灭火剂对油面的冷却能力与灭火能力的排序相似：含碱金属添加剂的细水雾能够快速扑灭火焰，降低了火焰对燃料的热辐射，对食用油的冷却效果明显；$NH_4H_2PO_4$溶液与纯水的灭火时间较长，火焰对油品的辐射热反馈时间较长，冷却效果较差。

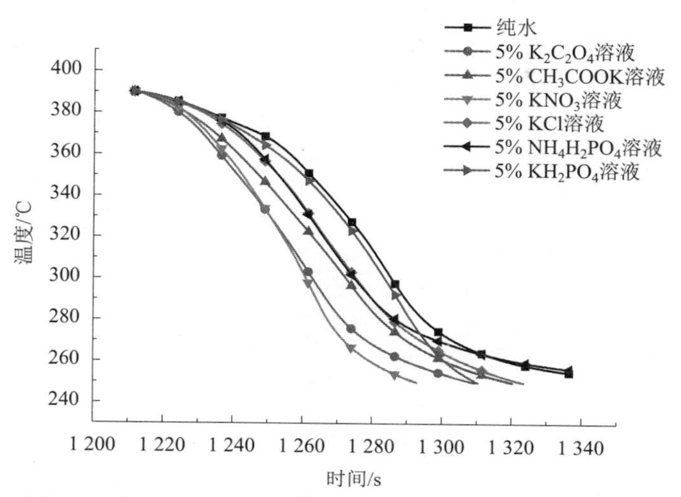

图7.24　不同灭火剂灭火过程中1号热电偶测得的温度变化

图7.25～图7.27分别为7种灭火剂条件下3支热电偶记录的温度曲线。当油温降至230 ℃时，随着细水雾的施加，3号热电偶的温度下降最快，2号热电偶次之，1号最慢。由图7.26，当油温为200 ℃时，随着细水雾的施加，除质量分数为5%的CH_3COOK细水雾外，其余6种细水雾停止施加后，均出现沸溢层向上扩展现象。由图7.27，只有纯水细水雾施加完毕后，出现沸溢层浸没3号热电偶并溢出油盘之外的现象。

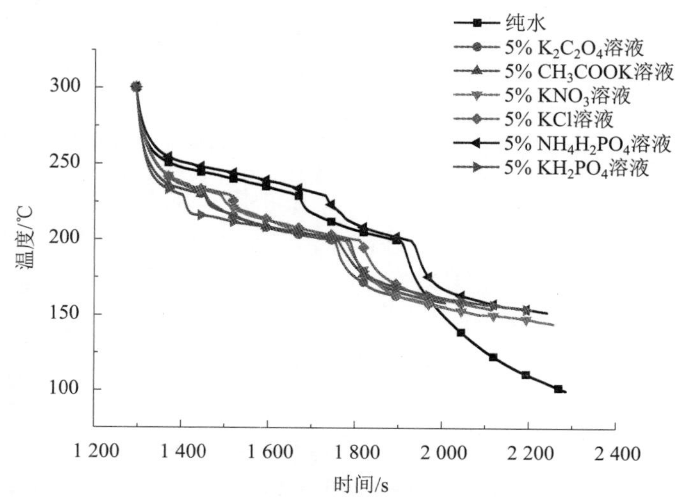

图7.25　不同灭火剂火焰熄灭后1号热电偶测得的温度变化

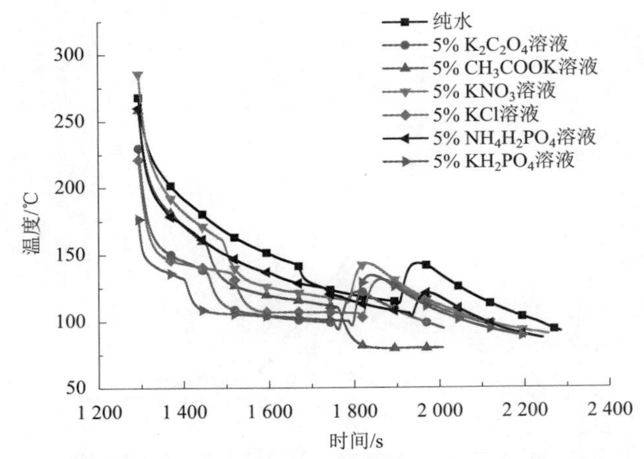

图7.26　不同灭火剂火焰熄灭后2号热电偶测得的温度变化

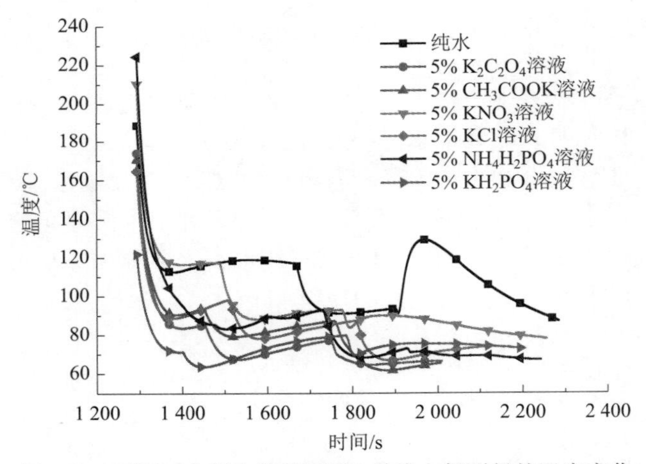

图7.27　不同灭火剂火焰熄灭后3号热电偶测得的温度变化

在230 ℃油温条件下，沸溢层没有向上扩展的主要原因一是由于油温过高，蒸发量大，从而导致油中水量较少；二是由于细水雾仅施加5 s而导致油中水量较少。方程（7.9）和方程（7.10）也表明，油中水的质量对沸溢层在油中的形成速率和向上的扩展速率来说是很重要的参数。油中的水量越多，就有更多的水参与到沸腾现象中，沸溢层的发展速率越快。

添加剂的存在会影响水的蒸发，在同样的细水雾流量条件下，油中水的质量减小。由图7.25也可看出，第二次停止施加细水雾后，由于添加剂的存在影响溶液中水的蒸发，使得油温下降的速率明显低于纯水作用后的油温下降速率。添加剂对蒸发的影响程度取决于盐的水合能力，即溶解度，实验所选6种添加剂的溶解度曲线如图7.28所示。

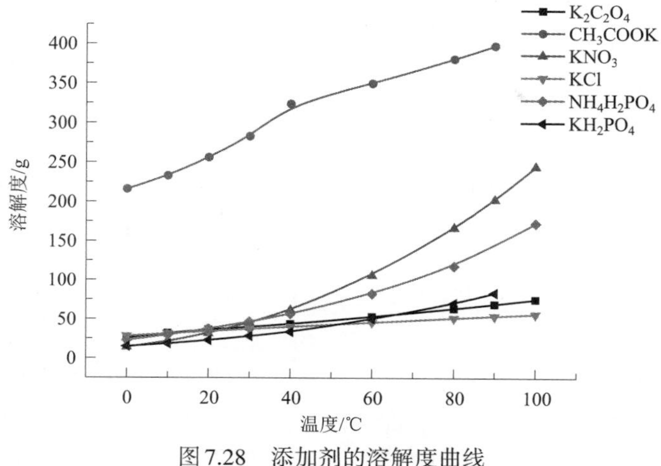

图7.28　添加剂的溶解度曲线

CH_3COOK的溶解度明显高于其余5种盐，CH_3COOK的分解温度高于200 ℃，并且油温随着细水雾的施加不断地降低，使得沸溢层中存在大量的未分解的CH_3COOK。由于其具有较强的水合能力，溶液中的水以水合离子的形式被吸附在离子周围，油中水的质量过少，因此没有出现沸溢层向上扩展至浸没2号热电偶的现象。其余5种添加剂的水合能力虽不如CH_3COOK，但相比于纯水还是会影响油中水的质量，因此，只有纯水作用后的沸溢层扩展浸没3号热电偶并溢出油盘之外。

典型液滴蒸发时间表达式为：

$$t_e = \ln\left(\frac{T_0 - T_{max}}{T_b - T_{max}}\right)\frac{\rho_w c_{pw_0} D^2}{12k} + \frac{\rho_w c_{pw} D^2}{8\lambda \ln\left[1 + \frac{k_b}{k} \times \frac{c_p}{L_{vw}}(T_{max} - T_b)\right]} \tag{7.13}$$

表达式由两部分组成：第一部分为液滴从初温加热到沸点的时间，第二部分从液滴蒸发为水蒸气的时间。其中下标e表示蒸发，0表示初始状态，max表示最大状态。由方程（7.13）可知，液滴的蒸发时间受粒径影响较大，根据粒径测试结果，在细水雾中加入添加剂会增大细水雾粒径，增加液滴的蒸发时间，降低了油中水的质量，也不利于沸溢层的发展。

7.3　小　　结

本章通过低压细水雾灭火系统，对含钾盐添加剂细水雾在抑制熄灭F类火的应用可行性进行研究。以常用的食用油作为F类火模型，通过纯水及含钾盐添加剂细水雾与食用油火的相互作用，以灭火时间、火焰及燃料表面温度和瞬时图像为主要手段研究了不同钾盐添加剂细水雾抑制熄灭F类火及灭火后油面冷却的有效性问题。

本章主要得到以下结论：

（1）食用油的燃烧速率相比正庚烷和乙醇来说较低，但燃烧过程中油面温度较高，在自由燃烧的稳定阶段测得的油面峰值温度为450 ℃，比自燃温度高84 ℃左右，并且灭火后易复燃。对于食用油火，冷却火焰比冷却燃料表面需要更多的水，冷却燃料表面为细水雾抑制熄灭食用油火的主导机理，并且纯水的灭火有效性随着压力和流量的增加而增强。

（2）6种细水雾添加剂可以显著提高纯水的灭火有效性，灭火效能的排序为$K_2C_2O_4$>KNO_3>CH_3COOK>KCl>KH_2PO_4>$NH_4H_2PO_4$>纯水。并且只有当含添加剂的细水雾抑制熄灭食用油火的物理主导作用较弱时，化学辅助作用较强。$K_2C_2O_4$、KNO_3和CH_3COOK抑制熄灭食用油火的机理主要是在高温油表面处的皂化反应，生成皂化泡沫而覆盖在油面，隔绝空气并生成非可燃物羧酸盐，减小可燃物的质量分数而灭火。

（3）不同浓度的添加剂抑制熄灭食用油火的能力不同。含CH_3COOK的细水雾抑制熄灭食用油火的灭火效率随CH_3COOK溶液浓度的增加和压力的增加而增大；当溶液中CH_3COOK的质量分数大于5%，工作压力大于0.4 MPa时，增大浓度或提高压力对灭火效率的提高作用有限。可以通过在细水雾中加入添加剂的方式来弥补流量过小引起的不能灭火现象。在实际的消防工程应用中，可以考虑提升流量或是加入添加剂的综合成本，确定抑制熄灭食用油火的最佳方式。

（4）当油温高于水的过热蒸汽温度时，细水雾液滴与热油表面接触的瞬间会形成蒸汽膜，阻止液滴与热油表面直接接触，不会出现水的喷溅现象。当油温冷却至接近水的过热蒸汽温度时，蒸汽膜消失，出现喷溅现象。

（5）细水雾冷却食用油的过程中，在热油表面形成沸溢层，并向油盘底部和上部两个方向扩展。沸溢层中的气泡加强了油品中的热对流，提高了油品的冷却速度。理论分析得到的扩展速率取决于油中水的质量和油温，而油温的变化直接影响水的蒸发量，因此，影响沸溢层发展的主要因素为油中水的质量。

（6）在相同细水雾流量条件下，添加剂的存在从增加离子的水合力和增大液滴粒径两方面降低了水的蒸发量，不利于油的冷却降温。但是，由于降低了油中水的质量，含添加剂细水雾较好地抑制了沸溢层的向上扩展，降低了灭火后大量油品溢出油盘而造成二次伤害的风险。

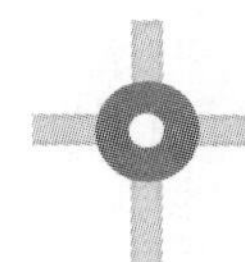

参考文献

[1] 范维澄，刘乃安.火灾安全科学——一个新兴交叉的工程科学领域 [J]. 中国工程科学，2001，3（1）：6-14.

[2] 司戈，何嘉兵.哈龙替代品研究的最新进展 [J]. 消防技术与产品信息，2002（9）：76-79.

[3] 刘静，赵乘寿，冒龚玉，等.我国哈龙替代灭火技术的现状及发展趋势 [J]. 中国西部科技，2010，9（34）：8-10.

[4] 余明高，廖光煊，张和平，等.哈龙替代产品的研究现状及发展趋势 [J]. 火灾科学，2002，11（2）：108-112.

[5] 朱海林，田亮.简析哈龙的替代技术 [J]. 消防科学与技术，1997（4）：10-12.

[6] 刘江虹，金翔，黄鑫.哈龙替代技术的现状分析与展望 [J]. 火灾科学，2005，14（3）：160-166.

[7] Rowland F S. Chlorofluorocarbons， stratospheric ozone， and the Antarctic 'Ozone Hole' [J]. Environmental Conservation，1988，15（2）：101-115.

[8] 国家环保总局.国家环保总局保护臭氧层项目完成工作目标并开拓新的领域 [J]. 中国环保产业，1998（5）：20-21.

[9] Goodnight J W，Wang M B，Sercarz J A，et al. International conference on the safety of life at sea [J]. Laryngoscope，2010，106（3）：253-256.

[10] 丛北华.多组分细水雾与扩散火焰相互作用的模拟研究 [D]. 合肥：中国科学技术大学，2006.

[11] Stark W J，Pratsinis S E. Aerosol flame reactors for manufacture of nanoparticles [J]. Powder Technology，2002，126（2）：103-108.

[12] 李亚峰，林晓刚，孙凤海，等.几种新型灭火剂的性能及灭火原理 [J]. 沈阳建筑大学学报（自然科学版），2001，17（1）：47-49.

[13] 刘良彬，白利生.EBM 气溶胶灭火系统 [J]. 消防技术与产品信息，1998（6）：20-22.

[14] 解洪杰，杜建科.哈龙替代气体灭火剂的综合性能与应用探析 [J]. 武

警学院学报，2013，29（4）：11-13.
[15] 傅智敏，杨荣杰.哈龙灭火剂的替代与气溶胶灭火剂［J］.消防技术与产品信息，1999（5）：24-26.
[16] Grant G，Brenton J，Drysdale D.Fire suppression by water sprays［J］. Progress in Energy & Combustion Science，2000，26（2）：79-130.
[17] Mawhinney J R，Solomon R.Water mist fire suppression systems［M］. New York：Springer，2016：1587-1645.
[18] White J P，Verma S，Keller E，et al.Water mist suppression of a turbulent line fire［J］.Fire Safety Journal，2017（91）：705-713.
[19] Kim N K，Rie，Dong Ho.A study on the fire extinguishing characteristics of deep-seated fires using the scale model experiment［J］. Fire Safety Journal，2016（80）：38-45.
[20] Richard J，Garo J P，Souil J M，et al.Chemical and physical effects of water vapor addition on diffusion flames［J］. Fire Safety Journal，2003，38（6）：569-587.
[21] Lefebvre A H. Atomization and sprays［M］. CRC press，Hemisphere，1989：79-102.
[22] Jones A，Nolan P F.Discussions on the use of fine water sprays or mists for fire suppression［J］. Journal of Loss Prevention in the Process Industries，1995，8（1）：17-22.
[23] Lefort G，André W M，Martial P.Evaluation of surfactant enhanced water mist performance［J］. Fire Technology，2009，45（3）：341-354.
[24] Back G G，Hansen R L.Water spray protection of machinery spaces［J］. Fire Technology，2001，37（4）：317-326.
[25] Ramsden N. Water mist—a status update［J］. Fire Prevention，1996（287）：16-20.
[26] Chow W K，Chan L Y.Possibility of using water mist fire suppression system in Hong Kong［J］. Journal of Engineering，Design and Technology，2011，9（2）：157-163.
[27] 崔正心，廖光煊，秦俊，等.细水雾抑制障碍物稳定火焰的实验研究［J］.火灾科学，2001，10（3）：174-42.
[28] Back G G，Beyler C L，Hansen R.The capabilities and limitations of total flooding water mist fire suppression systems in machinery space applications［J］. Fire Technology，2000，36（1）：8-23.
[29] 刘江虹.细水雾抑制熄灭固体火焰的模拟实验研究［D］.合肥：中国科

学技术大学，2001.
[30] 陈桢.含NaCl添加剂细水雾灭火的实验研究 [D]. 西安：西安科技大学，2007.
[31] Gann R G. Next-generation fire suppression technology program (NGP)：technical highlights [C]. Proceedings of the Halon Options Technical Working Conference, Sheraton Old Town, Albuquerque, NM, USA, 1999：27-29.
[32] Mawhinney J R, Dlugogorski B Z, Kim A K. A closer look at the fire extinguishing properties of water mist [J]. Fire Safety Science, 1994 (4)：47-60.
[33] Liu Z, Kim A K, Carpenter D. A study of portable water mist fire extinguishers used for extinguishment of multiple fire types [J]. Fire Safety Journal, 2007, 42 (1)：25-42.
[34] DB33/1010—2002.细水雾灭火系统设计、施工及验收规范 [S]. 浙江：浙江省建设厅，2002.
[35] DBJ01/74—2003.细水雾灭火系统设计、施工、验收规范 [S]. 北京：北京市建设委员会，2003.
[36] DB012/T1234—2004.细水雾灭火系统设计、施工及验收规范 [S]. 安徽：安徽省建设厅，2004.
[37] DB/J42-282—2004.细水雾灭火系统设计、施工及验收规范 [S]. 湖北：湖北省建设厅，2004.
[38] DGJ32/J09—2005.细水雾灭火系统设计、施工及验收规程 [S]. 江苏：江苏省建设厅，2005.
[39] DBJ/T15-41—2005.细水雾灭火系统设计、施工及验收规范 [S]. 广东：广东省建设厅，2005.
[40] DBJ41/T074—2006.细水雾灭火系统设计、施工及验收规范 [S]. 河南：河南省建设厅，2006.
[41] DB51/T592—2006.厨房设备细水雾灭火系统设计、施工及验收规范 [S]. 四川：四川省建设厅，2006.
[42] DB/J04-247—2006.细水雾灭火系统设计、施工及验收规范 [S]. 山西：山西省建设厅，2006.
[43] DB21/1235—2003.中、低压单流体细水雾灭火系统设计、施工及验收规程 [S]. 辽宁：辽宁省建设厅，2003.
[44] 王勇，胡斌，韩虎，等.高压细水雾电动消防巡逻车的设计与实现 [J]. 消防科学与技术，2018，37 (12)：107-108.

[45] 中华人民共和国住房和城乡建设部.GB 50898—2013.细水雾灭火系统技术规范[S].北京：中国计划出版社，2013.

[46] Li Y F，Chow W K.A zone model in simulating water mist suppression on obstructed fire [J]. Heat Transfer Engineering，2006，27（10）：99-115.

[47] Rasbash D J，Rogowski Z W.Extinction of fires in liquids by cooling with water sprays [J]. Combustion & Flame，1957，1（4）：453-466.

[48] Rasbash D J，Rogowski Z W，Stark G W V. Mechanisms of extinction of liquid fires with water sprays [J]. Combustion & Flame，1960，4（60）：223-234.

[49] Mcgee R S，Reitz R D.Extinguishment of radiation augmented plastic fires by water sprays [J]. Symposium on Combustion，1975，15（1）：337-347.

[50] Tamanini F.A study of the extinguishment of vertical wood slabs in self-sustained burning by water spray application [J]. Combustion Science and Technology，1976，14（1-3）：1-15.

[51] Seshadri K.Structure and extinction of laminar diffusion flames above condensed fuels with water and nitrogen [J]. Combustion & Flame，1978，33（78）：197-215.

[52] McCaffrey B J.Momentum diffusion flame characteristics and the effects of water spray [J]. Combustion Science & Technology，1989，63（4-6）：315-335.

[53] Mawhinney J R.Characteristics of water mist for fire suppression in enclosures [C]. Proceedings of the Halon Altenratives Technical Working Conference. Albuquerque，NM：New Mexico Engineering Research Institute，1993：279-289.

[54] Clark，James S.Twentieth-century climate change，fire suppression，and forest production and decomposition in northwestern Minnesota [J]. Canadian Journal of Forest Research，1990，20（2）：219-232.

[55] Kim M B，Yong J J，Yoon M O.Extinction limit of a pool fire with a water mist [J]. Fire Safety Journal，1997，28（4）：295-306.

[56] Chang J C，Lin C M，Huang S L.Experimental study on the extinction of liquid pool fire by water droplet streams and sprays [J]. Fire Safety Journal，2007，42（4）：295-309.

[57] Liang T，Zhong W，Yuen R K K，et al.On the fire intensification of pool fire with water mist [J]. Procedia Engineering，2013（62）：994-999.

[58] Shilling H, Dlugogorski B Z, Kennedy E M, et al.Extinction of diffusion flames by ultrafine water mist doped with metal chlorides [C]. Proceedings of the Sixth Australasian Heat and Mass Transfer Conference, 1996: 275-282.

[59] Fisher B T, Awtry A R, Sheinson R S, et al.Flow behavior impact on the suppression effectiveness of sub-10μm water drops in propane/air co-flow non-premixed flames [J]. Proceedings of the Combustion Institute, 2007, 31 (2): 2731-2739.

[60] Sakurai I, Suzuki J, Kotani Y, et al.Extinguishment of propane/air co-flowing diffusion flames by fine water droplets [J]. Proceedings of the Combustion Institute, 2013, 34 (2): 2727-2734.

[61] Ndubizu C C, Ananth R, Tatem P A, et al.On water mist fire suppression mechanisms in a gaseous diffusion flame [J]. Fire Safety Journal, 1998 (31): 253-276.

[62] 崔玉周.细水雾灭火技术的研究现状及其在地铁消防中应用前景分析 [J].水利与建筑工程学报，2009 (1): 100-103.

[63] Zegers E J P, Williams B A, Sheinson R S, et al.Dynamics and suppression effectiveness of monodisperse water droplets in non-premixed counterflow flames [J]. Proceedings of the Combustion Institute, 2000, 28 (2): 2931-2937.

[64] Fuss S P, Chen E F, Yang W, et al.Inhibition of premixed methane/air flames by water mist [J]. Proceedings of the Combustion Institute, 2002, 29 (1): 361-368.

[65] Montazeri H, Blocken B, Hensen J.Evaporative cooling by water spray systems: CFD simulation, experimental validation and sensitivity analysis [J]. Building and environment, 2015 (83): 129-141.

[66] Trelles J, Mawhinney J R.CFD investigation of large scale pallet stack fires in tunnels protected by water mist systems [J]. Journal of fire protection engineering, 2010, 20 (3): 149-157.

[67] Novozhilov V.Fire suppression studies [J]. Thermal Science, 2007, 11 (2): 161-180.

[68] 刘江虹，廖光煊，厉培德，等.受限空间中细水雾灭火的准稳态模型 [J].燃烧科学与技术，2003，9 (4): 381-385.

[69] Liu Z, Kim A K, Carpenter D.Extinguishment of cooking oil fires by water mist fire suppression systems [J]. Fire Tecnology, 2004, 40 (4): 309-

333.

[70] Liu Z，Carpenter D，Kim A K.Application of water mist to extinguish large oil pool fires for industrial oil cooker protection [J]. Fire Safety Science，2005（8）：741-752.

[71] Liu Z，Carpenter D，Kim A K.Characteristics of large cooking oil pool fires and their extinguishment by water mist [J]. Journal of Loss Prevention in the Process Industries，2006，19（6）：516-526.

[72] Huang X，Wang X，Jin X，et al.Fire protection of heritage structures：use of a portable water mist system under high-altitude conditions [J]. Journal of Fire Sciences，2007，25（3）：217-239.

[73] 余明高，郭明，李振峰，等.细水雾熄灭障碍物火的实验研究和数值模拟 [J]. 火灾科学，2008，17（3）：159-164.

[74] Santangelo P E，Tartarini P.Fire control and suppression by water-mist systems [J]. Open Thermodynamics Journal，2010：167-184.

[75] Gupta M，Pasi A，Ray A，et al.An experimental study of the effects of water mist characteristics on pool fire suppression [J]. Experimental Thermal & Fluid Science，2013，44（1）：768-778.

[76] 房玉东，曾德云.超细水雾灭火系统在机房中的应用 [J]. 中国公共安全，2009（2）：43-44.

[77] 韦艳文.军用舰船细水雾灭火系统研究 [D]. 南京：东南大学，2006.

[78] Huang Y，Zhang W，Dai X，et al.Study on Water-based Fire Extinguishing Agent Formulations and Properties [J]. Procedia Engineering，2012（45）：649-654.

[79] Mawhinney J R，Trelles J.Testing water mist systems against large fires in tunnels：integrating test data with CFD simulations [J]. Fire Technology，2012，48（3）：565-594.

[80] Blanchard E，Boulet P，Fromy P.Experimental and numerical study of the interaction between water mist and fire in an intermediate test tunnel [J]. Fire Technology，2014，50（3）：565-587.

[81] Santangelo P E，Tartarini P. Full-scale experiments of fire suppression in high-hazard storages：A temperature-based analysis of water-mist systems [J]. Applied Thermal Engineering，2012（45-46）：99-107.

[82] Carriere T，Butz J，Naha S，et al.Fire suppression tests using a handheld water mist extinguisher designed for the international space station [C]. 42nd international conference on environmental systems，2012：3513.

[83] 景晓燕，肖春红，张密林.绿色清洁灭火剂的研究现状 [J]. 应用科技，2001，28（1）：37-38.
[84] Vangeli O C，Romanos G E，Beltsios K G，et al. Grafting of imidazolium based ionic liquid on the pore surface of nanoporousmaterials—study of physicochemical and thermodynamic properties [J]. The Journal of Physical Chemistry B，2010，114（19）：6480-6491.
[85] Huang X J，Wang X S，Lu J，et al. An experimental and computational study of interaction between water mist and gas jet flame [J]. Applied Mechanics and Materials，2011（130-134）：1720-1724.
[86] Friedrich M.Fire extinguishing experiments with aqueous salt solution sprays [J]. Fire Research Abstracts and Reviews，1964（6）：44-46.
[87] Kida H.Extinction of fires of liquid fuel with sprays of salt solutions [J]. Fire Research Abstracts and Reviews，1969（11）：212-214.
[88] Mitani T，Niioka T. Extinction phenomenon of premixed flames with alkali metal compounds [J]. Combustion & Flame，1984，55（1）：13-21.
[89] Zheng R，Bray K，Rogg B.Effect of sprays of water and NaCl-water solution on the extinction of laminar premixed methane-air counterflow flames [J]. Combustion Science & Technology，1997，126（1）：389-401.
[90] 徐晓楠.水系灭火剂及在我国的研究现状 [J]. 消防技术与产品信息，2003（9）：10-13.
[91] 张文成，黄寅生.一种水基灭火剂配方的实验研究 [J]. 消防技术与产品信息，2012（11）：47-49.
[92] Fleming J W，Jaffa N A，Ananth R.Assessment of the fire suppression properties of mists of aqueous potassium acetate [C]. Suppression and Detection Research and Applications-A Technical Working Conference (SUPDET2010) .2010：247-252.
[93] Arvidson，Magnus.Large-scale water spray and water mist fire suppression system tests for the protection of Ro-Ro Cargo Decks on ships [J]. Fire Technology，2014，50（3）：589-610.
[94] 丛北华，毛涛，廖光煊.含NaCl添加剂细水雾对不同燃料池火灭火性能的实验研究 [J]. 热科学与技术，2004，3（1）：65-70.
[95] Linteris G T，Katta V R，Takahashi F.Experimental and numerical evaluation of metallic compounds for suppressing cup-burner flames [J]. Combustion and Flame，2004，138（1-2）：78-96.
[96] Lazzarini A K，Krauss R H，Chelliah H K，et al.Extinction conditions of

non-premixed flames with fine droplets of water and water/NaOH solutions [J]. Proceedings of the Combustion Institute, 2000, 28 (2): 2939-2945.

[97] Chelliah H K, Lazzarini A K, Wanigarathne P C, et al.Inhibition of premixed and non-premixed flames with fine droplets of water and solutions [J]. Proceedings of the Combustion Institute, 2002, 29 (1): 369-376.

[98] McDonnell D, Dlugogorski B Z, Kennedy E M.Evaluation of transition metals for practical fire suppression systems [C]. Proc.of Halon Option Technicfl Working Conf.-Albuquerque, NM.2002: 117-124.

[99] Lentati A M, Chelliah H K.Dynamics of water droplets in a counterflow field and their effect on flame extinction [J]. Combustion & Flame, 1998, 115 (1): 158-179.

[100] Michelle D K, Jian C Y.Evaporation of a small water droplet containing an additives [C]. Proceedings of the ASME National Heat Transfer Conference, Baltimore, 1997: 412-419.

[101] Fleming J W, Williams B A, Sheinson R S.Suppression effectiveness of aerosols: the effect of size and flame type [C]. Proceedings of the Halon Options Technical Working Conference.2002: 299-309.

[102] 况凯骞，从北华，廖光煊.含氯化亚铁添加剂细水雾灭火有效性的实验研究 [J].火灾科学，2005，14 (1)：21-28.

[103] 余明高，郝强，段玉龙，等.含氯化钴添加剂细水雾灭火有效性的实验研究 [J].火灾科学，2007，16 (2)：81-85.

[104] Joseph P, Nichols E, Novozhilov V.A comparative study of the effects of chemical additives on the suppression efficiency of water mist [J]. Fire Safety Journal, 2013, 58 (6): 1131-44.

[105] Koshiba Y, Takahashi Y, Ohtani H.Flame suppression ability of metallocenes (nickelocene, cobaltcene, ferrocene, manganocene, and chromocene) [J]. Fire Safety Journal, 2012, 51 (4): 10-17.

[106] 赵乘寿，宫聪，汪鹏，等.含磷酸二氢铵细水雾灭火有效性研究 [J].消防科学与技术，2011，30 (9)：822-824.

[107] Vanpee M, Shirodkar P P.A study of flame inhibition by metal compounds [J]. Symposium on Combustion, 1979, 17 (1): 787-795.

[108] Shmakov A, Korobeinichev O, Shvartsberg V, et al.Testing ogranophosphorus, organofluorine, and metal-containing compounds and solid-propellant gas-generating compositions doped with phosphorus-containing additives as effective fire suppressants [J]. Combustion Explosion & Shock

Waves，2006，42（6）：678-687.

[109] Korobeinichev O P，Shmakov A G，Chernov A A，et al.Fire suppression by aerosols of aqueous solutions of salts [J]. Combustion Explosion & Shock Waves，2010，46（1）：16-20.

[110] Korobeinichev O P，Shmakov A G，Shvartsberg V M，et al.Fire suppression by low-volatile chemically active fire suppressants using aerosol technology [J]. Fire Safety Journal，2012，51（4）：102-109.

[111] 肖佳.含添加剂细水雾灭火效能的实验研究 [D]. 天津：河北工业大学，2012.

[112] Shmakova A G，Korobeinicheva O P，Shvartsberga V M，et al.Inhibition of premixed and nonpremixed flames with phosphorus-containing compounds [J]. Proceedings of the Combustion Institute，2005，30（2）：2345-2352.

[113] 余明高，段玉龙，徐俊，等.细水雾灭火添加剂的选择与实验研究 [J]. 消防科学与技术，2007，26（2）：189-192.

[114] 朱鹏，刘惠平，徐凡席，等.含添加剂细水雾熄灭K类火灾的实验研究 [J]. 消防科学与技术，2013，31（5）：559-569.

[115] Zhou X，Liao G，Cai B.Improvement of water mist's fire-extinguishing efficiency with MC additive [J]. Fire Safety Journal，2006，41（1）：39-45.

[116] 余明高，徐俊，于水军，等.含复合添加剂细水雾熄灭煤油池火实验 [J]. 煤炭学报，2007，32（3）：288-291.

[117] Chang W，Fu P，Chen C，et al.Evaluating the performance of a portable water-mist fire extinguishing system with additives [J]. Fire & Materials，2008，32（7）：383-397.

[118] Cong B，Liao G.Experimental studies on water mist suppression of liquid fires with and without additives [J]. Journal of Fire Sciences，2009，27（2）：101-123.

[119] Ni X，Chow W K.Performance evaluation of water mist with bromofluoropropene in suppressing gasoline pool fires [J]. Applied Thermal Engineering，2011，31（17）：3864-3870.

[120] Friedman R，Levy J B. Inhibition of opposed jet methane-air diffusion flames.The effects of alkali metal vapours and organic halides [J]. Combustion & Flame，1963，7（63）：195-201.

[121] Mchale E T.Flame inhibition by potassium compounds [J]. Combustion &

Flame, 1975, 24 (75): 277-279.

[122] Vagelopoulos C M, Egolfopoulos F N, Law C K.Further considerations on the determination of laminar flame speeds with the counterflow twin-flame technique [J]. Symposium on Combustion, 1994, 25 (1): 1341-1347.

[123] Hynes A J, Steinberg M, Schofield K.The chemical kinetics and thermodynamics of sodium species in oxygen-rich hydrogen flames [J]. Journal of Chemical Physics, 1984, 80 (6): 2585-2597.

[124] Slack M, Cox J W, Grillo A, et al.Potassium kinetics in heavily seeded atmospheric pressure laminar methane flames [J]. Combustion & Flame, 1989, 77 (3): 311-320.

[125] Vandooren J, Cruz F, Tiggelen P.The inhibiting effect of CF_3H on the structure of a stoichiometric $H_2/CO/O_2/Ar$ flame [J]. Symposium on Combustion, 1989, 22 (1): 1587-1595.

[126] Linteris G T, Truett L.Inhibition of premixed methane-air flames by fluoromethanes [J]. Combustion & Flame, 1996, 105 (1-2): 15-27.

[127] Linteris G T, Burgess D R, Babushok V, et al.Inhibition of premixed methane-air flames by fluoroethanes and fluoropropanes-technology and science [J]. Combustion & Flame, 1998, 113 (1): 164-180.

[128] Milne T A, Green C L, Benson D K.The use of the counterflow diffusion flame in studies of inhibition effectiveness of gaseous and powdered agents [J]. Combustion & Flame, 1970, 15 (3): 255-263.

[129] Seshadri K, Ilincic N.The asymptotic structure of inhibited nonpremixed methane-air flames [J]. Combustion & Flame, 1995, 101 (3): 271-286.

[130] Macdonald M A, Jayaweera T M, Fisher E M, et al.Inhibition of nonpremixed flames by phosphorus-containing compounds [J]. Combustion & Flame, 1999, 116 (1-2): 166-176.

[131] Hirst R, Booth K.Measurement of flame-extinguishing concentrations [J]. Fire Technology, 1977, 13 (4): 296-315.

[132] Shin M, Jang D, Lee Y, et al.Comprehensive modeling of HFC-23 incineration in a CDM incinerator [J]. Journal of Material Cycles & Waste Management, 2016, 19 (2): 1-9.

[133] Hamins A.Flame extinction by sodium bicarbonate powder in a cup burner [J]. Symposium on Combustion, 1998, 27 (2): 2857-2864.

[134] Sheinson R S, Penner-Hahn J E, Indritz D.The physical and chemical ac-

tion of fire suppressants [J]. Fire Safety Journal, 1989, 15 (6): 437-450.

[135] NFPA G.Standard on Clean Agent Fire Extinguishing Systems [C]. Portable fire extinguishers used to comply with this standard shall be listed and labeled and meet or exceed all the requirements of Fire Test Standards UL, 2001: 711.

[136] Robin M L, Rowland T F, Harris J, et al.Suppression of electrical cable fires: development of a standard PVC cable fire test for ISO 14520-1 [C]. Alon Options Technical Working Conference, 2002.

[137] Wu S Y, Lin N K, Shu C M.Effects of flammability characteristics of methane with three inert gases [J]. Process Safety Progress, 2010, 29 (4): 349-352.

[138] 中国国家标准化管理委员会.GB/T 20702—2006，气体灭火剂灭火性能测试方法 [S]. 北京：中国标准出版社，2006.

[139] 黄红云，曹洪亮.液体表面张力系数随温度升高而减小的定量证明 [J]. 常州工学院学报，2006，19 (4)：51-52.

[140] Sheinson R S, Maranghides A.The cup burner as a suppression mechanism research tool: Results, interpretations, and implications [C]. Proceedings of the 1997 Halon Options Technical Working Conference, 1997: 19-27.

[141] 李鹏飞，徐敏义，王飞飞.精通CFD工程仿真与案例实战 [M]. 北京：人民邮电出版社，2011.

[142] 范维澄.火灾科学导论 [M]. 武汉：湖北科学技术出版社，1993.

[143] 黄夏，黄勇.本生灯预混火焰淬熄距离实验分析 [J]. 北京航空航天大学学报，2015，41 (8)：1513-1519.

[144] 黄晖，姚熹，汪敏强，等.超声雾化系统的雾化性能测试 [J]. 压电与声光，2004，26 (1)：62-64.

[145] 张小艳，王小文.超声雾化性能的实验研究与回归分析 [J]. 工业安全与环保，2002，28 (2)：8-13.

[146] Lang R J.Ultrasonic Atomization of Liquids [J]. Journal of the Acoustical Society of America, 1962, 34 (1): 6-15.

[147] 王志彬，李颖川.气井连续携液机理 [J]. 石油学报，2012，33 (4)：681-686.

[148] Jayaweera T M, Yu H Z.Scaling of fire cooling by water mist under low drop Reynolds number conditions [J]. Fire Safety Journal, 2008, 43 (1):

63-70.

[149] 梁天水.超细水雾灭火有效性的模拟实验研究［D］.合肥：中国科学技术大学，2012.

[150] 李冠文.超声波雾化技术在油烟净化上的应用研究［D］.广州：广东工业大学，2008.

[151] 程传煊.表面物理化学［M］.北京：科学技术出版社，1995：27-30.

[152] 黄红云，曹洪亮.液体表面张力系数随温度升高而减小的定量证明［J］.常州工学院学报，2006，19（4）：51-52.

[153] Speight J G.Lange's handbook of chemistry［M］. 15th ed.New York：McGRAW- HILL，1999.

[154] Cong B H，Liao G X.Mechanisms of suppressing cup-burner flame with water vapor［J］. Science in China，2008，51（8）：1222-1231.

[155] Saito N，Ogawa Y，Saso Y，et al.Flame-extinguishing concentrations and peak concentrations of N_2，Ar，CO_2，and their mixtures for hydrocarbon fuels［J］. Fire Safety Journal，1996，27（3）：185-200.

[156] Moore T A，Weitz C A，Tapscott R E. An update on NMERI cup-burner test results［C］. Halon Options Technical Working Conference，1996：551-564.

[157] Senecal J A.Flame extinguishing in the cup-burner by inert gases［J］. Fire Safety Journal，2005，40（6）：579-591.

[158] Rouvreau S，Torero J，Joulain P. Numerical evaluation of boundary layer assumptions for laminar diffusion flames in microgravity［J］. Combustion Theory & Modelling，2005，9（1）：137-158.

[159] Takahashi F，Viswanath R. Katta. Structure of propagating edge diffusion flames in hydrocarbon fuel jets［J］. Proceedings of the Combustion Institute，2005，30（1）：375-382.

[160] Feng M H，Li Q W，Qin J.Extinguishment of hydrogen diffusion flames by ultrafine water mist in a cup burner apparatus-a numerical study［J］. International Journal of Hydrogen Energy，2015，40（39）：13643-13652.

[161] 阎智英，赵逸云，瞿燕，等.硝酸锌溶液的超声雾化研究［J］.云南大学学报：自然科学版，1998（S3）：449-450.

[162] 刘晅亚.水雾作用下甲烷/空气层流预混火焰燃烧特性研究［D］.合肥：中国科学技术大学，2006.

[163] Kerr P，Christian S D，Tucker E E，et al.A new total flooding test procedure for evaluating fire-suppressant agents［J］. Fire Technology，1998，

34（1）：72-88.

[164] Williams B A，Fleming J W. CF_3Br and other suppressants：Differences in effects on flame structure ［J］. Proceedings of the Combustion Institute，2002，29（29）：345-351.

[165] Ewing C T，Hughes J T，Carhart H W. The extinction of hydrocarbon flames based on the heat-absorption processes which occur in them ［J］. Fire & Materials，1984，8（3）：148-156.

[166] Gudkovich V N，Granovskii E A，Piskunov B G. Flame temperatures of rich hydrocarbon-air mixtures ［J］. Combustion Explosion & Shock Waves，1975，11（2）：217-220.

[167] Roberts A F，Wuince B W. A Limiting condition for the burning of flammable liquids ［J］. Combustion & Flame，1973，20（2）：245-251.

[168] Drysdale D. An introduction to fire dynamics ［J］. Diffusion & Heat Transfer in Chemical Kinetics Plenum，1998（5）：399.

[169] 郭小岩.差热分析方法研究CaO在 $CaCl_2$-X（NaCl，$SrCl_2$，$BaCl_2$）熔盐中的溶解度［D］. 沈阳：东北大学，2008.

[170] Zhang X Y. Handbook of Chemistry ［M］. Beijing：Country Defense Industry Press，1986.

[171] Birdi K S，Vu D T，Winter A. A study of the evaporation rates of small water drops placed on a solid surface ［J］. The Journal of physical chemistry，1989，93（9）：3702-3703.

[172] Cui Q，Chandra S，McCahan S. The effect of dissolving salts in water sprays used for quenching a hot surface：Part 1—Boiling of single droplets ［J］. Journal of heat transfer，2003，125（2）：326-332.

[173] Liang T. Numerical and experimental study of fire-extinguishing performance of ultra-fine water mist ［D］. Hong Kong：City University of Hong Kong，2012.

[174] Rosser W A，Jr，Inami S H，et al. The effect of metal salts on premixed hydrocarbon-air flames ［J］. Combustion & Flame，1963，7（63）：107-119.

[175] Huttinger K J，Minges R. Influence of the catalyst precursor anion in catalysis of water vapour gasification of carbon by potassium：1. Activation of the catalyst precursors ［J］. Fuel，1986，65（8）：1112-1121.

[176] 郑遗凡.XRD微结构分析在氨合成熔铁催化剂和纳米材料中的应用研究［D］. 杭州：浙江大学，2007.

[177] 张瑞军.计量型扫描电镜的测量与控制系统设计研究 [D]. 杭州：浙江理工大学，2016.
[178] 杜欣.新型超细干粉灭火剂的配方研究及其性能测试 [D]. 北京：北京理工大学，2013.
[179] 孔春燕.关于碱金属各种氧化物稳定性的讨论 [J]. 德州学院学报，2000（2）：45-46.
[180] 刘会媛.碱金属氧化物稳定性的讨论 [J]. 唐山师范学院学报，2001，23（2）：32-33.
[181] 陈凡敏.碳酸钾对煤水蒸气气化反应性影响的研究 [D]. 上海：华东理工大学，2013.
[182] 徐华蕊，李凤生，陈舒林，等.沉淀法制备纳米级粒子的研究-化学原理及影响因素 [J]. 化工进展，1996（5）：29-31.
[183] Soriano L，Abbate M，Fernández A，et al. Oxidation State and Size Effects in CoO Nanoparticles [J]. Journal of Physical Chemistry B，1999，103（32）：6676-6679.
[184] 陈松.湿法制备单分散 Co_3O_4 粉末的形貌和粒度控制研究 [D]. 长沙：中南大学，2003.
[185] 邬建辉.特种镍粉制备新方法研究 [D]. 长沙：中南大学，2003.
[186] 于才渊，马晶晶.喷雾干燥——目标产品的功能化 [J]. 干燥技术与设备，2007（4）：165-171.
[187] 胡国荣，刘智敏，方正升，等.喷雾热分解技术制备功能材料的研究进展 [J]. 功能材料，2005，36（3）：335-339.
[188] 毛卫民，赵新兵.金属的再结晶与晶粒长大 [M]. 北京：冶金工业出版社，1994：214-215.
[189] 何希.纳米 SnO_2、TiO_2、$BaTiO_3$ 的合成及晶粒生长动力学研究 [D]. 长沙：中南大学，2007.
[190] 杨华明，李云龙，唐爱东，等.固相合成 Co_3O_4 纳米晶及晶化动力学研究 [J]. 材料热处理学报，2005，26（4）：1-4.
[191] Yang H，Hu Y，Zhang X，et al. Mechanochemical synthesis of cobalt oxide nanoparticles [J]. Materials Letters，2004，58（3-4）：387-389.
[192] Raviprakash Y，Bangera K V，Shivakumar G K. Growth，structural and optical properties of $Cd_xZn_{1-x}S$ thin films deposited using spray pyrolysis technique [J]. Current Applied Physics，2012，12（3）：1002-1002.
[193] 张琦，胡伟康，田明，等.纳米氢氧化镁/橡胶复合材料的性能研究 [J]. 橡胶工业，2004，51（1）：14-19.

[194] Jensen D E，Jones G A.Reaction rate coefficients for flame calculations [J]. Combustion & Flame，1978（2）：1-34.

[195] 叶大伦，胡建华.实用无机物热力学数据手册（第二版）[M]. 北京：冶金工业出版社，2002：1-25.

[196] 傅献彩，沈文霞，姚天扬.物理化学（上册）（第四版）[M]. 北京：高等教育出版社，2000：74.

[197] Mckee D W.Mechanisms of the alkali metal catalysed gasification of carbon [J]. Fuel，1983，62（2）：170-175.

[198] Mckee D W，Chatterji D.The catalyzed reaction of graphite with water vapor [J]. Carbon，1978，16（1）：53-57.

[199] FactSage. DatabaseDocumentation [EB/OL].http：//www.crct.polymtl.ca/FACT/documentation.（2017-03-20）.

[200] MacLeod C S，Harvey A P，Lee A F，et al.Evaluation of the activity and stability of alkali-doped metal oxide catalysts for application to an intensified method of biodiesel production [J]. Chemical Engineering Journal，2008，135（1-2）：63-70.

[201] 宋福党.ABC干粉灭火剂的配方研究及性能测试 [D]. 北京：北京理工大学，2015.

[202] Vahdat N，Zou Y，Collins M.Fire-extinguishing effectiveness of new binary agents [J]. Fire Safety Journal，2003，38（6）：553-567.

[203] Hamins A，Trees D，Seshadri K，et al.Extinction of nonpremixed flames with halogenated fire suppressants [J]. Combustion & Flame，1994，99（2）：221-230.

[204] Zhang T W，Liu H，Han Z Y，et al.Numerical model for the chemical kinetics of potassium species in methane/air cup-burner flames [J]. Energy & Fuels，2017，31（4）：4520-4530.

[205] Katta V R，Takahashi F，Linteris G T.Fire-suppression characteristics of CF_3H in a cup burner [J]. Combustion & Flame，2006，144（4）：645-661.

[206] Westbrook C K，Dryer F L.Chemical kinetic modeling of hydrocarbon combustion [J]. Progress in Energy & Combustion Science，1984，10（1）：1-57.

[207] Liu S，Soteriou M C，Colket M B，et al.Determination of cup-burner extinguishing concentration using the perfectly stirred reactor model [J]. Fire Safety Journal，2008，43（8）：589-597.

[208] Zhang S, Colket M B. Modeling cup-burner minimum extinguishing concentration of halogenated agents [J]. Proceedings of the Combustion Institute, 2011, 33 (2): 2497-2504.

[209] Zhang S, Soteriou M C. An analytical model for the determination of the cup-burner minimum extinguishing concentration of inert fire suppression agents [J]. Proceedings of the Combustion Institute, 2011, 33 (2): 2505-2513.

[210] Meeks E, Jong WS. Modeling of plasma-etch processes using well stirred reactor approximations and including complex gas-phase and surface reactions [J]. IEEE Transactions on Plasma Science, 1995, 23 (4): 539-549.

[211] 董刚，蒋勇.大型气相化学动力学软件包CHEMKIN及其在燃烧中的应用 [J].火灾科学，2000，9 (1)：27-33.

[212] GRI-Mech3.0 [EB/OL].http://www.me.berkeley.edu/gri_mech/version30.

[213] Warnatz J.Rate coefficients in the C/H/O system [M]. New York: Springer, 1984: 197-360.

[214] 郑清平，张惠明，邓玉龙.压燃式天然气发动机燃烧过程CFD模拟计算中的若干问题 [J].燃烧科学与技术，2006，12 (4)：345-352.

[215] Sung C J, Law C K, Chen J Y. An augmented reduced mechanism for methane oxidation with comprehensive global parametric validation [J]. Symposium (International) on Combustion, 1998, 27 (1): 295-304.

[216] Jensen D E, Jones G A.Kinetics of flame inhibition by sodium [J]. Journal of the Chemical Society Faraday Transactions, 1982, 78 (9): 2843-2850.

[217] Williams B A, Fleming J W.Suppression mechanisms of alkali metal compounds [C]. Proceedings, 1999: 157-169.

[218] Husain D, Lee Y H, Marshall P.Temperature dependence of the absolute third-order rate constant for the reaction between K + O_2, + N_2, over the range 680 ~ 1 010 K studied by time-resolved atomic resonance absorption spectroscopy [J]. Combustion & Flame, 1987, 68 (2): 143-154.

[219] Podinovski V V.Sensitivity analysis for choice problems with partial preference relations [J]. European Journal of Operational Research, 2012, 221 (1): 198-204.

[220] 纪庭超.CO/H_2混合气体爆炸反应化学动力学数值实验研究 [D].沈阳：东北大学，2014.

[221] Kaskan W E.The reaction of alkali atoms in lean flames [J]. Symposium on Combustion, 1965, 10 (10): 41-46.

[222] Silver J A, Stanton A C, Zahniser M S, et al.Gas-phase reaction rate of sodium hydroxide with hydrochloric acid [J]. The Journal of Physical Chemistry, 1984, 88 (14): 3123-3129.

[223] Ebenso E E, Taner A, Fatma K, et al.Quantum chemical studies of some rhodanineazosulpha drugs as corrosion inhibitors for mild steel in acidic medium [J]. International Journal of Quantum Chemistry, 2010, 110 (5): 1003-1018.

[224] Darwin R L, Williams F W.The development of water mist fire protection systems for U. S. navy ships [J]. Naval Engineers Journal, 2010, 112 (6): 49-57.

[225] Turner S L, Johnson R D, Weightman A L, et al.Risk factors associated with unintentional house fire incidents, injuries and deaths in high-income countries: a systematic review [J]. Injury Prevention, 2017, 23 (2): 131-137.

[226] Mckenzie D, Peterson D L, Alvarado E.Extrapolation Problems in Modeling Fire Effects at Large Spatial Scales: a Review [J]. International Journal of Wildland Fire, 1997, 6 (4): 165-176.

[227] 国家标准化委员会.GB/T 4968—2008，火灾分类 [S]. 北京：中国标准出版社，2008.

[228] Hong M, Fleck B A, Nobes D S.Unsteadiness of the internal flow in an effervescent atomizer nozzle [J]. Experiments in Fluids, 2014, 55 (12): 1-15.

[229] Su J Z, Kim A K. Suppression of pool fires using halocarbon streaming agents [J]. Fire Technology, 2002, 38 (1): 7-32 (26) .

[230] Liu Z G, Kim A K.A review of water mist fire suppression systems: Part Ⅰ—fundamental studies [J]. Journal of Fire Protection Engineering, 1999, 10 (3): 32-50.

[231] Liu Z G, Kim A K. A review of water mist fire suppression technology: Part Ⅱ—application studies [J]. Journal of Fire Protection Engineering, 2001, 11 (1): 16-42.

[232] Liu W, Kaufman S L, Osmondson B L, et al. Water-based condensation particle counters for environmental monitoring of ultrafine particles [J]. Journal of the Air &Waste Management Association, 2006, 56 (4) :

444-455.

[233] Mawhinney J R, Richardson J K.A review of water mist fire suppression research and development, 1996 [J]. Fire Technology, 1997, 33 (1): 54-90.

[234] DownieB, Polymeropoulos C, Gogos G.Interaction of a water mist with a buoyant methane diffusion flame [J]. Fire Safety Journal, 1995, 24 (4): 359-381.

[235] Li J, Li Y F, Bi Q, et al.Performance evaluation on fixed water-based firefighting system in suppressing large fire in urban tunnels [J]. Tunnelling and underground space technology, 2019 (84): 56-69.

[236] Guo Q, Ren W.Atomization parameters and fire suppression characteristics of water mist in simulated roadway [J]. Geomatics, Natural Hazards and Risk, 2019, 10 (1): 1529-1541.

[237] Aamir M, Liao Q, Hong W, et al.Transient heat transfer behavior of water spray evaporative cooling on a stainless steel cylinder with structured surface for safety design application in high temperature scenario [J]. Heat and Mass Transfer, 2017, 53 (2): 363-375.

[238] Allan C J, Heyes A.A preliminary assessment of wet deposition and episodic transport of total and methyl mercury from low order blue ridge Watersheds, S.E.U.S.A. [J]. Water Air and Soil Pollution, 1998, 105 (3-4): 573-592.

[239] Ma X, Tu R, Xie Q, et al.Experimental study on the burning behaviors of three typical thermoplastic materials liquid pool fire with different mass feeding rates [J]. Journal of Thermal Analysis and Calorimetry, 2016, 123 (1): 329-337.

[240] Rasbash D.The extinction of fire with plain water: areview [J]. Fire Safety Science, 1986 (1): 1145-1163.

[241] Shi B, Zhou F.Fire extinguishment behaviors of liquid fuel using liquid nitrogen jet [J]. Process Safety Progress, 2016, 35 (4): 407-413.

[242] Heskestad G.Dynamics of the fire plume [J]. Philosophical Transactions Mathematical Physical & Engineering Sciences, 1998, 356 (1748): 2815-2833.

[243] Sun Y, Riley D J, Ashfold M N R.Mechanism of ZnOnanotube growth by hydrothermal methods on ZnOfilm-coated Si substrates [J]. The Journal of Physical Chemistry B, 2006, 110 (31): 15186-15192.

[244] 贾海林，李第辉，李小然.改性细水雾灭油池火有效性研究［J].安全与环境学报，2018（6）：22-27.

[245] Santangelo P E，Tarozzi L，Tartarini P.Full-scale experiments of fire control and suppression in enclosed car parks：a comparison between sprinkler and water-mist systems［J]. Fire technology，2016，52（5）：1369-1407.

[246] Zhang T，Du Z，Han Z，et al.Performance evaluation of water mist with additives in suppressing cooking oil fires based on temperature analysis［J]. Applied Thermal Engineering，2016（102）：1069-1074.

[247] 杨冬雷，房玉东，刘江虹，等.细水雾抑制熄灭K类火有效性的实验研究［J].火灾科学，2006，15（1）：26-30.

[248] 范维澄，汪前喜.火灾科学概论［J].现代物理知识，1992（5）：19-21.

[249] Zhang T W，Han Z Y，Du Z M，et al.Cooling characteristics of cooking oil using water mist during fire extinguishment［J]. Applied Thermal Engineering，2016（107）：863-869.

[250] Richard J，Garo J P，Souil J M，et al.On the flame structure at the base of a pool fire interacting with a water mist［J]. Experimental thermal and fluid science，2003，27（4）：439-448.

[251] Edwards N.A new class of fire［J]. Fire Prevention，1998（310）：8.

[252] Wijayasinghe M S，Makey T B.Cooking oil：ahome fire hazard in Alberta，Canada［J]. Fire Technology，1997，33（2）：140-166.

[253] Bowen P J，Shirvill L C.Combustion hazards posed by the pressurized atomization of high-flashpoint liquids［J]. Journal of Loss Prevention in the Process Industries，1994，7（3）：233-241.

[254] Gross D V，Romo J T.Temporal changes in species composition in Fescue Prairie：relationships with burning history，time of burning，and environmental conditions［J]. Plant Ecology，2010，208（1）：137-153.

[255] Hobbs P V，Radke L F.Airborne studies of the smoke from the kuwaitoil fires［J]. Science，1992，256（5059）：987-991.

[256] 公安部天津消防研究所.扑救食用油火灾的液体灭火剂［P]. CN102921140A.2013-2-13.

[257] Carlson K M，Heilmayr R，Gibbs H K，et al.Effect of oil palm sustainability certification on deforestation and fire in Indonesia［J]. Proceedings of the National Academy of Sciences，2018，115（1）：121-126.

[258] Amos M, Lawson G. User-centered design of a portable fire extinguisher [J]. Ergonomics in Design, 2017, 25 (3): 20-27.

[259] Karanasios S, Allen D, Norman A, et al. Making sense of digital traces: an activity theory driven ontological approach [J]. Journal of the Association for Information Science & Technology, 2013, 64 (12): 2452-2467.

[260] Koshiba Y, Ohtani H. Extinguishing pool fires with aqueous ferrocene dispersions containing gemini surfactants [J]. Journal of Loss Prevention in the Process Industries, 2016 (40): 10-16.

[261] Warner N R, Christie C A, Jackson R B, et al. Impacts of shale gas wastewater disposal on water quality in western pennsylvania [J]. Environmental Science & Technology, 2013, 47 (20): 11849-11857.

[262] Jiang B, He X M, Jin Y, et al. Experimental investigation on cold flow field characteristics of low emission trapped-vortex combustor [J]. Journal of Aerospace Power, 2013, 28 (8): 1719-1726.

[263] Nakakuki A. Liquid fuel fires in the laminar flame region [J]. Combustion & Flame, 1974, 23 (3): 337-346.

[264] Zhou Y, Bu R, Gong J, et al. Assessment of a clean and efficient fire-extinguishing technique: Continuous and cycling discharge water mist system [J]. Journal Of cleaner Production, 2018 (182): 682-693.

[265] Dombrovsky L A, Dembele S, Wen J X. A simplified model for the shielding of fire thermal radiation by water mists [J]. International Journal of Heat and Mass Transfer, 2016 (96): 199-209.

[266] Zhang P, Tang X, Tian X, et al. Experimental study on the interaction between fire and water mist in long and narrow spaces [J]. Applied Thermal Engineering, 2016 (94): 706-714.

[267] Cao X, Ren J, Bi M, et al. Experimental research on the characteristics of methane/air explosion affected by ultrafine water mist [J]. Journal of hazardous materials, 2017 (324): 489-497.

[268] Liu Z, Carpenter D, Kim A K. Cooling characteristics of hot oil pool by water mist during fire suppression [J]. Fire Safety Journal, 2008, 43 (4): 269-281.

[269] Su Z, Shen Z, Liu C. Determination of heat values for edible peanut oil [J]. Life Science Instruments, 2006, 4 (4): 34-36.

[270] 张泽林. 含添加剂细水雾灭油池火性能研究 [D]. 北京: 北京理工大学, 2015.

[271] 陈长水.有机化学（第二版）[M].北京：科学出版社，2009.

[272] Belyakov N S，Babushok V I，Minaev S S.Influence of water mist on propagation and suppression of laminar premixed flame [J]. Combustion Theory and Modelling，2018，22（2）：394–409.

[273] John H.Alphalt fume exposures during the application of hot asphalt to roofs [J]. National Institute for Occupational Safety and Health，2003（6）：35–38.

[274] Buchanan D J，Dullforce T A.Mechanism for vapor explosion [J]. Nature，1973（245）：32–35.

[275] Ferrero F，Munoz M，Kozanoglu B，et al.Experimental study of thin–layerboilover in large–scale pool fires [J]. Journal of Hazardous Materials，2006，137（3）：1293–302.

[276] Koseki H，Natsume Y，Iwata Y，et al.Large–scale boilover experiments using crude oil [J]. Fire Safety Journal，2006（41）：529–535.

[277] Nam S.Application of water sprays to industrial oil cooker fire [J]. Fire Safety Journal，2003（7）：469–480.

[278] Nam S.Boilover upon suppresion of cooking oil fire by water spray [J]. Fire Safety Journal，2004，39（5）：429–432.

[279] Chiu C W，Li Y H.Full–scale experimental and numerical analysis of water mist system for sheltered fire sources in wind generator compartment [J]. Process Safety and Environmental Protection，2015（98）：40–49.

[280] Sun J，Fang Z，Tang Z，et al.Experimental study of the effectiveness of a water system in blocking fire–induced smoke and heat in reduced–scale tunnel tests [J]. Tunnelling and Underground Space Technology，2016（56）：34–44.

[281] Xu Z Y，Miao X H，Zuo H.The research on pulsation of pump pressure in water mist system [J]. Energy Procedia，2015（66）：73–76.

[282] Reid R C.Rapid phase transitions from liquid to vapor [J]. Advances in Chemical Engineering，1983：105–208.

[283] Avedisian C T.The homogeneous nucleation limits of liquids [J]. Journal of Physical & Chemical Reference Data，1985，14（3）：695–729.

[284] Flores F J，Cantú A，Colás R，et al.Assessment of a mist cooling system for aluminum alloys [J]. Materials Performance and Characterization，2018，8（2）：285–296.

[285] Kumar K，Sen N，Azid S，et al.A fuzzy decision in smart fire and home

security system [J]. Procedia computer science, 2017 (105): 93-98.

[286] 吴晋湘，祖佳红，徐越群，等.含添加剂细水雾灭油池火的实验研究[J].消防科学与技术，2018 (10): 1372-1377.

[287] Lu J, Liang P, Chen B, et al.Investigation of the fire-extinguishing performance of water mist with various additives on typical pool fires [J]. Combustion Science and Technology, 2019: 1-18.

[288] Jiang L, Yin D.A reference to sea water in oil tank fire of coastal oil depot [C]. IOP Conference Series: Earth and Environmental Science.IOP Publishing, 2019, 267 (2): 022040.

[289] Li R, Zhang W, Ning Z, et al.Influence of a high-speed train passing through a tunnel on pantograph aerodynamics and pantograph-catenary interaction [J]. Proceedings of the Institution of Mechanical Engineers, Part F: Journal of Rail and Rapid Transit, 2017, 231 (2): 198-210.

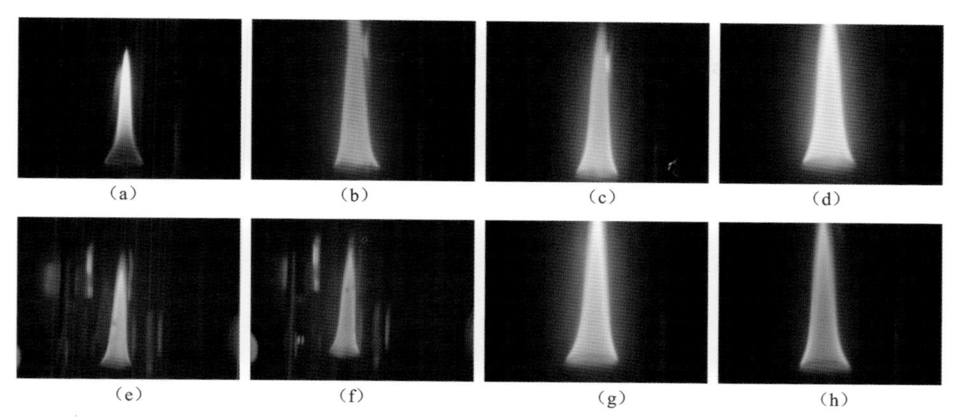

图3.8　质量分数为1%的不同钾盐添加剂细水雾作用下火焰颜色与外形

(a) 无细水雾；(b) 纯水细水雾；(c) 1% $K_2C_2O_4$细水雾；(d) 1% CH_3COOK细水雾；(e) 1% K_2CO_3细水雾；(f) 1% KNO_3细水雾；(g) 1% KCl细水雾；(h) 1% KH_2PO_4细水雾

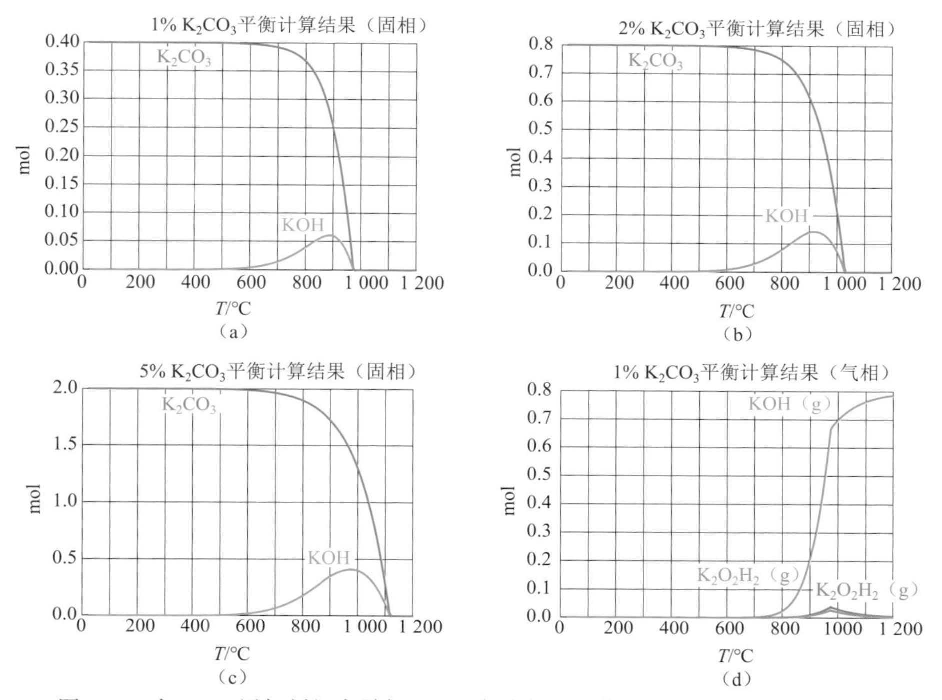

图4.30　含K_2CO_3添加剂细水雾与CH_4/空气火焰相互作用产物随体系温度的变化

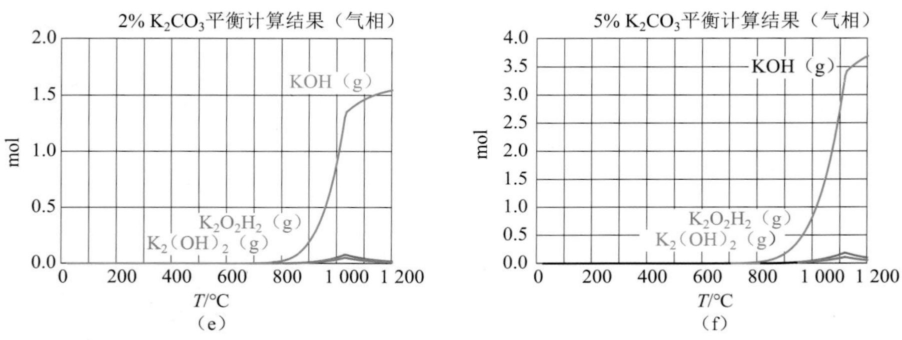

图4.30 含K_2CO_3添加剂细水雾与CH_4/空气火焰相互作用产物随体系温度的变化（续）

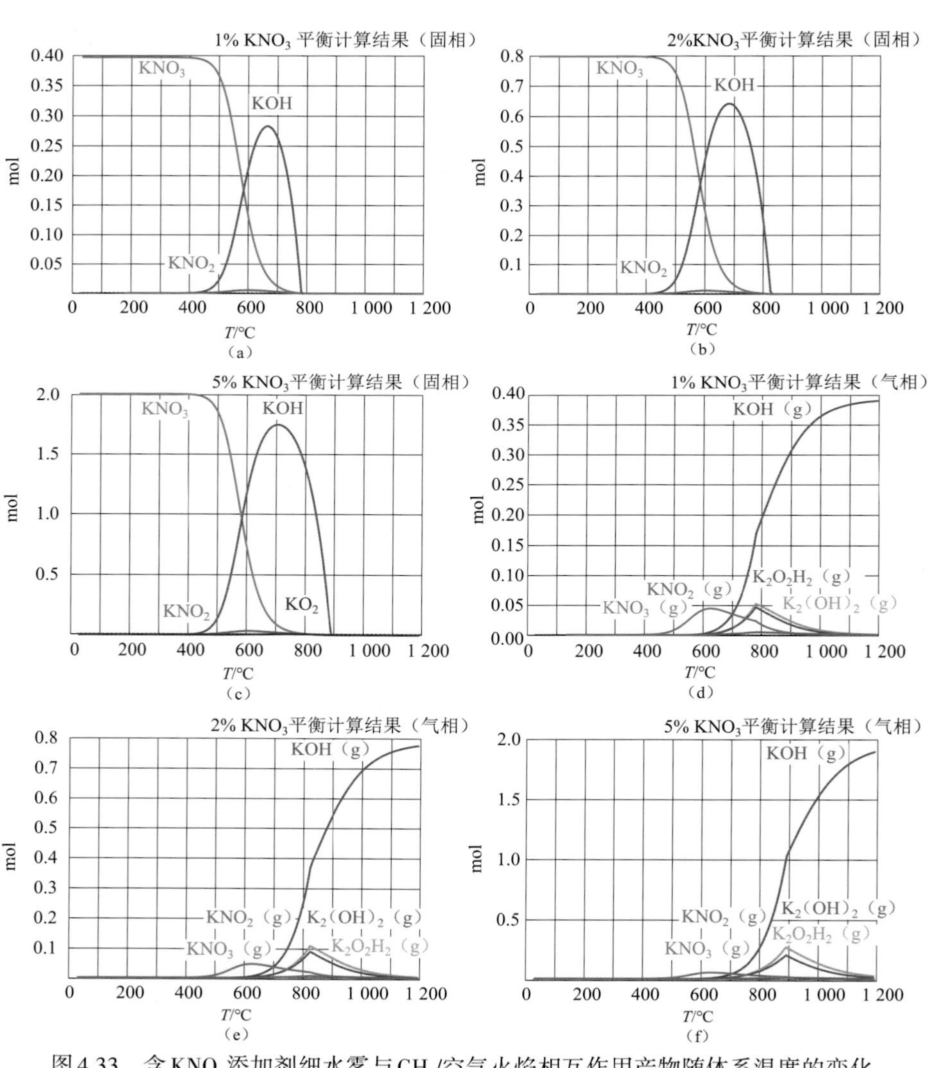

图4.33 含KNO_3添加剂细水雾与CH_4/空气火焰相互作用产物随体系温度的变化

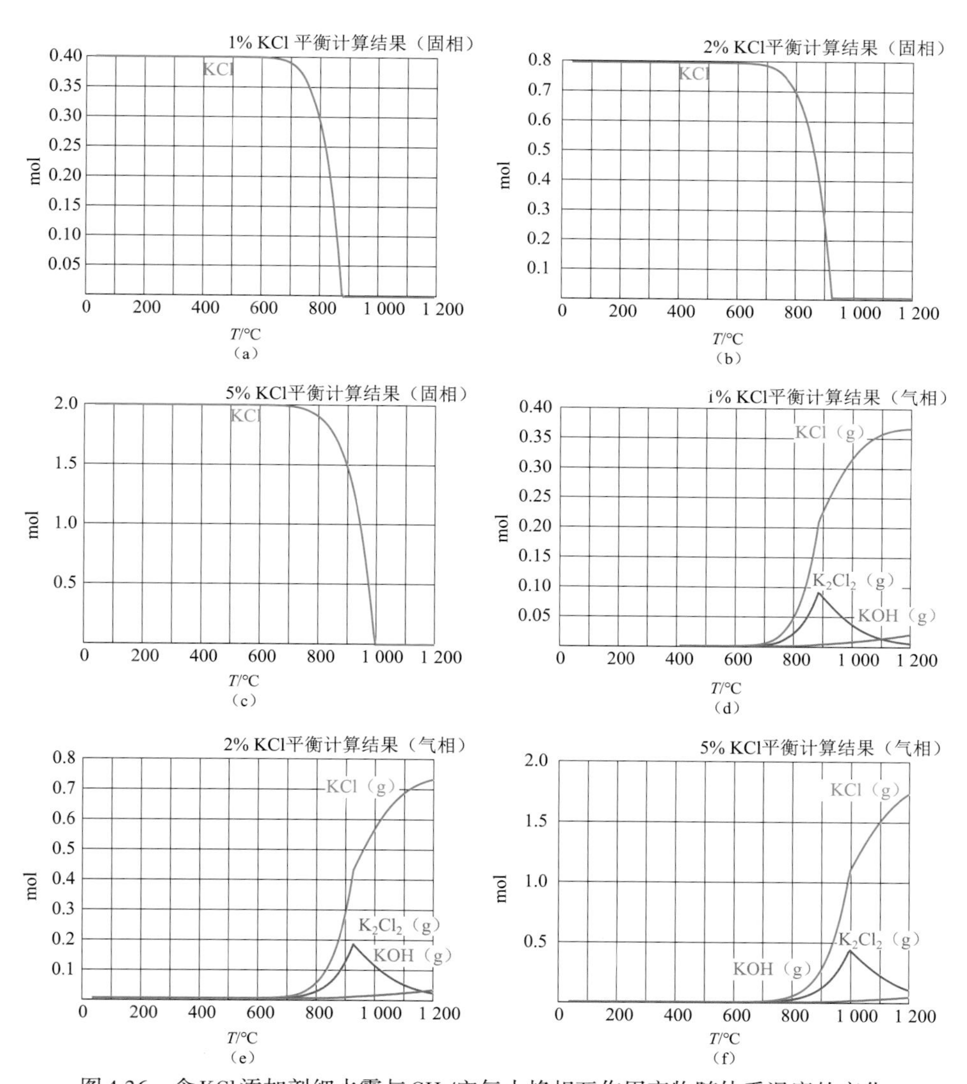

图4.36 含KCl添加剂细水雾与CH_4/空气火焰相互作用产物随体系温度的变化

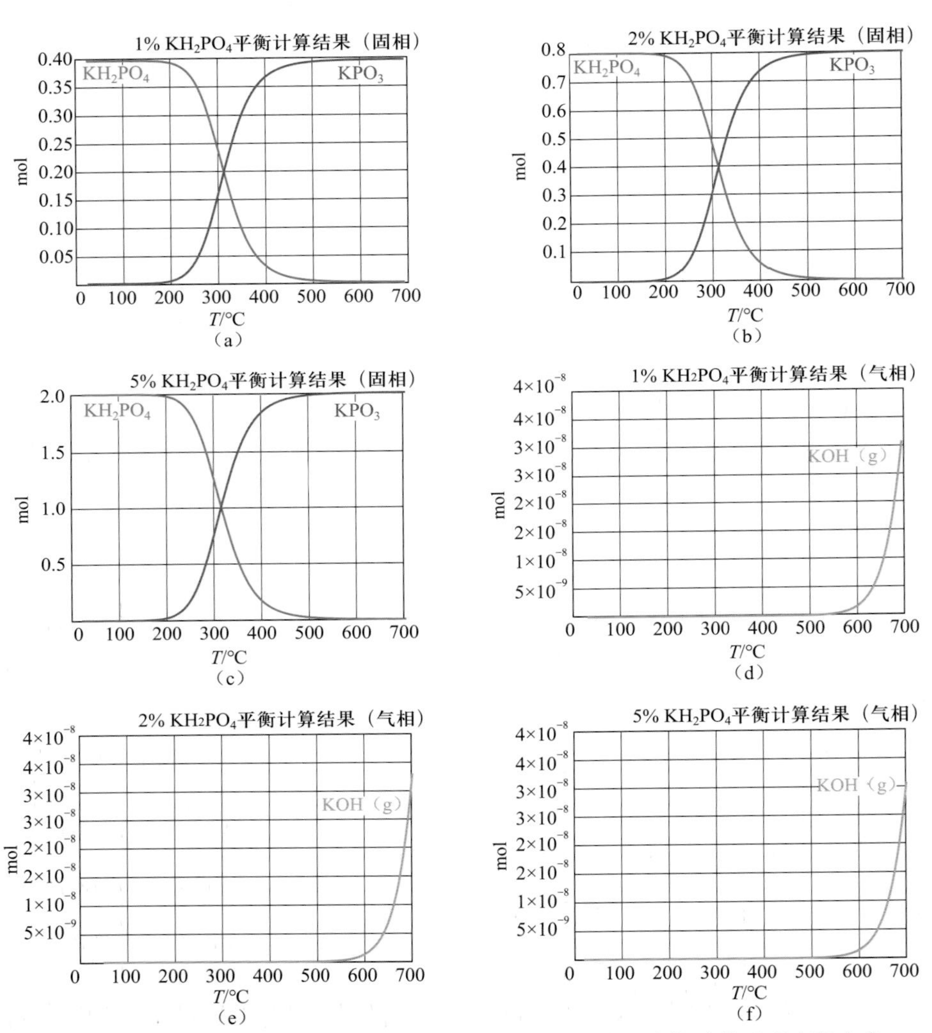

图4.38 含 KH_2PO_4 添加剂细水雾与 CH_4/空气火焰相互作用产物随体系温度的变化

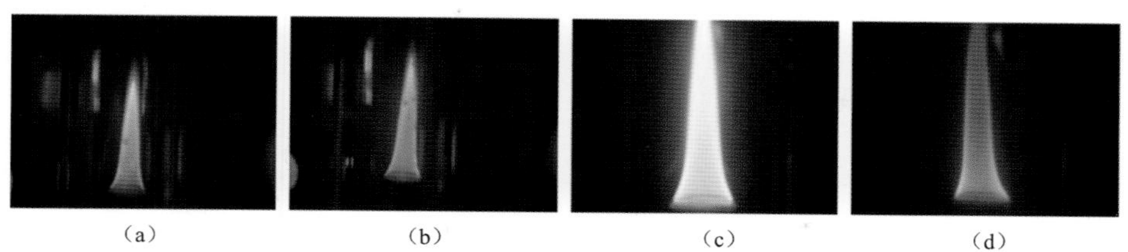

图4.41　不同钾盐添加剂粉体作用下火焰颜色与外形

(a) K_2CO_3粉体；(b) KNO_3粉体；(c) KCl粉体；(d) KH_2PO_4粉体

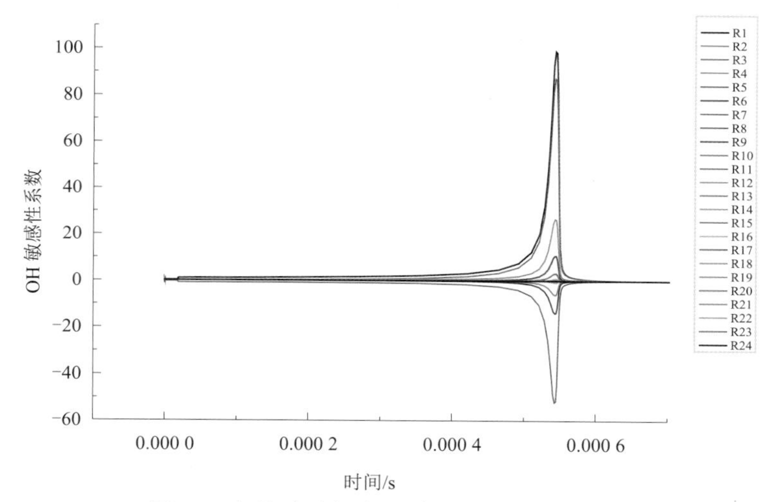

图5.9　各基元反应对OH自由基的敏感性系数

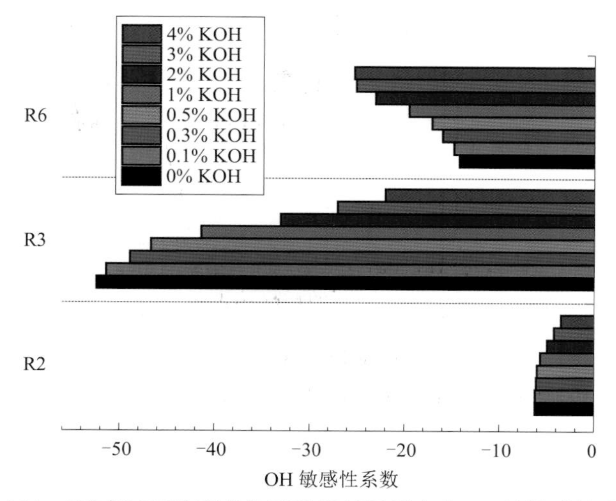

图5.11　不同KOH浓度条件下关键基元反应中OH的敏感性系数

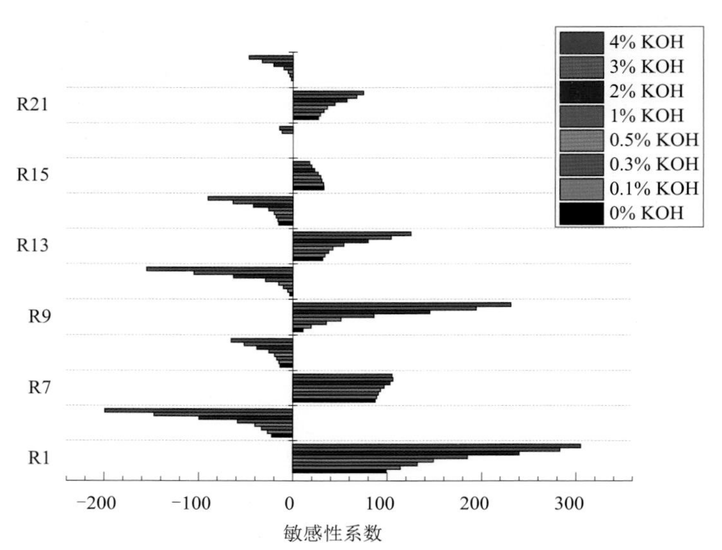

图5.12　不同KOH浓度条件下抑制OH消耗的主要反应敏感性系数

（注：① R13、R15正反应的敏感性系数扩大10倍，R15逆反应的敏感性系数扩大10 000倍；② R1、R7、R9、R13和R21逆反应的敏感性系数扩大1 000倍）

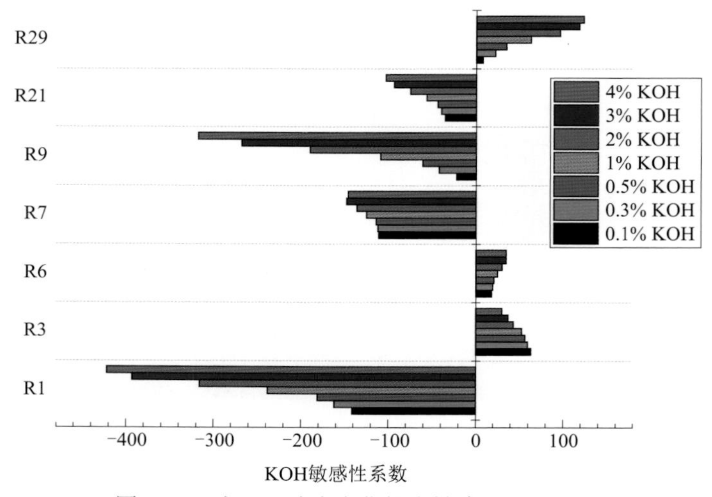

图5.13　对KOH浓度变化较为敏感的基元反应

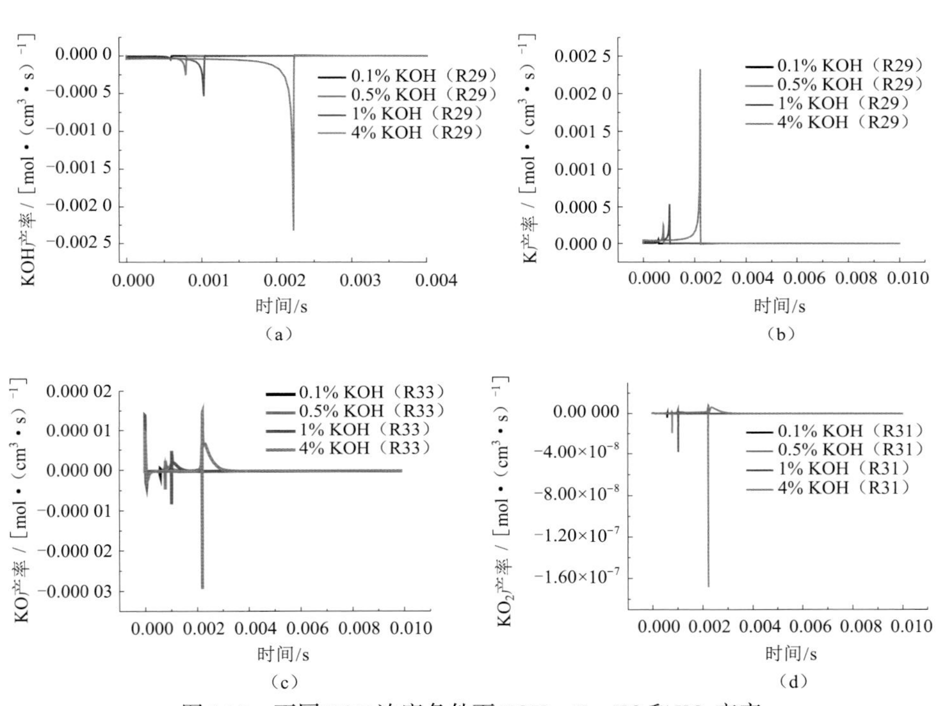

图5.18 不同KOH浓度条件下KOH、K、KO和KO_2产率

（a）KOH；（b）K；（c）KO；（d）KO_2